“十二五”国家重点图书出版规划项目
数字出版理论、技术和实践

# HTML5技术与移动出版

唐俊开 付洪韬 闫国龙 许晓东 编著

電子工業出版社
Publishing House of Electronics Industry
北京·BEIJING

## 内 容 简 介

本书主要围绕HTML5技术，讲述如何利用HTML5相关技术开发移动Web网站和Web App应用程序。本书共分为四大部分，第一部分主要讲述移动出版产业现状、移动出版技术的发展及 HTML5 标准在移动出版技术中的应用；第二部分主要介绍 HTML5 的新功能和新特性在移动设备浏览器中的使用及相关展望；第三部分主要介绍目前比较流行的两套 JavaScript 移动开发框架 jQuery Mobile 和 Sencha Touch 以及 PhoneGap 应用，并配备丰富的例子作为实践；第四部分主要讲述 HTML5 技术在移动出版实践中的具体应用。

本书是为从未接触过 HTML5 新技术但同时又对移动出版技术感兴趣的读者而编写的。如果你有一定的 HTML 开发经验，将会更容易掌握 HTML5 知识。



**图书在版编目（CIP）数据**

HTML5 技术与移动出版 / 唐俊开等编著. —北京：电子工业出版社，2013.9
（数字出版理论、技术和实践）
ISBN 978-7-121-21449-3
Ⅰ. ①H… Ⅱ. ①唐… Ⅲ. ①超文本标记语言－程序设计 Ⅳ. ①TP312

中国版本图书馆 CIP 数据核字（2013）第 213727 号

策划编辑：李 弘
责任编辑：葛 娜
印　　刷：北京天来印务有限公司
装　　订：北京天来印务有限公司
出版发行：电子工业出版社
　　　　　北京市海淀区万寿路 173 信箱　邮编：100036
开　　本：720×1 000　1/16　印张：20.75　字数：402 千字
印　　次：2013 年 9 月第 1 次印刷
印　　数：2 000 册　　定价：72.00 元

凡所购买电子工业出版社图书有缺损问题，请向购买书店调换。若书店售缺，请与本社发行部联系，联系及邮购电话：（010）88254888。

质量投诉请发邮件至 zlts@phei.com.cn，盗版侵权举报请发邮件至 dbqq@phei.com.cn。

服务热线：（010）88258888。

# 指导委员会

# 编辑委员会

# 序
# Introduction

数字出版方兴未艾。作为新闻出版业的重要发展方向和战略性新兴产业，数字出版近年来发展迅速，已经成为当前我国新闻出版业转型发展的助推器和新的经济增长点。基于互联网、移动通信网、有线电视网、卫星直投等传播渠道，并以 PC 机、平板电脑、智能手机、电视、iPad 等阅读终端为接收载体的全新数字出版读物，已成为人民群众精神文化生活不可或缺的组成部分。

从毕升的活字印刷到王选的激光照排系统问世，技术元素始终是出版业发展壮大的重要源动力。进入 21 世纪，信息通信技术（ICT）的飞速发展成为新经济发展的主要引擎，使得以思想传播、知识普及、文化传承、科学交流和信息发布为主要功能的出版业可以持续、广泛地提升其影响力，同时大大地缩短了信息交流的时滞，拓展了人类交流的空间。计算机芯片技术、XML 及相关标记语言技术、元数据技术、语义技术、语音识别和合成技术、移动互联技术、网络通信技术、云计算技术、数字排版及印刷技术、多媒体技术、数字权利管理技术等一大批数字技术的广泛应用，不但提升了传统出版产业的技术应用水平，同时极大地扩展了新闻出版的产业边界。

如同传统出版业促进了信息、文化交流和科技发展一样，数字出版的多业态发展也为 20 世纪末期开始的信息爆炸转变为满足个性化需求的知识文化服务提供了技术上的可能。1971 年，联合国教科文组织（UNESCO）和国际科学联盟理事会（ICSU）便提出了 UNISIST 科学交流模型，将出版业所代表的正式交流渠道置于现代科学交流体系的中心位置。进入 21 世纪，理论界又预见到，网络出版等数字出版新业态的出现正在模糊正式交流和非正式交流的界限，更可能导致非正式交流渠道地位的提升。随着以读者（网络用户）为中心的信息交流模式，比如博客、微博、微信和即时通信工具等新型数字出版形态的不断涌现，理论构想正在逐渐变为现实。

通过不断应用新技术，数字出版具备了与传统出版不同的产品形式和组织特征。由于数字出版载体的不断丰富、信息的组织形式多样化以及由于网络带来的不受时空限制的传播空间的迅速扩展，使得数字出版正在成为出版业的方向和未来。包括手机彩铃、手机游戏、网络游戏、网络期刊、电子书、数字报纸、在线音乐、网络动漫、互联网广告等在内的数字出版新业态不断涌现，产业规模不断扩大。据统计，在 2006 年，我国广义的数字出版产业整体收入仅为 260 亿元，而到了 2012 年我国数字出版产业总收入已高达 1935.49 亿元，其中，位居前三位的互联网广告、网络游戏、手机出版，总产出达 1800 亿元。而与传统出版紧密相关的其他数字出版业务收入也达到 130 亿元，增长速度惊人，发展势头强劲。

党的十七届六中全会为建设新时期的社会主义先进文化做出战略部署，明确要求发展健康向上的网络文化、构建现代传播体系并积极推进文化科技创新，将推动数字出版确定为国家战略，为数字出版产业的大发展开创了广阔的前景。作为我国图书出版产业的领军者之一，电子工业出版社依托近年来实施的一批数字出版项目及多年从事 ICT 领域出版所积累的专家和学术资源，策划出版了这套“数字出版理论、技术和实践”系列图书。该系列图书集中关注和研究了数字出版的基础理论、技术条件、实践应用和政策环境，认真总结了我国近年发展数字出版产业的成功经验，对数字出版产业的未来发展进行了前瞻性研究，为我国加快数字出版产业发展提供了理论支持和技术支撑。该系列图书的编辑出版适逢其时，顺应了产业的发展，满足了行业的需求。

毋庸讳言，“数字出版理论、技术和实践”系列图书的编写，在材料选取，国内外研究成果综合分析等方面肯定会存在不足，出版者在图书出版过程中的组织工作亦可更加完美。但瑕不掩瑜，“数字出版理论、技术和实践”系列图书的出版为进一步推动我国数字出版理论研究，为各界进一步关注和探索数字出版产业的发展，提供了经验借鉴。

期望新闻出版全行业以“数字出版理论、技术和实践”系列图书的出版为契机，更多地关注数字出版理论研究，加强数字出版技术推广，投身数字出版应用实践。通过全社会的努力，共同推动我国数字出版产业迈上新台阶。

孫寿山

2013 年 8 月

# 前　言
# Preface

在《中共中央关于深化文化体制改革、推动社会主义文化大发展大繁荣若干重大问题的决定》、《文化产业振兴规划》、《国家“十二五”时期文化改革发展规划纲要》、《新闻出版业“十二五”时期发展规划》和《数字出版“十二五”时期发展规划》等党和国家的一系列重要文件中，频繁出现“数字出版”或“数字出版产业”这一概念。这表明发展包括“数字出版”和“数字出版产业”在内的文化产业，已上升为我国重要的国家战略。

## HTML5 从讨论到实践

现今，HTML5 已经成为互联网的热门话题之一。2011 年的 HTML5 发展得非常快，各大浏览器开发公司如 Google、苹果、微软、Mozilla 及 Opera 的最新版本浏览器都纷纷支持 HTML5 标准规范。在桌面端 Web 技术，HTML5 标准的强大已经开始威胁 Adobe 公司的 Flash 在 Web 上的统治地位。然而，在移动端 Web 技术，由于历史的原因，才刚刚起步，HTML5 和 CSS3 逐渐兴起，其强大的特性在移动出版应用当中将得到非常好的发挥。

随着 HTML5 网站、HTML5 应用软件、HTML5 游戏，以及一些移动出版项目的不断涌现，让我们更加有理由相信未来 HTML5 技术不仅将会成为计算机行业，而且也会成为出版行业当中必备的专业知识。因此，我希望能够借助此书帮助国内的从业者或者即将在此行业发展的读者在学习 HTML5 的同时也能掌握 HTML5 相关的移动出版技术。

## 为什么写作本书

2011 年是 HTML5 实践的一年，无论是国外的开发者，还是国内的开发者，都热衷于研究 HTML5 新标准究竟能给我们带来什么。由于 HTML5 技术非常新，国内很多开发者在实践过程中经常遇到非常多的困难，例如入门、解决 BUG 等常见的问题，都很难找到解决问题的中文资源。因此，开发者们亟需一本能够带领他们入门的 HTML5 书籍。

2013 年是移动出版高速发展的一年，随着 iPhone、Android 等智能设备的推出，以及 Web 技术跨平台等优点，移动出版技术逐渐成为大家关注的热点之一。目前，国内移动出版技术中文资源相对缺乏，很多开发者仍处于探索研究阶段，同样也有部分准备进入该移动出版开发领域的新手，苦于入门困难，而难以上手。因此，一本介绍移动出版技术的书籍便成为开发者最渴望的资源之一。

基于上述两种原因，作者认为需要编写一本能够利用 HTML5 新技术开发移动出版应用的入门教程书籍，令广大读者在真正学习到 HTML5 新技术的同时，也能快速掌握移动出版开发的基础知识。

## 关于本书

本书主要围绕 HTML5 技术，讲述如何利用 HTML5 相关技术进行移动出版领域开发。

本书共分为四大部分，第一部分主要讲述移动出版产业现状、移动出版技术的发展及 HTML5 标准在移动出版技术中的应用；第二部分主要介绍 HTML5 的新功能和新特性在移动设备浏览器中的使用及相关展望；第三部分主要介绍目前比较流行的两套 JavaScript 移动开发框架 jQuery Mobile 和 Sencha Touch 以及 PhoneGap 应用，并配备丰富的例子作为实践；第四部分主要讲述 HTML5 技术在移动出版实践中的具体应用。

不足之处在于，本书并没有全面地介绍 HTML5 技术，但这并不代表 HTML5 的其他知识点不能适用于移动出版。毕竟 HTML5 是一个新知识，它的标准规范仍然在制定之中，对于未来移动出版技术的发展，仍然有很大的推动作用。

## 读者对象

本书是为从未接触过 HTML5 新技术但同时又对移动出版技术感兴趣的读者而编写的。如果你有一定的 HTML 开发经验，将会更容易掌握 HTML5 知识。

同时，如果你是如下这类人群之一，那么本书非常适合你阅读：

- 有一定基础或者未来计划的职业是移动出版 Web 前端开发工程师
- 具有一定 HTML 基础的 UI 设计师
- 移动出版 Web 项目中的项目经理以及策划人员
- 对手机 Web 开发技术感兴趣的开发者
- 开设计算机课程的高等院校及培训机构的师生们

此外，本书也适合熟悉 Java、PHP、ASP.NET 等后端 Web 技术的开发者阅读。

编著者

2013 年 3 月

# 目　录
# Contents

# 第 1 章

Chapter 1

# 移动出版产业现状

移动出版以传统出版无法比拟的富媒体表现力，带给读者全方位的阅读体验，改变了人们的阅读环境和阅读习惯，给出版业带来了新一轮的生机。本章主要介绍国外移动出版现状、特点、发展趋势，以及我国移动出版产业发展现状。

## 1.1 当数字出版遇上移动终端

时间回到 2009 年 12 月 26 日，网络零售巨擘亚马逊公司（Amazon）发布了一年一度的圣诞节后假期销售状况报告，据这份报告显示，亚马逊的 Kindle 电子阅读器是今年圣诞节期间销量最好的产品。当年 Kindle 产品销量最高的日期是 12 月 14 日，这一天来自全球各地的顾客一共在亚马逊上订购了 950 万件产品，平均每秒订购的数量达到了破纪录的 110 件。亚马逊创始人兼 CEO Jeff Bezos 表示："很高兴我们的客户让 Kindle 电子书成了我们公司历史上最佳的节日礼物商品。"此份报告称，2009 年圣诞节期间亚马逊的电子书销售首度超越实体书，显示数字阅读市场已打开新局面。虽然亚马逊没有提供 Kindle 的具体销售数字，但据佛瑞斯特研究公司（Forrester Research）的数据，当年 Kindle 在美国的市场占有率约为 60%，其次是 Sony 电子书阅读器 Sony Reader 占 35%。随后美国邦诺书店（Barnes & Noble）新推出的 Nook 阅读器也加入战局。

就在 2009 年 Kindle 大热后不到两个月，2010 年 1 月 27 日，在旧金山欧巴布也那艺术中心（Yerba Buena Center for the Arts），人们为了一款平板设备蜂拥而至。发布会上，苹果首席执行官史蒂夫・乔布斯用近乎完美的表演发布了人们期盼已久的 iPad 平板电脑，作为介于智能手机和笔记本电脑之间的产品 iPad，它轻薄美观，给果粉们带来了无限的惊喜和各种新奇应用，其中电子书阅读应用是其众多应用中非常重要的一个。

随后，国内外各种品牌的电子阅读器、平板电脑、电纸书阅读终端等产品纷纷进入人们的视野并迅速普及，根据英国 Juniper 研究机构的预测，到 2016 年，在移动阅读平台上，电子书的销售额将达到 100 亿美金，其中 30%通过平板电脑销售，15%通过智能手机，另外 55%通过各类电纸书阅读器终端。与此同时，安卓、苹果、亚马逊平台上提供了琳琅满目的数字内容应用产品，"鲜果联播"、"ZAKER"、"网易阅读"等各种以提供移动阅读服务为核心的应用产品以很高的下载量昭示着一个全新的信息传播格局的到来。"iPad 惹火国内电子杂志市场，下载量月增速 50%"、"iPad 给国内数字出版带来新机遇"这样类似的标题迅速见诸于各大网站、媒体。这些应用产品不但提供了简单的电子书阅读应用，还提供了更多吸引人的内容推送服务、互动交流平台等衍生应用。IT 风险投资人约翰・杜尔（John Doerr）在 2011 年首次提出"SoLoMo"概念，即 Social 社交化、Local 本地化、Mobile 移动化。此概念在市场上获得了极大的反响，阅读不仅仅是阅读，已经成为一种交互、沉浸式的体验过程，它更好地诠释了数字出版有别于传统出版的价值体现。有许多业内分析人士认为，移动终端的普及、移动互联网的兴起，让中国的数字出版产品迎来了春天，可以说，移动终端正在取代PC而成为数字出版的核心传播平台，移动出版作为数字出版领域的一个重要分支，将在数字出版产业链中扮演重要地位。

目前业界比较认可的移动出版的概念是：将图书、报纸、杂志等内容资源进行数字化加工，运用数字版权保护技术（DRM），通过互联网、无线网以及存储设备进行传播，用户在移动设备上通过阅读软件实现阅读或听书等功能，实现随时随地阅读。本书将对国内外移动出版领域的发展现状及趋势、移动出版领域的关键技术进行阐述。

## 1.2 国外移动出版

### 1.2.1 国外移动出版现状

#### 1. 移动出版改变了出版格局

移动出版以传统出版无法比拟的富媒体表现力，带给读者全方位的阅读体验，改变了人们的阅读环境和阅读习惯，给出版业带来了新一轮的生机。但同时，对报业等大众化传统出版的冲击却是致命的，移动出版改变了出版的市场格局，重新制定了出版基本商业模式和运营规则，即“终端+内容”的模式，同时，移动出版降低了出版门槛，对传统出版业形成猛烈冲击。以前，一般作者发表纸质作品的门槛比较高，出版周期比较长。作者的作品想要出版必须先得到出版社编辑和发行人员的认可，然后才能进入出版流程，在美国一般需18个月左右才能出版。而现在，人们可以在法律许可的范围自由发表自己的作品，这样任何人都拥有了真正意义上的发表权了，而移动终端更是让这种发表权能够随时随地发生。美国近来就有越来越多的作者选择自费出版电子书，并自行与平台签约上架，读者可以通过智能手机、阅读器及时购买。乔·昆拉特是一名奇幻小说作家，他的书稿数百次被出版社退回，有9本小说无法出版。两年前他试着把自己的作品直接上传到Kindle的电子书市场，现在他每天的收入有4000美元。出版电子书的作者在亚马逊能获得70%的版税，这是传统出版十几个百分点的版税无可比拟的。因此，在短短两年时间，Kindle Direct Publishing已经积累了10多位百万量级畅销作家，提供服务的还有Lulu.com等面向移动出版的图书运营平台。现在，不需要像从前那样花费大量的时间和投入巨资，任何人都可以作为出版商在Lulu.com上进行电子书的制作，并且可以利用社交网站进行分销业务。

由于移动出版的价格优势、服务优势和数字阅读导致的读者分流，而全球性的经济危机更加速了传统出版的衰退，使得近两年全球实体书店的倒闭潮汹涌而至。

自金融危机以来，英国已有 70%的地方报纸倒闭，80 多家报纸裁员和“瘦身”；意大利多达百家的报纸将面临倒闭的窘境；美国四大报业集团关闭了 61 家报纸。

截至 2009 年上半年，美国已有 105 家报纸关闭。百年老报《基督教科学箴言报》从 2009 年 4 月起停止出版纸质日报，专注于网络版报纸。新闻集团旗下的《华尔街日报》网络版已经成为全球最大的付费新闻网站，是传统报纸向互联网转型的成功案例。美国电视业知名杂志《电视周刊》从 2009 年 5 月底停止发行印刷版，改为完全通过网站提供服务。2011 年 2 月美国第二大连锁书店博德斯（BORDERS）宣布倒闭，上万名员工将丢掉饭碗，此事件深深撼动着美国出版业。美国第一大书店巴诺大幅裁员，并计划在今后四年关闭 10%的分店。2011 年，澳大利亚的 RED 零售集团也宣布进入破产程序，RED 占据整个澳大利亚图书市场销售份额的 20%和新西兰图书销售总额的 75%。截至 2011 年 7 月，英国还剩下 2178 家书店，在 2005 年是 4000 家。曾经辉煌的《大英百科全书》，现在纸质百科全书的收入不到公司收入的 1%，也终结了 244 年纸质出版使命；在巴西，《巴西日报》、《纳塔尔日报》等报纸也都停止印刷纸质报纸；在日本，草思社等曾经辉煌的出版社纷纷倒闭，甚至创下了一年倒闭 40 多家出版社的历史。据尼尔森图书调查公司数据显示：美国 2011 年纸质图书销售总额同比下降了 10.2%，英国同比下降了 3%，日本 2011 年的报纸发行量减少了 78 万份左右。

### 2. 移动出版快速增长

随着平板电脑、智能手机、电纸书阅读终端的普及，国外移动出版的销售量正处在快速增长期，2011 年 5 月 19 日，亚马逊宣布电子书销量持续 3 个月超过纸质书，网站每卖出 100 本纸质书，可以卖出 105 本电子书。2011 年全美实体书销售额下降 19%，而电子书却实现了 171%的强劲增长。2011 年电子书已占到整个美国图书业 17%的市场份额，在 2009 年这个数字约为 3.31%。

我们可以仔细看看表 1-1 所示的亚马逊 Kindle 收入变化趋势。

表 1-1 亚马逊 Kindle 收入变化趋势

| | 2009 年 | 2010 年 | 2011 年 | 2012 年（预计） |
|---|---|---|---|---|
| 亚马逊总收入 | 245 亿元 | 342 亿元 | 476 亿元 | 618 亿元 |
| Kindle 销售额 | 2.71 亿元 | 15.35 亿元 | 21.18 亿元 | 23.63 亿元 |
| 电子书销售量 | 0.43 亿册 | 1.24 亿册 | 3.14 亿册 | 7.52 亿册 |
| Kindle 总收入 | 6.54 亿元 | 24.71 亿元 | 38.05 亿元 | 61.2 亿元 |
| 占总收入比例 | 2.7% | 7.2% | 8.0% | 9.9% |

据美国出版商协会（Association of American Publishers）基于对 1189 家出版商调查的数据而公布的研究报告称，2012 年 3 月美国成年人电子书销售额为 2.823 亿美元，与此同时，青少年类型精装书籍销售额呈现增长状态。该类型精装书籍第一季度营收为 1.877 亿美元，较去年同期增长 67%。该类型电子书第一季度营收为 6430 万美元，较去年同期猛增了 233%，如表 1-2 所示。

**表 1-2 调查数据**

| Adult Fiction, Non-Fiction | YTD 2012 | YTD 2011 | Percent Change |
|---|---|---|---|
| Adult Hardcover | $229.6M | $223.5M | +2.7% |
| Adult Paperback | $299.8M | S335.0M | −10.5% |
| Adult Mass Market Paper | S98.9M | $124.8M | −20.8% |
| Downloaded Audio | $25.0M | $18.8M | +32.7% |
| eBooks | $282.3M | $220.4M | +28.1% |
| Adult Total | $963.1M | $946.0M | +1.8% |

英国兰登书屋 2011 年移动出版电子书销售额占总体销售的 15%，美国兰登书屋占到 21%，巴诺书店网上销售业务快速增加，在线销售同比增加 36.8%，达到 1.98 亿美元。截至 2010 年 12 月，41%的美国人通过互联网获取“大部分国内和国际新闻”，比一年前上升了 17 个百分点。在美国，数字内容和订阅在 2011 年成为增长速度最快的网络零售产品，年增幅达到 26%，如图 1-1 所示。

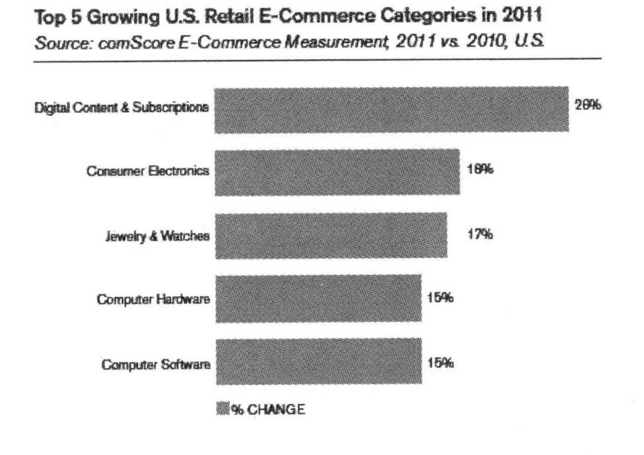


图 1-1 2011 年美国电子商务零售业增速最快的五大领域

国外移动出版在快速增长的同时，其立体式发展的出版产业链正在形成，在教育出版、科技出版、旅游出版、商业出版等领域，书籍的出版将与服务、培训、资讯等相结合，延伸至在线教育、在线培训、在线服务、金融服务等行业。比如，读者在 iPad 上阅读美国西部旅游书，就可以借助屏幕上的链接，了解地理信息服务、酒店服务和租车服务等。

### 1.2.2 国外移动出版特点

#### 1. 技术商涉足出版业

在国外移动出版潮流中，最大的一个特点就是许多以前的技术型公司纷纷涉足出版业，依靠自己的技术和市场优势，吹响了移动出版新时代的号角，甚至主导了目前的移动出版。

（1）苹果（Apple）

苹果（Apple）公司 2007 年 12 月发布了 iPhone 手机，随即 iPhone 人性化的功能和独特外观迅速获得用户的青睐，在全球掀起一股苹果的浪潮。2008 年 7 月 APP Store 正式上线，随后发布了 iBook，剑指出版领域，苹果（Apple）公司构筑了内容+终端的移动出版模式，完成了从纯粹的消费电子产品生产商向以终端为基础的综合性内容服务提供商的转变，其中图书类在 APP Store 上占有 17%，是第一大类，为苹果（Apple）公司带来了丰厚的回报。与此同时，一些出版商也看到了移动出版的巨大商机，纷至沓来，与苹果（Apple）进行战略合作，形成强强联合的移动出版势态，著名的哈珀·柯林斯集团就是其中之一。而今，苹果（Apple）公司已然跻身于出版业，并正在与全美第一大教育出版商培生集团、第二大教育出版商麦格劳-希尔以及市值 120 亿美元的教育出版商霍顿·米夫林·哈考特集团进行联手。苹果（Apple）眼下正在角逐全球中小学和大学教科书市场。据 Outsell 出版业分析师预测，2013 年这一市场的规模将达到 194 亿美元。苹果（Apple）认为:“全球在册学生和教师人数将近 14 亿，这对于生产商来说是一个巨大的机会。”，苹果（Apple）涉足移动出版，对出版界特别是教育领域带来了巨大的变革。

（2）谷歌（Google）

谷歌（Google）作为全球最知名的技术公司，在数字出版领域的一系列运作将深刻地影响着未来数字出版的发展，甚至对整个产业带来颠覆性影响。2004 年的全球数字图书馆计划，与图书馆合作，将其藏书收入谷歌图书搜索中，并且按照卡片目录的方式，向用户显示图书的相关内容，还可以直接指向在线书店和图书馆，谷歌的图书合作商计划可以让出版社免费展示图书，并借助与图书内容相关的广告获得收益。2006 年收购影音内容分享网站 YouTube，并提供基于移动终端的搜索下载。同年，谷歌与致力于专业出版的德国第三大出版集团施普林格出版集团（Springer Group）进行合作，已成为 SpringerLink（全球最大的在线科学、技术和医学（stm）领域学术资源平台）最大的访问者来源，为出版机构和网络搜索引擎的合作提供了新的思路。2007 年发布了基于 Linux 平台的开源移动终端操作系统 Android，并打造了应用商店平台，Android 智能终端用户和应用快速增长，到 2012 年 3 月，全球已经有超过 3 亿部 Android 手机用户和超过 45 万种 Android Market 应用，并且依然保持快速增长。同时，谷歌还与索尼合作，将其可搜索到的 60 万本图书放到索尼的手持阅读器 eReader 上面。2010 年 12 月 6 日谷歌电子书店正式在美国上线，提供约 4000 家出版商的近 300 万种电子书供用户购买或下载，其中 200 余万种为免费的公共版权图书。

谷歌成为世界最大的电子书提供商。谷歌已经与美国 6 大出版商中的 5 家达成合作协议，采取代理定价制，即每出售一本电子书，谷歌将获得 30%的利润，出版商获得 70%的利润。谷歌与合作的各出版商主要使用传统的批发定价模式。作为技术供应商，谷歌深知必须与内容提供商合作，其商业模式才可能成立。因此，谷歌以尽全力帮助出版公司在全世界范围内寻找读者为主要任务，并充分考虑内容提供商的利益。对此，谷歌对待内容提供商有三条原则：一是充分尊重并保护版权；二是自主选择，如果内容提供商不希望再把内容提供出来，那么他们可以随时把内容拿回去，或者不让人们再搜索到相关网页，谷歌的原则是内容提供商对此拥有选择权；三是利益共享，谷歌将广告收入的 50%分给内容提供商。

谷歌将它的电子书店描绘成一个“开放的生态系统”——“海量内容+终端兼容开放”，让读者随时随地在移动终端上方便地购买电子书。

（3）Adobe

Adobe 作为全世界出版界最著名的技术提供商，其在数字成像、设计和内容制作、版权保护等方面的创新技术成果，为传统出版、数字出版领域做出了杰出贡献，而在移动出版时代，Adobe 自然不甘落后。

2010 年，Adobe 在 Adobe® Creative Suite® 5 和 Omniture®技术的基础上构建了一个开放的、综合性的“数字出版平台”（Digital Publishing Platform）。该平台由应用程序、技术和服务组成，让内容出版商能够方便地将他们的内容转化为吸引人的数字出版物，并提供数字版权保护服务，包括杂志、报纸、书籍和其他出版物，最终让智能手机、阅读器等平台的读者可以直接消费这些数字内容。

Adobe 数字出版平台能帮助图书出版商轻松创建和发行面向移动终端的数字内容。读者能够下载、传输并且在智能手机和其他电子阅读器上读取 EPUB 格式的电子书。

Adobe 数字出版平台使报纸出版商开发并且营销自己定制的数字阅读器，综合了改进的导航、富媒体和交互性，就如同纽约时报和 Adobe 一起开发的 Times Reader 应用程序那样。出版商和广告商将能够整合视频、幻灯片和音频来创建更有吸引力的阅读体验。出版商也可以通过数字出版平台在已有的设计模板上接收到实时更新的动态内容。

2011 年，Adobe 发布了新版数字媒体创作软件套装 Creative Suit 5.5，以应对智能手机、平板机带来的移动媒体革命，新版本专门增强了 HTML5、Flash 视频、移动出版工具，同时推出的还有针对平板机的 Photoshop Touch SDK 以及三款 iPad 用 Photoshop CS5 辅助软件。CS5.5 对 InDesign、Dreamweaver、Flash Professional、

Premiere Pro 和 After Effect 进行了大规模升级，可以帮助开发者针对 Android、黑莓平板系统、iOS 以及其他移动平台开发媒体内容。同时发布的 Photoshop Touch SDK 可以让开发者制作自己的智能手机/平板机应用软件。

2012 年 3 月，Adobe 在全球移动通信世界大会上宣布，过去一年中在各类平板设备上基于 Adobe 数字出版套件（Adobe Digital Publishing Suite）创建的数字出版物超过了 1600 万份，全球有 68%的读者购买由 Adobe Digital Publishing Suite 创建的电子杂志和报纸。其中有单期购买（15%）、订阅（26%）以及印刷版和电子版的捆绑式订阅（27%）。

（4）索尼（Sony）

索尼公司 2004 年推出移动阅读终端 Reader，发布初期曾收到了很好的市场反响，但由于其内容资源有限，销售增长并不理想，随后索尼携手美国第二大连锁书店鲍德斯书店，共同打造联合品牌的鲍德斯•索尼在线电子书店，提供 2.5 万种电子书，且均是当前的畅销图书；索尼又和兰登书屋等大的出版集团深度合作，除了构筑内容+终端的商业模式之外，甚至扩大到生产销售环节，为出版集团营销、编辑队伍配备索尼阅读器。

（5）亚马逊

亚马逊（Amazon）虽然不算是一个纯粹的技术公司，但是其在技术领域的创新能力不容小视，亚马逊自主研发的 Kindle，是第一款能让用户无须通过电脑，而直接通过无线宽带下载电子书、电子报纸、杂志和博客的阅读器，而且可以进行自动更新，并提供了超过 10 万本的电子书内容供用户选择，同时还开展按需出版业务，提供绝版或者断版图书。亚马逊在数字出版领域开创的新业态构建于其强大的信息平台之上，并有效地整合了品牌、内容、技术、模式等关键要素，这些产品和服务为亚马逊带来了丰厚的收益。

除此之外，North Plains、PTC 等诸多技术公司也都纷纷涉足出版行业，为移动出版提供了更多的创新力量。

**2．形成细分领域市场**

国外移动出版领域经过近些年的快速发展，逐步形成了教育领域、大众领域以及专业领域等细分的市场。

（1）教育领域

在教育领域，移动出版带来了一场学习、阅读方式的巨大改变，互动学习、协作学习、个性化学习在数字技术引领支撑下成为可能。移动学习实际上是一种教学信息的即时传递与反馈的过程．即教师与学习者利用手持式移动终端或移动设备进行教学信息及资源的传递与接收，从而达到反馈与互动的效果。

教育出版产品随着数字技术的普及与应用向立体化方向发展的趋势十分明显，即教育出版商不再把产品局限于印刷版教材、教辅，而是以之为基础向消费者综合提供数字教材教辅、在线教育和培训、网络社区等产品与服务，基于移动终端的各种优势，移动出版已大规模进军教育领域。

以培生集团为典型代表的国际教育集团采取了全方位的内容服务模式，通过并购新媒体企业以及在数字产品和服务上的巨大投入，实现了从传统出版向移动内容服务方向的延伸，目前培生的数字学习产品 MyLab 在全球已经拥有 430 万用户。

而麦格劳-希尔的在线教学平台 Connect 为从高中到大学的老师和学生提供教、学两方面的数字化资料、工具、技术和服务；它针对不同学科开发的学习和参考资料产品如 Access 系列、Harrison's Practice、JAMA evidence 等都直接面向图书馆和个人用户实行订阅和移动终端付费下载的服务。

2008 年 7 月 10 日，苹果 App Store 首次亮相，三天内教科书下载量达 35 万次，2012 年 1 月 19 日，苹果公司在新品发布会上，向外界宣布进军数字教育市场。发布会上，苹果共介绍了三项与数字教科书有关的产品，分别是 iBooks 2、iBooks Author 以及服务于“iTunes U”的新应用程序。iBooks 2 是 iPad 平板电脑上的新书店，相比 iBooks，iBooks 2 具备更多适合学习时使用的功能，它可以在书上画重点，或贴上便条纸，可以将画线的文字转换成速记卡，并且设置了滑杆可以和图片内容互动。而谷歌也于 2012 年 10 月 2 日宣布，该公司的教育版 Apps 应用套件目前已经吸引了 2000 万学生、教师和职员用户。教育类应用还不仅限于内容教学。芝加哥创业公司 eSpark 推出了美国知名的基于 iPad 的教育类应用服务，它的服务定位是：帮助学生如何从 10 万个教育应用和电子书中获得最好的学习组合。超过 3000 个应用和学习资源（电子书、iOS 应用、Web App、教学视频和歌曲），让学生能够基于个人需求定制这些应用。据路透社报道，亚马逊公司于 2012 年 10 月 17 日发布了一项新计划，目标是推动亚马逊的 Kindle 电子阅读器和平板电脑产品进入学校，和竞争对手苹果公司争夺最具潜力的学校市场，目前电子书包已经在美国、德国、韩国等多个国家走进学校和课堂，教学效果相当不错，与之配套的移动教学系统和体系也在逐渐成熟和完善之中，基于可读、可写、可听、可看、可交互、便于携带等功能，会有更多的学校愿意使用这种无纸化的、可重复使用、价格可以接受的电子教材。据统计，在移动互联网技术大潮的带动下，2011 年以来，针对教育规模在千万美元以上的融资近 10 起。可见，移动互联网极大地撼动了传统教育，使得移动出版与教育紧密地结合起来。教育领域是被大家普遍看好的最具潜力的移动出版市场，实现规模化的产业利润指日可待。

（2）专业领域

专业图书包括法律、金融、科技、医疗等行业的专业用书，也包括行业性专著、学术性专著和专业性工具书，为行业人员从事专业技术工作服务。专业出版提供功能性较强、能解决问题的信息产品，这一领域图书的受众群体定位清晰，从事研究、教学领域的专家、学者会主动通过互联网搜索相关信息。相对其他领域，由于用户群体更容易定位，用户需求比较明确，最早进入了复合出版时代，并且紧跟移动互联的步伐，成功地将服务延伸到移动终端，确立了以期刊群、数据库为基础的移动出版服务模式。

国外的大型传媒集团集先进的技术和雄厚的资本于一体，凭借技术优势在数字出版领域根据市场变化和用户需求开发针对新型终端设备的数字产品和服务，与教育出版商一样，网络应用的普及提升了他们直接向读者销售数字化图书、期刊以及其他数字内容产品的机会。

以施普林格为例，其专注于在科学、技术、医学（STM）等专业出版领域发展，是世界第二大 STM 期刊出版商，每年出版期刊 1700 余种、图书 5500 余种。在数字出版方面，所有图书和期刊的内容都集成在名为 SpringerLink 的数字出版平台上，基于“在线优先出版”的理念，实现了网上出版早于纸介质出版。施普林格还设立了专门的网络部门以加强针对移动出版领域的研发，用户可以利用移动设备随时随地进行检索和阅读，以最快速度获得专业领域最新最全的咨询信息。2007 年的时候，SpringerLink 的全文下载就达到 1 亿次，收入 9.09 亿英镑（约合人民币 102 亿元）。

同样专注于专业出版的约翰·威利公司，其在线图书馆（Wiley Online Library）是一个多学科大型专业的在线资源平台，包括 1500 余种期刊的 400 多万篇文章、9000 多种图书以及几百种参考工具、实验室协议和数据库，图书馆用户可以选择性地获得部分或全部内容的使用权，单个用户也可以通过移动终端独立地付费下载其中的某一本书、书中的章节、期刊或期刊中的一篇文章。

2001 年科技出版商奥雷利媒体公司（O'Reilly Media，Inc.）和培生技术集团（Pearson Technology Group）成立了面向专业读者的塞弗瑞在线图书订阅平台（Safari Books Online）。

（3）大众领域

大众出版立足于人们的娱乐和生活，其主题分散、即兴、个人化，内容具有普适性、非专一性和离散性，读者阅读与购买呈现偶然性和随机性，加之互联网上的信息已经由匮乏转而成为过载，这就在一定程度上给出版带来难题，合适的内容抵达合适的读者手中的过程变得十分费力、昂贵。就像曾任时代华纳出版公司总裁的克什鲍姆所说的：“推销一本书需要大量资金和雄厚的实力”。而移动互联网的发展和移动终端的普及大大改善了面向大众的出版环境，移动社交网络能够精确地定位特殊用户群，即时通信、互动使得出版商更快速、方便地得到市场和用户反馈，掌握读者需求，同时，数字产品信息也能够更快速、便捷、高效地传达给特殊用户群。

2011 年 4 月大众出版三大巨头——阿歇特集团、西蒙舒斯特集团和企鹅集团共同出资，成立了 Bookish 图书资讯网站，该网站借助移动互联网技术，让读者能够更方便、快捷地了解关于作品和作家的信息，提供电子书和纸质书销售服务。另外，读者也可以通过网站查询各个出版商的书目清单，并登录第三方网站购买，收到了很好的市场回报。

而昔日辉煌的《纽约时报》、《巴西日报》、《纳塔尔日报》等面向大众的老牌报纸，近几年也都由于业绩不佳纷纷转向电子报，面向用户订阅和推送，从而推动了发行收入的持续增长，其中《纽约时报》数字版的订阅用户已经超过53万户，其数字订阅用户有望在2014年年初超过印刷版。

### 3．阅读行为社交互动化

据咨询机构RedGiant发布的移动互联网研究报告显示，91%移动互联网用户接入是为了参与社交活动，如图1-2所示。

图1-2 咨询机构RedGiant发布的移动互联网研究报告

在移动互联网时代，阅读不再是个人的孤立行为，而更多地走向社交。借助Facebook、Twitter等社交网络，人们彼此分享阅读体会，分享图书内容评注。许多大牌的作家都会利用博客和社交网络推介他们的新书并获得读者的反馈，在社交网络的推动下，阅读内容的读者与作者角色重叠化，读者以互动的方式参与到数字内容生成中，他们既是阅读内容的消费者，同时又是阅读内容的创造者。

在移动互联平台，内容已不是终极产品，内容销售收入也不是终极目标，以内容为纽带，以社交媒体为平台所联络的忠实受众群才是最有价值的资源。通过优秀内容，建立拥有高互动性、高参与度的在线社群，并通过虚拟社群进一步推动内容传播与内容增值，这是移动互联时代的基本产品模式。

### 4．富媒体出版成熟化

移动出版的阅读终端具有传统出版无法比拟的富媒体表现力，能够融合文字、图片、音频、视频以及互动效果，带给读者全方位的阅读体验，并且这种富媒体出版已经日趋成熟化。

移动出版对内容的要求变得更加精雕细琢，催生了更多的精品出版。比如美国的小型 iOS 应用开发商 Tapity 通过苹果 iBooks 平台发布了全互动电子书《清洁“蒙娜丽莎”》(Cleaning Mona Lisa)，全互动电子书《清洁“蒙娜丽莎”》结合了文字、视频、相册、互动图片等元素，给读者带来了全方位的阅读体验。logos 将圣经“苹果化”，使基督徒通过 iPhone 手机免费快捷地阅读圣经，并且完美地还原了《圣经》非线性叙事的结构，迄今为止它们已经推出了 40 余种不同的数字版本……

除了富媒体图书，在 iPad 平台上还出现了其他值得注意的、具有创新精神的数字出版应用产品。跨媒体电子书是另一个潮流——即图书与流行音乐、影像视频等在移动互联平台上加以融合。2010 年“年度出版创新大奖”得主，由潘德沃克斯(PadWorx)数字媒体公司出品的互动小说《德科拉：斯多可家族正传(Dracula: The Official Stoker Family Edition)》展示了未来 iPad 图书的一个雏形：完全触屏的交互体验，300 多页的原小说文字，6000 余幅插图，由众多流行歌星打造的 21 首歌曲，数十小时的音乐和音响特效，以及类似 DVD 互动模式的趣味“彩蛋”，等等。可以说，此产品已超越了一本“书”的概念，而成为一个庞大的、有机整合的媒体库，带给读者愉悦的互动阅读体验。爱尔兰互动青春偶像剧《艾斯灵日记(Aisling’s Diary)》也是跨媒体融合(Transmedia)的典型案例，它成功地实现了网络社群、电视剧、小说、互联网和移动媒体的整合，通过持续的、跨平台的读者、制作者与内容的互动，成就了立体、多元、复杂的流行文化产品。正如其制作者所言，“我们坚信积极参与的受众群体和诱人的互动体验越来越重要，它使受众深深融入剧情，与角色和情节同苦、同乐、同喜、同悲，移动互联使这种互动随时随地可以发生，并成为受众生活中不可分割的一部分”。开发这一产品的 beActive 公司充分利用其聚集的超强人气，陆续推出系列游戏、应用软件以及相关娱乐产品，形成产业链的良性循环。

虽然富媒体电子书目前成为被广泛接受的主流模式，但它远远不能涵盖“数字内容深度加工”和“数字应用产品”的全部内涵。西方有些研究机构，比如，高低科技集团、麻省理工学院媒体实验室、卡内基梅伦大学的计算机设计实验室等，正在研发更加智能化(smart)、互动性(interactive)、触摸交互(tangible)以及去书本化(打破图书叙事结构和知识传播框架)的新一代电子书。这些研究项目集合了 IT 专家、出版商与社会科学研究者，遵循科技与人文结合的思路，已经产生了很多具有革命性潜质的产品，其创新集中表现在与读者的高智能、创造性互动方面。可以预见，这些基于 pad 类平台的新型应用在儿童图书、烹饪、生活科普、图画类图书、趣味教育等领域有广阔的前景。

**5. 社交化网络营销**

传统出版业对于发行渠道的重视与依赖不言而喻，“渠道为王”的思路自然也主导了数字出版业，这集中体现在愈演愈烈的大平台风潮上。移动互联时代，苹果、谷歌安卓和亚马逊等平台的崛起，其实质的东西并不是渠道霸权，而是开放理念和消费者霸权，这些新兴平台的核心理念是尊重并最大化消费者的利益——物美价廉，这也是其成功的根本原因。无论是苹果的乔布斯，还是亚马逊的贝佐斯，都深刻体会到，移动互联时代是消费者霸权的时代，而消费者的权力通过无处不在、无所不能的社交网络变得无比强大。移动互联时代是生产者与消费者直接对话的时代，苹果、谷歌安卓和亚马逊所提供的是一个对话平台，而不是传统出版人所理解的渠道，或者中间商。相应地，数字内容的营销推广有必要进行创新与变革。

营销一定是社交化的，在移动互联时代，社交媒体的功能早已超越了“社交”，它是最重要的营销推广渠道。社交媒体在西方被看作是一种市场体系，它具有社会化筛选、评价和推荐的功能，这种消费者互相间的推荐比任何广告都更有说服力。换言之，社交媒体市场形成了消费者的合力，让“口口相传”成为最行之有效的推广策略。亚马逊自助出版领域的畅销书，无一不是通过社交媒体来成功促销与推广的。与传统书商一掷千金的渠道营销不同，社交媒体营销需要“四两拨千斤”的智慧，这有赖于精准的市场定位和高水平的读者互动沟通，它绝不是“转发、抽奖”这么简单。目前来看，在数字出版领域最广泛的应用是社会化阅读，这种社会化筛选与个人定制信息相结合的应用将成为移动互联时代内容推送的主要方式。出版商将逐渐认识到，对所谓的“渠道”——书店上架、网站首页推荐的占领不再是核心竞争力，其内容产品能否出现在个体读者的移动信息界面上才是关键。虽然业界的开发创新尚在起步阶段，获得巨大成功的案例也属凤毛麟角；但是，有一点可以肯定，在移动互联时代，强大的用户社交网络，用户之间的口口相传将打破“渠道为王”的神话。全世界最有影响力的作家之一J.K.罗琳，围绕《哈利·波特》书籍内容建立了一个大型的全球性网页社交游戏网站，目的在于带给全球哈迷一个新的社交体验。所以移动出版人对内容聚合平台的认知也需跳出“渠道”思维的框架，进行社交化的营销。

### 1.2.3 国外移动出版发展趋势

从国外移动出版的现状和特点分析，移动出版的发展将会具有以下特点。

**1. 注重创新**

回顾出版的历史脉络我们不难发现，正是技术的创新、内容的创新、商业模式的创新、制度的创新，推动了出版的一次次变革和发展，特别是技术和网络飞速发展的今天，亚马逊颠覆出版秩序，苹果改写了出版产业的格局，HTML5技术使各种浏览和应用的跨平台出版成为可能，社交网络改写了出版生态，数码设计公司Apt工作室的彼得·科林格里奇（Peter Collingridge）曾在博客上写道：“出版业是一个创意产业，正在进入到一个伟大的创新时期。”

出版业并不畏惧风险，大多数出版商非常具有冒险精神，现在要做的是将这种冒险精神转化到创新上面来，在移动出版的今后的发展道路上，创新必然是最具能量的动力。

**2. 注重内容**

无论传统出版还是移动出版，无论载体和形式如何变化，人们最终需要获得的是信息内容，因此内容本身才是读者的关键需求，有价值的、精品的内容是能够赢得市场和读者，并能够长久流传的。所以内容提供商、技术提供商、运营提供商都会越来越看重优质、精品的内容，所以，核心的竞争力在于能够为读者提供他们要读、想读的高质量内容，只有强化这种能力，才能不被市场和读者抛弃。

**3. 注重版权**

移动出版也只是出版的一种形式，更多的是在作者与读者之间架起一座桥梁，在互联网时代，电子化的内容更容易被侵权和盗用，因此，对版权的保护就比以往更加重要；否则无论是作者还是出版社，都不会愿意将内容放在一个会侵害自己利益的平台或者设备上，这需要政策法律环境的改善，也需要从技术上、模式上对版权进行保护，保证创作者、版权资源供应者的利益不受侵害，这将会是移动出版竞争力的重要砝码。

**4. 注重阅读体验**

在移动出版中，用户的阅读体验和评价非常重要，要想在竞争激烈的移动出版内容中脱颖而出，占有市场，获得稳定的用户群，就要注重用户的阅读体验，针对不同的用户群体，提供全方位立体化的阅读服务，在传递知识和信息的同时，带给读者更好的阅读体验，因此移动阅读将会越来越注重阅读体验。

**5. 注重个性化**

国外移动出版界中有个“客户中心论”，即对读者需求进行深入分析，读者不仅有知识需求，而且还有时间、价格以及服务的需求。在数字出版时代，由于传播载体的变化和出版技术手段的提升，不同的出版主体根据客户需求的不同，需要针对不同用户群体的需求采取不同的商业模式。

以教育出版巨头培生集团为例，为教师和学生提供的数字教材自定义服务已有多年历史。教师可以根据授课需要，在庞大的教材数据库中自行组织编辑教材，并可以在线分享自己的成果；平台也鼓励学生上传学习笔记，分享研习经验等。著名的在线童书出版商“睡前故事”网站推出了“录制阅读，创造回忆（Record a book，Create a memory）”的服务，鼓励家长在 iPad 等设备前给孩子讲读童书，并摄录下来，放到网站上分享。对朗读者而言，这些亲子互动的视频是终生美好的回忆；对其他小观众来说，这种对童书的人性化讲解使数字内容更丰富、更有趣。可以说，分享阅读视频与在线社群互动进一步提升了读者作为创造者、分享者和使用者的愉悦体验；对出版商而言，用户上传的讲读视频成为内容产品的重要附加价值。在这些例子中，读者不再是被动消极的内容接收者，而是积极的内容创造者和再创造者，读者的创造性工作起到与内容原创者同样重要的作用，并且使内容更加符合消费者的需求，更具吸引力。

个性化、定制化服务必将成为手机出版可持续发展方向。

### 6. 注重合作

在移动出版中，需要技术提供商、内容提供商、运营商、作者以及读者共同构筑移动出版的生态圈，跨界合作必然将成为常态。比如谷歌，在构建全球数字图书馆计划中，就和美国作家协会、美国出版协会达成协议，一方面作为技术供应商，为出版企业提供技术服务与工具；另一方面作为运营商，按页面广告收益与出版企业进行五五分账，并努力开发新的赢利点，让出版企业分享更多的商业收益。再比如 Wiley，作为内容提供商，在构筑数据库移动出版系统中，采用自主开发和与信息技术公司合作并行的方式，部分应用由自己开发，部分应用由技术公司开发，且与多个不同的技术提供商合作，包括 gWhiz、Thieksole 等公司，其中多家公司专注于移动方案的解决或移动应用的设计，通过这种跨界的合作，发挥各自的长处，形成具有竞争力的商业模式。在移动互联的今天，出版必须以开放合作的心态与各方建立战略合作伙伴关系，以赢得移动传播时代的数字出版战略地位。

### 7. 注重规模化

国外出版业呈现出越来越明显的规模化与集团化的趋势。自 20 世纪 90 年代开始，欧美的出版市场大的并购事件不断出现，形成了贝塔斯曼、阿歇特培生等 10 多个国际出版集团，据统计，2008 年美国图书业总收入的 68%是由销售额大于 5000 万美元的出版公司创造的。这种现象同样发生在英国、德国和法国。在国外知名的学术类科技期刊行业，也呈现出集团化运作的趋势，比如斯普林格年出版学术期刊约 1500 种、爱思唯尔年出版科技期刊约 1800 种。日本出版业界强强联手，与名为产业革新机构的官民基金共同出资 170 亿日元设立的“出版数字机构”于 2012 年 5 月正式挂牌。以讲谈社、小学馆、集英社为核心，并得到日本 274 家出版社的支持和配合，准备在 5 年后将电子书品种从目前约 20 万种增加到 100 万种，达到约 2000 亿日元的市场规模。这种规模化可以统一对外联系接口，在节省成本的同时提升了自身的服务优势。

### 8. 注重多元化

移动出版对用户服务的核心价值之一就在于内容的呈现体验，包括展现效果、文件体积、多终端适配，甚至更复杂的多媒体应用、交互性、即时通讯需求等，这些类似传统出版流程的排版、制版、打样等多环节的集合。不同的是，传统的优势在于这些环节的生产过程高度标准化，执行结果准确率高，内容的呈现体验有高比例的质量保证。

HTML5 是 HTML 的一次升级变革，主要目的是减少浏览器使用丰富的网络应用服务时对各种插件的依赖，而更多由自身提供能有效增强网络应用的标准集。如果所有浏览器都能很好地支持 HTML5，那么，一个基于页面的应用可以有非常惊艳的视觉效果，有非常顺滑的交互操作，甚至还有本地的数据计算和内容存储服务。

这对移动出版是一个很好的契机。除了满足用户对内容呈现的要求，在上游生产制造阶段的价值可能更大。利用 HTML5，一个基于 HTML5 的标准化内容制作系统，有直观的在线转换和修改工具，有丰富的排版编辑选项，有方便的拖曳操作，可快捷地加入音视频，可快速地创建交互表单，像制作 PPT 一样选择模板、排版风格和翻页效果……而这一切都是在线的——多人协同工作，可以随时预览的——所见即所得，这样一来，不需要太高的技术门槛，不需要过度复杂的软件学习负担，大家一直所讨论的数字出版全流程化有望通过 HTML5 真正运转起来。

不可否认，APP 目前仍是移动终端上用户体验最好的服务方式。但是为了适应多种终端和平台，需要在内容加工阶段耗费更多的时间去针对不同的终端和平台做大量的优化，才能在最终展现时达到最佳的效果；而 HTML5 技术则使用一种所谓的“响应设计”技术，将多个技术结合起来，让出版方能够实现一次编写，就可以将内容发布到不同的屏幕尺寸、不同的操作系统设备上，其好处显而易见。

美国国际数据集团（International Data Group）是全世界最大的信息技术出版、研究、会展与风险投资公司，旗下投资的媒体有《计算机世界》、《IT 经理世界》、《网络世界》、《微电脑世界》等，其在第三季度正式发布采用 HTML5 和 CSS3 的新内容管理系统，此系统能够使网站自动适应任何访问它的设备，节省了大量的前期加工成本。

Adobe 新发布的 CS6 套件中，已经全面支持 HTML5 和 CSS3 技术，微软在 Windows 8 系统上也已经大量采用 HTML5，亚马逊新一代的 KF8 格式电子书也是基于 HTML5 的标准，能够在多平台支持上有着更好的表现。

## 1.3 我国移动出版产业发展现状

### 1.3.1 移动出版产业发展必然性分析

2010 年以来，国内移动出版市场持续升温，移动出版被业界视为数字出版的重要拐点，产业前景被普遍看好。移动出版更好地满足了用户碎片化阅读、个性化阅读和在阅读中互动的需求。从消费群体数量、消费者需求、成熟的出版模式、技术发展等几个方面看，移动出版极有可能领跑数字出版。

1. 庞大的客户群体

易观国际统计报告显示，目前移动互联网网民在各类移动付费应用中对于数字阅读付费应用的意愿最高。据其统计，2011 年第四季度中国移动阅读市场活跃用户数达 3.09 亿，环比增长 7.5%，同比增长 33%，预计 2013 年中国移动阅读市场销售规模将达到 65.31 亿，活跃用户达到 3.69 亿。面对这样一个有着庞大用户基础的市场，国内各大电信运营商、电子商务企业、技术商等均对此表现出了极大的热情和兴趣，在移动出版领域动作频频。电信运营商利用其庞大的用户资源和运营渠道这样的先天优势，自然地采取"通道+内容"的产业链模式，三大电信运营商纷纷构建移动阅读基地。从 2011 年开始，以当当网、京东商城为代表的电子商务企业高调进入电子图书销售的 B2C 领域。京东商城电子书刊频道首期上线 8 万种正版电子图书，来自 200 家合作供应商，到 2012 年年底，线上正版电子书刊超过 30 万种；当当网 2011 年年底首批上线的图书多达 50000 册，由百余家国内知名出版社提供版权，一些热门图书也在首发之列。电商领域重量级企业加入到电子图书网络销售市场，为电子图书 B2C 市场注入了更多的信心。

2. 消费者阅读习惯和阅读需求的变化

随着移动互联网技术的发展以及移动智能终端的普及，人们的生活方式在不断发生变化。从纸媒到网媒，从网媒到掌媒，阅读本身没有变，但阅读方式却在发生着改变。获取信息的渠道增加了，但能够专注于阅读的时间减少了。阅读呈现出"碎片化"的特征，不只是阅读时间碎片化了，阅读的内容也呈现出碎片化的特点，内容碎片化并不意味着内容割裂。人们期望阅读的是在碎片化的基础上，通过知识关联所构成的信息网络。在这个意义上，碎片化阅读，人们所获得的不是浅阅读体验，而是深阅读。

互动性是移动阅读的另一个显著特征，例如在阅读过程中除了看内容，还可以看评论，也可以边阅读边发表评论。当读者通过数字化手段对阅读内容进行实时反馈的时候，出版商就可以了解到关于读者的阅读习惯、对阅读内容的评价等信息。显然这些信息对于出版商更加有效地做出出版决策、优化数字营销模式会起到很好的帮助作用。

数字化手段的运用，帮助移动阅读的内容进一步丰富，不仅体现在内容的量上更加宽泛，而且在展现形式上更加多样化，除了静态的图文格式之外，还可以加入音视频、多媒体、互动表单等多形态数字内容，进一步丰富了人们的阅读体验。

内容的受众群体有着不同的教育背景、年龄、喜好和消费水平，移动阅读以其移动性、交互性、及时性、无线上网等优势，已经成为一种越来越受现代人追捧的阅读方式。

### 3. 相对成熟的出版模式

数字出版这个新兴行业的成功，最大的难点并不在于技术和资金，而在于能否把握数字出版的本质和特点，进而建立起相应的商业模式及盈利模式。虽然数字出版行业潜力巨大，但业内普遍认为，建立数字出版清晰的产业链条以及盈利模式，还有很长的路要走。移动出版作为数字出版行业的一个重要分支，相比较而言，由于智能手机、平板电脑、手持阅读器等设备带动的移动阅读市场已经开启了期待已久的 B2C 模式。

从移动出版产业链来看，其涉及 5 个产业：传统内容发布行业（如报纸、杂志、图书发行出版机构等）、新型网上内容销售与发布行业（如门户网站、网络文学网站、电子图书网站、图书销售网站等）、移动通信运营商（如中国移动、中国联通及中国电信等）、新型数字媒体行业（如新型数字媒体、数字版权机构等）、电子书阅读器生产厂商。移动阅读除了能满足用户“碎片化阅读”这一需求外，更重要的是，能够将运营商、服务商、出版商、终端设备制造商，以及广告商等优质资源整合在一起，使得整个产业链上下游都得到发展。

国内的移动阅读市场自 2001 年以来获得了巨大的发展。国内各大网络运营商、技术商、平台服务商和出版巨头均对此表现出了极大的热情和兴趣，在移动出版领域动作频频。中国移动阅读基地运营不到一年，最好的一本畅销书即获得了 1200 万的收入；中兴通信 2011 年 11 月底宣布，计划投资 20 亿元人民币在中国西南部建设一个数字阅读基地，为中国联通的数字阅读服务提供支持。盛大文学的“云中书城”也聚集了大量的网络文学、出版社、报刊杂志的资源。根据盛大文学云中书城提供的数据，截至 2012 年 9 月 17 日，云中书城被下载的电子书种类接近 55 万种，云中书城移动端用户总数突破 1000 万大关，这标志着云中书城正式迈入移动互联网千万用户俱乐部，在数字出版领域有了一个里程碑意义的跨越。最新数据亦显示，截至 2012 年第一季度，云中书城第三方内容合作伙伴超过 330 家，签约第三方作品数近 8.5 万种。

### 4. 新技术推动行业发展

技术的创新、财富的创造和破坏总是遵循着一定的规律，大约每十年就会出现一次新技术周期。根据摩根士丹利在 2009 年 12 月发布的《移动互联网报告》，我们目前正处于移动互联网技术周期的前沿，移动互联网发展速度之快、规模之大，已经超出了很多人的预料。因为它代表着 5 大趋势的融合，即 3G、社交、视频、网络电话和移动终端。其中基础架构、网络平台、应用/服务/内容将成为主要的发展内容。借助移动互联网的强劲发展动力，移动出版市场也进入到高速发展期，它作为移动互联网的重要应用近年来备受关注。

一方面，移动终端设备的发展日新月异。如今人们已经开始享受智能手机与 3G 网络带来的移动新生活，对智能手机需求与日俱增。根据 IHS 最新的一份数据报告显示，到 2013 年，全球智能手机出货量预计占 54%。智能手机 CPU 进入四核时代，屏幕材质、内存、摄像头等品质仍在不断提升；另一方面，谷歌安卓系统、苹果 iOS 系统两大主流移动终端操作系统如日中天，同时吸引了众多的开发者。以 iOS 操作系统平台为例，2012 年第一季度，全球 iOS 设备累计销售 3.15 亿台，App Store 在线应用共 585 000 余种，累计下载 250 亿次。这里面还需要特别提到的是 HTML5 技术的发展。在 HTML5 平台上，视频、音频、图像、动画以及同终端的交互都被标准化，以一种 Web App 的方式替代了现有的应用下载模式。同时由于 HTML5 的跨平台性吸引了众多开发者进行跨平台开发，使得这项技术获得了广泛的应用。在移动出版领域，也出现了一些基于 HTML5 技术开发的优秀应用，如《纽约客》、《国家地理》杂志等在其数字出版物中采用 HTML5 技术实现内嵌式自定义商店页面、在线内容和全文等。同样，广告商也采用 HTML5 实现互动广告来推动消费者参与。本书中，我们会详细地介绍 HTML5 技术在移动出版领域的应用。

综上所述，在技术与市场的双重驱动下，移动互联网得以保持强劲的发展势头。从盈利模式的本质来看，只有移动互联网业务为客户所接受，客户愿意花钱，企业才可以获得源源不断的利润。为更好地推进移动互联网盈利模式创新，需要从内容、定位、流量、资费、价值链、网络等方面积极探索。

### 1.3.2　移动出版产业发展的几种主流模式

自 2011 年以来，欧美传统出版业在金融危机与数字化的双重压力下，面临生存挑战。据尼尔斯图书调查公司数据显示，美国 2011 年纸质图书销售总额同比下降了 10.2%，英国同比下降了 3%。与之形成鲜明对比的是数字出版业强劲的发展势头。在这样的局面下，传统出版业面临着极大的生存压力，纷纷加快了向数字出版业转型的步伐。在我国，长期以来，基础建设与低端制造业一直是拉动经济增长的主导方式。近些年来，传统的经济增长模式越来越成为社会经济快速发展的瓶颈，知识经济作为一种高附加值的经济，是我国经济转型的必然选择。面对上述经济环境，2011 年 11 月，《中共中央关于深化文化体制改革推动社会主义文化大发展大繁荣若干重大问题的决定》首次提出了“文化强国战略”，强调“加快发展文化产业，推动文化产业成为国民经济的支柱型产业”；《新闻出版业“十二五”时期发展规划》强调了数字出版在新闻出版产业中的重要性，明确指出“以科学发展为主题，以加快转变发展方式为主线，大力发展数字出版产业”；地方省市也相继出台了“促进数字出版产业发展”的专项政策，为我国数字出版的大发展大繁荣创造了前所未有的良好发展环境。

2012 年 7 月 19 日，中国互联网络信息中心（CNNIC）在京发布了《第 30 次中国互联网络发展状况统计报告》。此报告显示，截至 2012 年 6 月底，中国网民数量达到 5.38 亿，增长速度更加趋于平稳；其中最引人注目的是，手机网民规模达到 3.88 亿，手机首次超越台式电脑成为第一大上网终端。2012 年上半年，通过手机接入互联网的网民数量达到 3.88 亿，相比之下台式电脑为 3.80 亿，手机成为了我国网民的第一大上网终端。据 Enfodesk 易观智库最新数据显示，2011 年第 4 季度中国手机阅读市场活跃用户数达 3.09 亿，环比增长率为 7.46%，同比于 2010 年第 4 季度，中国手机阅读的活跃用户增长幅度达 33%。

另据中国新闻出版研究院最新公布的第九次全国国民阅读调查数据显示，2011 年我国 18～70 周岁的国民中有 27.6%的人进行过手机阅读，比 2010 年的 23.0%增加了 4.6 个百分点，增幅达 20%。在手机阅读人群中，18～29 周岁的人群所占比例最大，为 59.7%，其次是 30～39 周岁的人群所占比例为 29.9%。这两个群体几乎占手机阅读人群总体的九成（89.6%）。手机阅读人群平均每天进行手机阅读的时长接近 40 分钟，具体情况如图 1-3 所示。

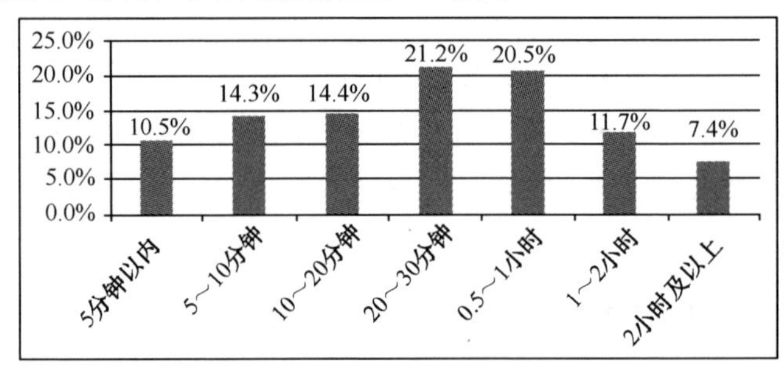


图 1-3　手机阅读人群每天的手机阅读时长

根据本次调查数据，2011 年手机阅读接触群体中有 51.4%的人曾使用手机进行付费阅读。调查发现，综合所有手机阅读接触人群在 2011 年全年花在手机阅读上的费用，全年人均花费在手机阅读上的费用为 20.75 元。总体来看，消费金额在 20 元以下（含未付过费的）的手机阅读使用者所占比例超过七成（73.2%）。具体情况如图 1-4 所示。

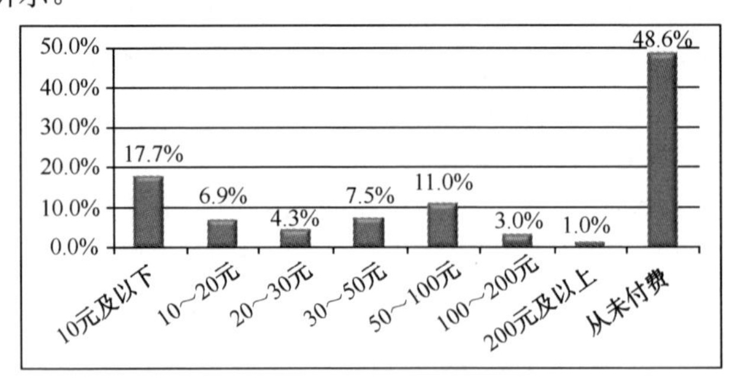


图 1-4　手机阅读人群的手机阅读消费金额

从以上数字可以看出，基于移动终端的阅读人数不断增长，阅读方式发生变化，为移动出版的发展提供了有力保证。

基于对移动出版业发展现状的认识和其发展趋势的判断，并借鉴国外移动出版发展的经验，我们将现阶段移动出版分成 4 种主要的发展模式，即内容提供商主导型、平台服务商主导型、网络运营商主导型、终端制造商主导型。

### 1. 内容提供商主导型

内容提供商既包括传统意义上的出版社、杂志社、报社等传统出版社，也包括像盛大文学这样的原创文学网站。内容提供商为主导的移动出版发展模式是指内容提供商凭借依托核心的内容资源，与产业链下游的技术平台、运营、终端等角色合作，通过这种合作，将自身的内容优势直接影响到产业链的下游，即内容受众群体。在内容提供商主导型发展模式下，内容提供商能够将自身旗下的众多内容资源进行整合，并对优质内容资源进行二次开发，使优势发挥到极致，坐拥移动出版的定价权。

2010 年，中国出版集团公司对数字出版资源进行收集和统一管理、集中加工、统一运营，开通集原创、版权、销售、供需为一体的电子商务平台——中国数字出版网。

2010 年 3 月底，上海世纪出版集团（下称“上海世纪”）的辞海电纸悦读器进入了人们的视野。辞海电纸悦读器是国内首款由内容出版商主导的全产业链研发生产和推广的产品。上海世纪版电子阅读器内置了“最权威的工具书”——《辞海》(第六版)，是集单字、词语、百科于一体的大型综合性辞典，其中收录了 22314 个汉字、12.72 万个词条。辞海电纸悦读器的商业模式为：读者付费下载图书，运营商获得销售收入的 40%，出版社获得 60%。若下载上海世纪版图书，在出版社的 60%收益中，作者可得到其中的 50%版税，这一点充分考虑到了作者的利益。

2011 年 9 月，凤凰集团以教育出版数字化为切入点，推出了电子书包解决方案。该方案是一种集内容、平台、终端为一体的数字化教学平台。这一举动也标志着凤凰集团正在由内容生产商向内容服务商转型。

内容提供商主导的这种发展模式面临的问题是：成功的内容平台一定要积累大量的优质内容，而内容提供商之间是存在很强的竞争关系的，某一个内容提供商构建的内容平台，很难将其他实力雄厚的内容提供商的优质内容资源整合到平台上来。另外，传统的内容提供商对于移动出版的盈利模式、支付手段等关键点缺乏经验，还需要一段时间的探索。

### 2. 平台服务商主导型

平台服务商主导的移动出版发展模式是指平台服务商为内容消费者和内容商提供平台。平台服务商在数字出版发展的过程中起到了开拓市场这样至关重要的作用。

在国内典型的平台服务商是盛大文学、方正等公司。北大方正公司自 2000 年进入数字出版领域以来，自主研发了一系列数字出版相关技术和解决方案。2011 年方正推出了云出版平台，将云计算技术应用到数字出版运营平台上，帮助出版机构构建云出版；同时推出云端读报平台，近 100 家知名出版机构的资源汇聚到云端读报平台上，帮助读者实现云阅读。盛大文学运营的原创网站包括起点中文网、红袖添香网、小说阅读网、榕树下、言情小说吧、潇湘书院六大原创文学网站以及天方听书网和悦读网。云中书城（www.yzsc.com.cn）是盛大文学最新上线的运营主体平台，为消费者提供数字图书、网络文学、数字报刊等数字商品。目前云中书城的图书已经可以通过云中书城网站、盛大 Bambook 进行下载阅读。在不久的将来，用户还可以通过云中书城手机 WAP 站、iPhone 客户端应用、iPad 客户端应用、Android 客户端应用、PC 客户端、电视等多种平台设备随时随地下载阅读云中书城的海量内容。通过云中书城开放平台，所有的出版单位均可自主上传数字图书、数字报刊等内容，自主定价，借助云中书城庞大密集的销售网络进行推广销售。云中书城凭借强大的内容与平台优势，推动数字出版，引领数字阅读潮流，为全球用户带来数字时代全新的阅读体验。

在平台服务商主导的发展模式下，平台服务商的优势是它们拥有很强的开发资源和技术实力，在内容管理、版权保护、内容深度开发技术、内容搜索分析等关键技术上有丰富的经验，有能力为移动出版提供完善的平台解决方案；同时它们还拥有丰富的数字出版经验和相对较为成熟的盈利模式，这些都为平台的整合提供了有利条件。

**3. 网络运营商主导型**

网络运营商主导的移动出版发展模式是指移动运营商提供移动出版平台。移动运营商涉足数字出版行业有着天然的用户资源优势和运营渠道优势。随着 3G 技术的民用化，国内各移动运营商在数字出版领域纷纷布局。目前中国移动、中国电信、中国联通三大运营商都已建立了各自的移动阅读基地，并上线了相应的移动阅读服务，允许用户直接通过手机等移动终端下载书籍、新闻和各类信息；除此之外，不少软件厂商，则通过开发移动阅读终端的方式参与其中。2008 年年底，中国移动在浙江启动手机阅读基地建设，致力于构建全新的图书发行渠道，以手机和移动电子书为业务主要呈现形态，向用户提供海量图书内容服务。2010 年 5 月，手机阅读业务正式上线，到 2011 年 10 月，通过手机进行阅读的用户数已经超过了 1.55 亿，月全网访问用户数超过 5000 万，日均 PV（访问量）超 3 亿次，月平台信息费收入超过 1 亿元，超过 22 万册图书的精品内容，涵盖了图书、杂志、漫画、图片等。除此之外，还有中国电信的天翼阅读基地、中国联通阅读基地。

网络运营商主导的移动出版对产业链进行了重新建立和延伸，新的商业模式也在逐渐形成：一方面，内容服务商会和移动运营商合作，通过下载分成的方式获取利润；另一方面，则是整合上游的出版社、新闻机构，以及下游的广告商，通过自建手机应用等方式发布内容，并根据用户特性推送相应的广告，广告收入则和上游的内容供应商分成。因此，这种模式被普遍看好。

在这种模式下，影响发展的最大的问题是“版权问题”和“定价权问题”。内容提供商由于对版权的顾虑，不敢将优质的内容资源提供给运营商，对与运营商的合作抱谨慎观望的态度。另外，内容提供商也不想轻易将行业主导权让给网络运营商，定价主导权的竞争异常激烈。这些问题如不解决，也将极大地影响整个产业的未来发展。

### 4. 终端制造商主导型

终端制造商主导型是指提供终端阅读设备的厂家主导移动出版。这种发展模式是以终端为主，以建立平台为辅，如国内的汉王。

近两年来，国内终端厂商的业绩大幅下滑。2011 年汉王业绩遭遇滑铁卢；爱国者遭遇高管集体离职，电子书业务或将荒废；方正飞阅调整战略从软硬件结合到只做软件。这种模式最大的问题是，作为内容提供商的出版社从中获利微乎其微。由于是终端制造商一次性买断内容版权，所以在数字阅读市场运作上出版社都被排除在外，沦为了数字阅读产业中的配角，这种现象本身也不利于整个产业链的健康发展。

## 1.4　本章小结

移动互联网、智能终端、HTML5 等新技术催生了出版新的产业链，改变了出版的格局和秩序，给人们的阅读环境和阅读习惯带来了革命性的影响，同时也给出版业带来了巨大商机和新的生命力，出版业经过不断的探索和发展，已经形成了多元化发展的道路，在数字环境中取得了市场回报。

传播学大师马歇尔·麦克卢汉曾说过：“我们打造了工具，而工具也会反过来塑造我们。”这正是今天移动出版的真实写照。

# 第2章 Chapter 2

# 移动出版技术概述

移动互联网的发展速度已经远远超出我们的估计，在一个全新的领域里，Android、iOS 等新技术在移动互联网领域成为最热点的话题之一。与此同时，跨平台的 HTML5 应用在未来更有可能对移动互联网领域起到巨大的影响。

本书将主要介绍 HTML5 的一些新标准及新特性，同时结合移动互联网领域，将为读者带来全新的技术体验，甚至可以让只有 Web 技术基础的你都能参与移动互联网开发领域。

## 2.1 移动互联网的发展

当前，随着3G网络的不断普及，全球各国运营商都相继推出3G移动互联网业务，移动互联网业务应用日益完善。同时使用移动互联网业务的用户规模持续地增长，使更多的传统互联网厂商看到未来的发展方向。

当3G网络在国内得到正式商用后，国内的移动互联网业务逐渐发展起来。同时，Android和iPhone等智能手机的出现，更让移动互联网领域得到充分的发挥。在未来，移动互联网业务将会朝着多元化发展的方向。

#### 1．移动广告

移动互联网在未来高速发展阶段的趋势，必定会带动移动广告业务的发展。目前已经有不少的创业者开始尝试该领域。

#### 2．移动搜索

目前，各大搜索引擎公司相继把其桌面浏览器的搜索网站搬到移动领域。相信在未来几年内，移动搜索将会为移动用户提供更便利的搜索体验。

#### 3．移动购物

移动购物即用户通过移动设备（如手机）接入无线互联网购买商品或服务的业务。在国内，淘宝等网站已经开展手机在线购物业务，但发展的效果并不理想。其原因是目前受到Web技术的限制以及用户的使用习惯等问题导致了移动Web还在初级阶段。随着Web技术的不断发展，移动购物必定会得到用户的认同和广泛应用。

#### 4．移动社交网络

正当传统互联网Web 2.0模式的社交网络热火朝天的时候，移动互联网悄悄地进入了用户的生活当中，它们通过各种手机和平板电脑就能实现社交和分享。与传统互联网相比，移动互联网的社交功能前景更加乐观，目前QQ、Facebook、微博等传统社交网站或应用已经在移动社交领域占有一分子。

#### 5．多媒体

在3G网络出来之前，手机用户使用最多的多媒体业务是铃声、彩铃、图片下载等手机业务。随着3G网络及无线网络的发展，用户可以通过无线互联网享受音乐、电影、动画等多种服务。

#### 6．移动游戏

以现在手机的发展速度来看，未来手机必定成为游戏厂商开发和推广游戏的平台之一。特别是在这个移动互联网时代，3G上网速度的提升，必然会引发一场移动互联网的网游争夺战。

## 2.2　智能手机发展迅速

Android 和 iOS 平台的智能手机伴随着移动互联网的发展，让越来越多的应用程序在其平台下的软件市场发布软件。同时，各家公司为了使自己的产品线能够更快地在移动互联网上占有市场份额，也纷纷将自己的产品线布局到移动设备上。因此，移动互联网大战一触即发。

### 1. WAP 1.0 时代

实际上，早在 2000 年的时候，移动互联网已经进入了我们的生活当中，这个时候手机所提供的功能有限，基本上都是只提供铃声、彩铃、图片等服务内容。这种服务使相当一部分创业者在短期内得到可观的收入，这个时代通常被称为 SP 时代。但是，这种服务只能满足部分手机用户的低层次需求。

### 2. WAP 2.0 时代

直到 2006 年，智能手机得到不断发展，手机用户的需求开始产生变化，各种新的手机应用不断推出，如新闻类资讯、即时聊天等。事实上，这些新的应用也只不过是在 SP 时代功能基础上的升级，这就是 WAP 2.0 时代。

### 3. 3G 时代

进入 3G 时代，移动互联网发展速度非常快，特别是以谷歌、苹果为首的 Android 和 iOS 平台的手机推出后，智能手机的功能逐渐变得非常强大，例如 WIFI 无线联网、蓝牙、加速计、指南针、重力感应、数据存储等功能，让智能手机变得不再是一部简单的手机。

Android 平台手机和 iOS 平台的 iPhone 在中国乃至全球的手机市场份额不断扩大，越来越多的用户愿意尝试使用这种新平台的智能手机，其原因有以下几点。

（1）硬件设备的提升

手机经过十多年的发展，其硬件设备相比十年前已经发生翻天覆地的变化。各种单核、双核甚至四核 CPU 的智能手机不断推出，其运算速度得到很大的提升，为大型软件和游戏提供了最好的硬件基础。

（2）平台的开放性

Android 平台以免费开源的方式打破了过去手机操作系统的封闭性，让各个手机制造商可以利用 Android 平台制造出用户体验更好、功能更强大的手机。虽然 iOS 平台没有像 Android 那样开放源代码，但是 iOS 和 Android 都提供非常丰富的 API 接口和文档，开发者可以通过其提供的 API 接口开发出极具创意的应用程序。

（3）更好的用户体验

过去，Symbian 系统占据着整个手机系统市场的半壁江山。然而使用 Symbian 系统的手机只是一款符合手机用户操作习惯的移动电话。但是运行 Android 或 iOS 的手机更像是一款移动掌上设备。它们不仅提供手机最基本的功能，还能使用许多丰富的软件、游戏开发接口以及可定制的用户界面库。这就使得手机用户可以使用用户体验更好，更具创意的应用软件。

（4）丰富的应用程序

目前基于 iOS 平台的 App Store 软件商店上软件数量已经超过 30 万，Android 平台的 Android Market 软件市场上软件数量更是已经超过 App Store。以目前这样的应用程序数量发展情况来看，手机用户没有不使用它们的理由。

（5）创业机会

Android 平台的开发采用的是 Java 语言，它是目前最流行的语言之一，而 iOS 平台则采用类似 C 的 Object-C 语言。这两种语言对于开发者来说并不陌生，要真正去学习这两个平台的开发，其成本非常低。基于此原因，很多开发者都会利用这个契机去实现创业梦想，同时通过开发各种应用程序，并结合移动网络、社交功能、网上支付等重要功能，不断寻找这些应用程序的赢利方向。

## 2.3 智能手机的 Web 浏览器

随着智能手机的发展，Android 平台手机、iOS 平台的 iPhone、黑莓（BlackBerry）手机不断推出各种应用程序。然而，它们都各自内置有一款令人感到陌生的应用程序，就是移动 Web 浏览器，例如：

- Android：Android Browser
- iOS：Mobile Safari
- BlackBerry：Webkit 浏览器
- Symbian S60：Web Browser for S60

这些移动 Web 浏览器不同于过去 WAP 浏览器，它能识别和解释 HTML、CSS、JavaScript 等代码。而且它们都有一个共同的特点就是其浏览器的核心都是基于 Webkit。随着 iOS 5.0 版本的发布，Safari 浏览器已经成为移动端表现最好的 Web 浏览器。

虽然 Symbian 最新版本已经开始自带有 Webkit 核心的浏览器，但从目前情况来看，它并没有像其余三种平台那样得到广泛使用。

Webkit 实际上是一种浏览器引擎，同时也是一个开源的项目，其起源可以追溯到 Kool Desktop Environment（KDE）。在桌面浏览器中，Chrome 谷歌浏览器、Apple 的 Safari 浏览器都已经内置了 Webkit 引擎，并支持 HTML5 和 CSS3 特性。在移动端方面，黑莓更是直接将 Webkit 浏览器内置到平台当中。

Mobile Safari 和 Android Browser 作为两大平台内置的移动 Web 浏览器，更是继承各自桌面端浏览器的特点，既支持 Webkit 引擎特性，也支持 HTML5 和 CSS3 的多项特性。

移动 Web 浏览器所带来真正意义上的改变，就是可以通过浏览器直接访问任何通过 HTML 静态语言或类似 PHP、ASP.NET 等动态语言构建的 Web 网站或应用程序，而不仅仅是 WAP 网站。

如图 2-1 是在 iPhone 的 Mobile Safari 下访问 Google 首页效果图。

从图 2-1 中可以看到，虽然我们通过 Mobile Safari 访问 Google 首页，页面被完全缩放到整个手机屏幕的大小，原有的页面文字大小和图片就会自动缩放以适应屏幕的大小，但是以这种屏幕大小，根本无法正常浏览页面内容。

针对上面提到的这种情况，可以通过 iPhone 触摸特性，在屏幕中利用滚动、放大、缩小等方式来浏览 Web 页面，然而这种方式对于手机用户来说操作非常烦琐，通常都需要放大、滚动等多个步骤才能到达目标页面内容。因此，这种用户体验非常不合理。

为了更合理地显示 Web 页面，需要根据智能手机的屏幕大小重构 Web 页面的体验。如图 2-2 是 Google 针对智能手机 Web 浏览器的屏幕大小重构其首页布局效果图。

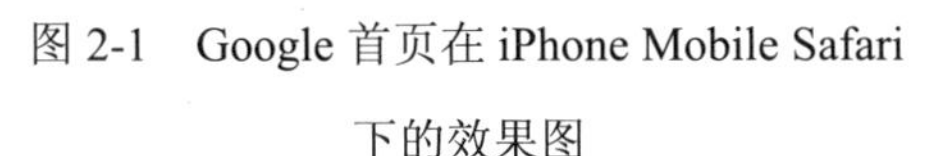
图 2-1　Google 首页在 iPhone Mobile Safari 下的效果图

图 2-2　Google 移动版首页在 iPhone 下的页面效果

经过图2-2改良后的Google首页，页面已经能自适应屏幕的大小。此外，Google首页根据屏幕的实际大小，调整了页面顶部的导航区域，让用户可以更清楚地知道当前有哪些模块页面可以直接访问。

接着，搜索区域也根据屏幕的大小调整了搜索框长度，并将搜索按钮从传统网页版的长按钮替换成类似一个图标的按钮。

从 Google 首页的两种页面分析页面显示效果可以看出，智能手机的移动 Web 浏览器具有以下几个特点。

（1）有限的屏幕尺寸。

由于智能手机屏幕尺寸的原因，例如 iPhone 4 的实际屏幕尺寸是 320×480 或 480×320（横向），传统的 Web 网站在移动 Web 浏览器中很难给用户完美体验，因此需要根据智能手机的屏幕大小定制移动版 Web 应用程序。

（2）触屏、缩放。

在移动互联网时代，触屏手机的大规模应用及手机应用范围的转变，使触摸屏成为行业的大趋势。其中 Web 页面浏览、下载、消费等都成为主要应用场景，用户可以直接在屏幕上进行触摸、点击来完成交互操作。

（3）硬件设备的提升。

智能手机硬件的不断升级换代，使Apple的Mobile Safari和Android的Android Browser 两种移动 Web 浏览器得到更好的发展，同时能够充分利用 CPU 等硬件的更高性能去做更多的事情。

（4）基于 Webkit 内核。

移动 Web 浏览器支持各种 Web 技术标准，并且支持 HTML5 和 CSS3 大部分标准。

## 2.4 移动 Web 应用的发展

自 2007 年 Apple 公司发布了第一款 iPhone 手机后，基于移动终端的 Web 应用便得到发展。当时 Apple 公司并不允许第三方开发者开发其 iPhone 应用软件，只允许他们开发基于 Web 的应用。

2008 年，Apple 正式推出 iPhone SDK，并开放 App Store 应用软件市场，这种创新不仅给第三方开发者带来了巨大利益，同时也使 Apple 的移动设备事业进入高速、稳定的发展轨道。SDK 的推出，让原本需要开发基于 Web 应用的第三方开发者几乎都转向 iPhone SDK 的开发。

现在，移动智能设备之所以能够风靡全球，除了因其具有强大的硬件特性外，更重要的是它们拥有庞大的软件应用数量。特别是在 App Store 和 Android market 上的应用都是基于两大公司（Apple 和 Google）提供 SDK 给第三方开发者进行开发的。Apple 提供的是基于 Object-C 语言的 iOS SDK 应用开发，Google 提供的是基于 Java 语言的 Android SDK 应用开发。

基于原生 SDK 的开发存在以下几点优势。

- 更好的用户体验和交互操作。
- 不受网络限制，节省带宽成本。
- 可以充分发挥设备硬件和操作系统的特性。

原生 SDK 在开发应用软件方面的优势非常明显，但仍存在一些不足之处，例如：

- 平台间移植困难，存在版本间的兼容问题的风险。
- 开发周期长，维护成本高，调试困难。
- 需要依赖第三方应用商店的审核上架，如 App Store。

除了基于 SDK 开发方式外，移动智能设备还支持 Web 开发方式，例如 iPhone 上的 App Store 就是典型的 Web App 应用软件。尤其是 HTML5 和 Webkit 的不断发展，让移动 Web 应用变得更加强大。

与原生 SDK 开发相比，基于 Web 的应用开发存在以下几点优势。

- 开发效率高，成本低。
- 跨平台应用，界面风格统一。
- 调试和发布方便，一次编写，云端升级。
- 无须安装或更新。

基于 Web 的开发方式虽然在跨平台方面有优势，但并不是所有原生 SDK 应用都适合通过 Web 方式实现，还存在一些问题，例如：

- 无法发挥本地硬件和操作系统的优势。
- 受网络环境的限制。
- 难以实现复杂的用户界面效果。

将原生 SDK 应用和基于 Web 应用进行比较来看，两种开发模式各有其优点。目前来看原生 SDK 应用能发挥出智能手机特性的最大效果，而基于 Web 应用则更适合一些传统的 Web 站点建立移动 Web 版本。

HTML5 标准及 Webkit 项目的推进，对于移动 Web 的发展有着重要的影响。下一节我们将介绍目前有哪些 HTML5 技术标准适合应用在移动 Web 应用程序中。

## 2.5 基于 HTML5 的移动 Web 应用

基于 Webkit 内核的浏览器的一个最大特点就是支持 HTML5 和 CSS3 标准。基于 HTML5、CSS3 和 JavaScript 的移动应用程序将会是未来的趋势。

作为下一代 Web 技术标准，HTML5 标准定义的规范非常广泛，以下标准在目前的移动浏览器中已得到支持。

### 1. Canvas 绘图

HTML5 标准最大的变化就是支持 Web 绘图功能。Canvas 绘图功能非常强大，如图形绘制、路径绘制、变形、像素绘图、动画等。用户可以通过获取 HTML 中 Dom 元素 Canvas，并调用其渲染上下文的 Context 对象，使用 JavaScript 进行图形绘制。

现在已经有至少 10 种基于 HTML5 图表的开源 JavaScript 类库。如图 2-3 所示是 Sencha Touch Charts 图表框架库的 Demo 例子在 iPhone Safari 下的浏览效果。

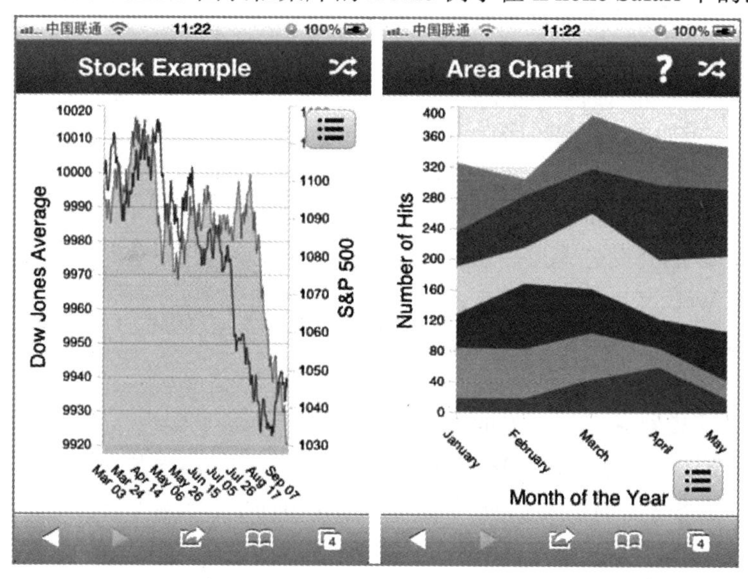


图 2-3 Sencha Touch Charts 在 iPhone Safari 下的效果图

### 2. 多媒体

Apple 的 iOS 在平台默认情况下不支持播放 Flash 文件。HTML5 的多媒体标准就是 Apple 公司的最佳解决方案，因为它不需要任何插件，只需要几个页面标签就能实现多媒体的播放。

HTML5 标准中的多媒体，Video 视频和 Audio 音频正好解决了多年来需要插件才能播放 Flash 的模式。现在只需要利用 Video 和 Audio 只通过简单几行页面代码，就能播放互联网上的各种视频文件。

可是，各家浏览器提供商对多媒体标准所支持的播放格式不一致，导致多媒体标准的发展无法像其他标准那样大放异彩。例如 Google 的 Chrome 最新版本支持的多媒体视频格式是：Ogg、MPEG4、WebM，而 Apple 的 Safari 则只支持 MPEG4。

因此，真正在移动设备的 Web 浏览器上实现多媒体功能还尚需时日。

**3．本地存储**

为了满足本地存储数据的需求，HTML5 标准中新增两种存储机制，Web Storage 和 Web SQL Database。前者通过提供 key/value 方式存储数据，后者通过类似关系数据库的形式存储数据。

移动 Web 浏览器对 Web Storage 的支持情况比较理想。

**4．离线应用**

HTML5 标准规范提供一种离线应用的功能。当支持离线应用的浏览器检测到清单文件（Manifest File）中的任何资源文件时，便会下载对应的资源文件，将它们缓存到本地，同时它也保证本地资源文件的版本和服务器上的保持一致。

对于移动设备来说，当无网络状态可用时，Web 浏览器便会自动切换到离线状态，并读取本地资源以保证 Web 应用程序继续可用。

**5．使用地理位置**

现在，很多现代浏览器中都实现了一种神奇的功能，它能实时获取到你当前在地图上所在的位置。

虽然地理定位标准严格上来说并不属于 HTML5 标准规范的一部分，但它已经逐渐得到大部分浏览器的支持。

**6．移动 Web 框架**

因为有了 Webkit 和 HTML5 的支持，越来越多的 Web 开发者开始研究基于移动平台的 Web 应用框架，例如基于 jQuery 页面驱动的 jQuery Mobile、基于 ExtJS 架构的 Sencha Touch，以及能打通 Web 和 Native 两者之间通道的 PhoneGap 框架。

目前基于 HTML5 移动 Web 框架存在两种不同的开发模式：基于传统 Web 的开发和基于组件式的 Web 开发。

基于传统 Web 的开发模式，就是在传统 Web 网站上，根据移动设备（如手机）平台的特点展示其移动版的 Web 站点。目前该开发模式对应最好的 Web 框架是 jQuery Mobile。通过使用 CSS3 的新特性，Media Queries 模块在实现一个站点同时能自适应任何设备，包括桌面电脑和智能手机。

基于组件式的 Web 开发有些类似于 Ext 所提供的富客户端开发模式，该模式是几乎所有的组件或视图都封装在 JavaScript 内，然后通过调用这些组件展示 Web

应用。这种模式的最佳代表是 Sencha Touch。

在本书的后续章节中，我们将会为读者介绍 jQuery Mobile 和 Sencha Touch 两套移动 Web 应用框架的基本知识。

## 2.6 页面语义化简介

### 2.6.1 HTML5 新语义元素概述

#### 1. header

<header>元素定义文档的页面组合，通常是一些引导和导航信息。而定义中说明<header>标签内通常包含 section 的头部信息，如 h1～h6 或 hgroup 等，但这不是必需的。同时也可以包含列表、搜索框或主题相关的 Logo。如下代码所示：

```
<header>
    <h1>这是一本 HTML5 移动开发书籍</h1>
    <p>本章主要介绍 HTML5 新标签含义</p>
</header>
```

实际上，这是一段带有含义的 HTML 标签，表示头部信息标签，里面还有 h1 和 p 的内容，而且与以下的页面代码是一致的。

```
<div class="header">
    <h1>这是一本 HTML5 移动开发书籍</h1>
    <p>本章主要介绍 HTML5 新标签含义</p>
</div>
```

#### 2. footer

<footer>元素定义文档或章节的末尾部分，通常包含一些章节的基本信息，如作者信息、相关链接及版权信息。而联系信息相关的内容一般会配合<address>标签。例如以下代码：

```
<footer>
        <p>私隐信息 | 版权信息</p>
        <p>关于我们 | 联系我们</p>
</footer>
```

需要注意的是，一个 HTML 页面上可以允许有一个或多个 header 和 footer。

#### 3. nav

<nav>元素定义为用来构建导航，显示导航链接。nav 标签的主要作用是放

入一些当前页面的主要导航链接，例如在页脚显示一个站点的导航链接。我们将刚才 footer 标签的实例代码稍微更改一下，以表达导航语义的性质，如下代码所示：

```
<footer>
    <nav>
        <ul>
        <li><a href="/privacy.html">私隐信息</a></li>
        <li><a href="/copyright.html">版权信息</a></li>
        <li><a href="/aboutus.html">关于我们</a></li>
        <li><a href="/contactus.html">联系我们</a></li>
        </ul>
    </nav>
</footer>
```

#### 4. aside

<aside>元素定义一个页面的区域，用来表示包含和页面主要相关的内容，其作用主要是装载非正文类的内容，例如广告、侧边栏等。在传统的 WordPress 博客模板中，其基本的主要布局是两栏或三栏布局，如图 2-4 所示。

图 2-4 所示的布局方式属于典型的博客页面布局类型，该布局的右侧边栏部分，即<div class="aside"></div>区域，从页面的功能分布来看，一般主要作为页面主要内容的额外信息部分，可以归结为非正文类的内容。基于这样的功能区域，我们可以使用 aside 元素标签作为该页面区域，用来表示非正文类内容。同时<div class="banner">、<div class="footer">及<div class="nav">都可以调整成前面提到的几个 HTML5 元素标签，如图 2-5 所示。

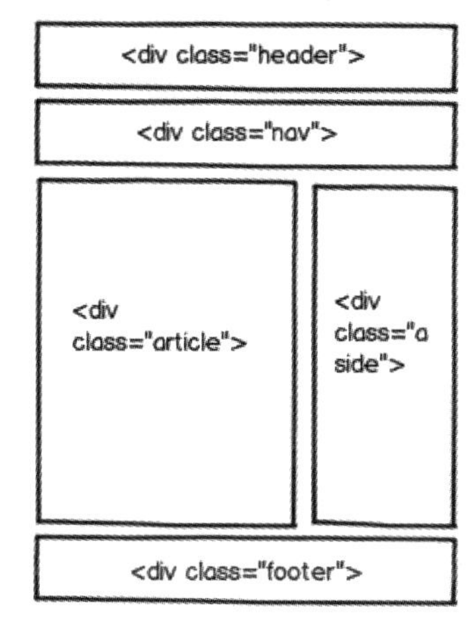


图 2-4　采用 div+css 元素布局页面

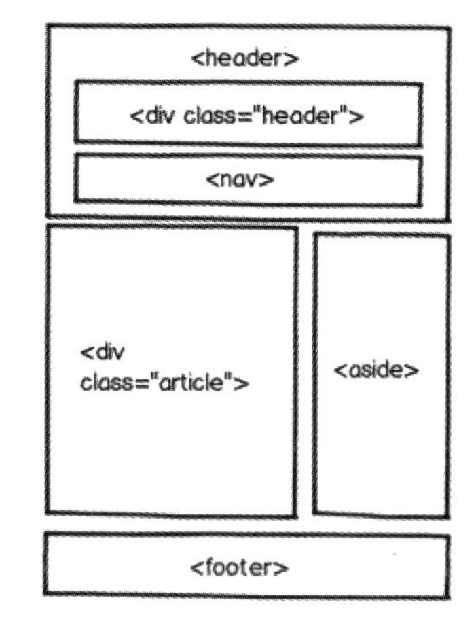


图 2-5　采用 HTML5 新元素布局

### 5. article

在 HTML5 规范中，article 元素表示文档、页面，显示一个独立的文章内容。例如一则网站新闻、一篇博客文章等。article 标签是可以相互嵌套的。例如如下代码：

```
<article>
    <header>
        <h1>HTML5 新元素 article 示例标题</h1>
    </header>
    <p>article 新元素内容区域</p>
    <footer>
        <ul>
            <li>文章标签 1</li>
            <li>文章标签 2</li>
        </ul>
    </footer>
</article>
```

### 6. section

在 HTML5 规范中，section 元素定义为文档中的节。比如章节、页眉、页脚或文档中的其他部分。例如如下代码：

```
<article>
    <section>
        <h1>Apple<h1>
        <p>iPhone 手机内置的移动 Web 浏览器是 Mobile  Safari</p>
    </section>
    <section>
        <h1>Google</h1>
        <p>Android 平台下自带的移动 Web 浏览器是 Android  Browser</p>
    </section>
</article>
```

### 7. hgroup

HTML5 对 hgroup 标签定义为对网页或区段的标题元素进行组合，通常使用多级别的 h1～h6 标签节点进行分组，例如副标题、标签行等。例如：

```
<header>
    <hgroup>
        <h1>这是一本 HTML5 移动开发书籍</h1>
        <h2>本章主要介绍 HTML5 新标签含义</h2>
    <hgroup>
</header>
```

对于 hgroup 元素的用法，虽然没有严格的要求，但适当地使用 hgroup 元素对于 SEO 有一定的好处，因此 hgroup 标签内建议使用 h1～h6 标签。

### 2.6.2　更多的 HTML5 新元素

实际上，除了上一节我们介绍的语义标签外，在 HTML5 的标准中还定义了更多不同语义的标签。

- audio：定义音频内容。
- canvas：定义画布功能。
- command：定义一个命令按钮。
- datalist：定义一个下拉列表。
- details：定义一个元素的详细内容。
- dialog：定义一个对话框。
- keygen：定义表单里一个声称的键值。
- mark：定义有标记的文本。
- output：定义一些输出类型。
- progress：定义任务的过程。
- source：定义媒体资源。
- video：定义一个视频内容。

## 2.7　页面结构与移动设备的布局

本章节将为读者探讨目前智能手机或平板电脑上的各种软件界面布局结构，以及如何把这些新元素应用到 Web 页面布局中。

### 2.7.1　常见的移动应用布局

智能手机和平板电脑的 Web 应用与传统的桌面电脑相比，存在以下区别。

- 硬件的配置。传统的电脑及笔记本电脑硬件配置都相对强大，各种浏览器对硬件要求都没有太多的限定因素。而智能手机和平板电脑，由于规格小，特别是智能手机，其 CPU 相比普通电脑低，内置的浏览器就不得不考虑其硬件的因素，因此智能手机和平板电脑的 Web 浏览器功能相对有限。
- 屏幕的大小。桌面电脑经过多年的发展，现在显示器的屏幕分辨率已经能够达到 1024×768 及更高的 1280×1024 等。因此我们访问的网站，依然可以根据实际需求开发各种 Web 应用。但智能手机和平板电脑则相反，智能手机的屏幕分辨率不高，无法像普通网页一样全屏显示在智能手机上，就算通过屏幕放大缩小后也可访问传统的网页，也由于其用户体验不佳，很难得到实际的应用。

因此移动 Web 应用程序需要另外一种更好的页面体验。HTML5 正好可以解决移动 Web 应用的需要，而且 Android Browser 及 iOS Safari 都良好地支持 Webkit，也就可以使用 CSS3 等功能实现原生应用程序的 UI 界面。

图 2-6 所示是 iPhone 常见的 UI 布局方式，如果使用 HTML 语义来分析，主要分为三个部分。第一部分是 header 部分，包括标题及一些操作按钮；第二部分是中间 article 部分，此部分是正文区域，主要显示详细的内容；第三部分是 footer 部分，此部分采用 nav 导航的特性，显示各种可选的导航菜单。

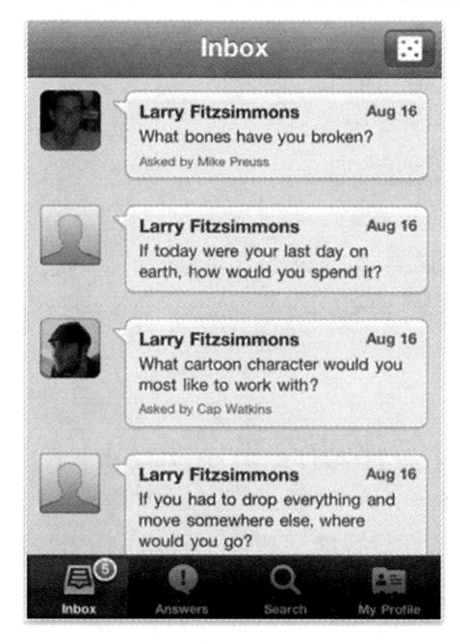


图 2-6　iPhone 应用程序 UI

再来看如图 2-7 所示的 facebook 在 iPhone 中的 UI 界面。

图 2-7 所显示的软件界面，右图布局基本上同图 2-6 一致，但在 header 部分比图 2-6 多了一个搜索框。左图则有些变化，其 header 部分也包含了 nav 导航清单，同时比图 2-6 缺少 footer 页脚部分。

上述是三套 iPhone 常用的界面布局。如果在移动 Web 浏览器下，依然可以实现同样的效果，而且作为 Web 应用界面布局，图 2-7 中右图布局比其余两种布局更简洁。

图 2-7　iPhone 版的 facebook 应用程序 UI

### 2.7.2　使用 HTML5 创建标准的移动 Web 页面

从图 2-7 中的右图 UI 布局可以看出，其区域主要包括 header 及正文 article 内容。header 标签内包括标题和 nav 导航列表。section 标签则包含全部 article 正文内容，每条 article 相当于列表的一项值，根据分析可以得出布局代码如代码 2-1 所示。

代码 2-1　图 2-7 右图的 Web 页面布局

```
<!DOCTYPE html>
<html>
<head>
   <meta charset="utf-8">
   <title>使用 HTML5 创建一个标准的移动 Web 页面</title>
</head>
<body>
   <!-- 定义页头信息 -->
   <header>
      <div class="title">HTML5 移动开发指南</div>
      <!-- 定义导航目录 -->
      <nav>
         <ul>
            <li>前言</li>
            <li>目录</li>
```

```
                <li>附录</li>
            </ul>
        </nav>
    </header>
    <!-- 定义主体内容 -->
    <section>
        <article>
            <h1>Web 技术的发展</h1>
        </article>
        <article>
            <h1>HTML5 的发展状况</h1>
        </article>
        <article>
            <h1>移动设备页面布局</h1>
        </article>
    </section>
</body>
</html>
```

代码 2-1 在 iPhone 的 Safari 下运行效果如图 2-8 所示。

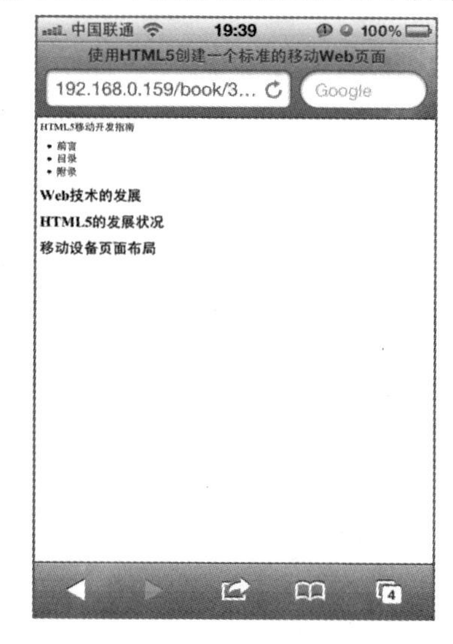


图 2-8　代码 2-1 在 iPhone Safari 下运行效果图

由于本节只展示 HTML5 新元素在智能手机的应用，没有添加任何 CSS 样式美化网页，因此网页看上去更像一些纯文字组成的页面。

分析图 2-7 的界面布局情况，其区域主要包括 header 部分、article 部分及 footer 部分。我们仍然采用刚才代码 2-1 的大部分代码，但在其中增加 footer 标签，并且将 header 标签内的导航栏移到 footer 标签下，如代码 2-2 所示。

代码 2-2 图 2-7 的 Web 页面布局

```
<!DOCTYPE html>
<html>
<head>
    <meta charset="utf-8">
    <title>使用 HTML5 创建一个标准的移动 Web 页面 - 布局 demo</title>
</head>
<body>
    <!-- 定义页头信息 -->
    <header>
        <div class="title">HTML5 移动开发指南</div>
    </header>
    <!-- 定义主体内容 -->
    <section>
        <article>
            <h1>Web 技术的发展</h1>
        </article>
        <article>
            <h1>HTML5 的发展状况</h1>
        </article>
        <article>
            <h1>移动设备页面布局</h1>
        </article>
    </section>
    <!-- 定义底部信息，该代码此地方主要显示导航栏 -->
    <footer>
        <!-- 定义导航目录 -->
        <nav>
            <ul>
                <li>前言</li>
                <li>目录</li>
                <li>附录</li>
            </ul>
        </nav>
    </footer>
</body>
</html>
```

代码 2-2 在 iPhone 的 Safari 下的运行效果如图 2-9 所示。

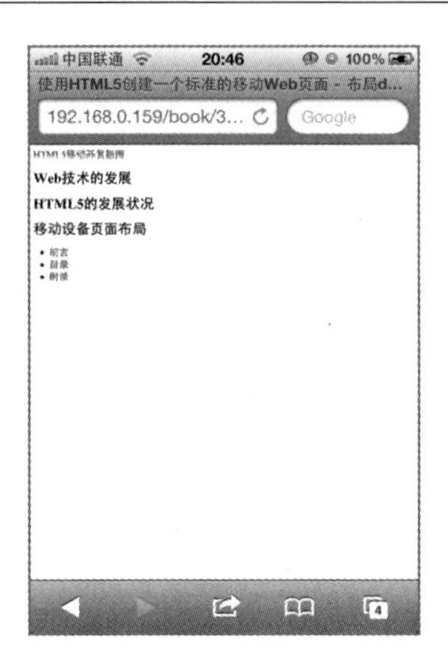


图 2-9 代码 2-2 在 iPhone Safari 下运行效果图

## 2.8 本章小结

本章主要结合移动设备（手机和平板电脑）的特性，介绍 HTML5 中新增的语义化标签元素，以及在移动 Web 浏览器下 Web 页面布局的知识及例子。

在 HTML5 标准添加的新元素当中，用于标识常见页面结构的有 section、header、footer、nav、article 和 mark 等。

# 第 3 章

# Chapter 3

# 本地存储与离线应用

HTML5 本地存储规范中，定义了两个重要的 API: Web Storage 和本地数据库 Web SQL Database。本章重点讲述 Web Storage 的基本用法。

本地存储 Web Storage 的作用是在网站中把有用的信息存储到本地的计算机或移动设备上，然后根据实际需要从本地读取信息。

Web Storage 提供了两种存储类型 API 接口：sessionStorage 和 localStorage。它们的生命周期，sessionStorage 在会话期间内有效，而 localStorage 就存储在本地，并且数据存储是永久的，除非用户或程序对其执行删除操作。

同时，还会介绍 HTML5 标准规范中的另一个技术点：离线应用。

# 3.1 本地存储

## 3.1.1 移动设备的支持

目前所有的主流浏览器都在一定程度上支持 HTML5 的 Web Storage 特性。表 3-1 所示是所有现代浏览器支持 Web Storage 特性的情况。表 3-2 所示是在移动设备上的浏览器支持情况。

表 3-1 支持 Web Storage 的浏览器

| IE | Firefox | Chrome | Safari | Opera |
| --- | --- | --- | --- | --- |
| 8+ | 3.0+ | 3.0+ | 4.0+ | 10.5+ |

表 3-2 移动设备 Web 浏览器支持情况

| iOS Safari | Android Browser | Opera Mobile | Opera Mini | BlackBerry |
| --- | --- | --- | --- | --- |
| 3.2+ | 2.0+ | 11+ | 不支持 | OS 6.0+ |

从表 3-2 可以看到，Android 平台及 iOS 平台各自的浏览器都基本上支持 Web Storage 本地存储特性。目前市场上的移动设备，除了 Android 手机和 iPhone 手机外，越来越多的平板电脑面世，而且基本上依赖这两种平台，对于实现 Web Storage 技术，我们几乎不需要考虑浏览器是否支持 Web Storage。当然，从代码的严谨性来说，建议最好在使用前先判断检查浏览器是否支持 Web Storage。例如如下代码：

```
if(window.localStorage){
    //浏览器支持 localStorage
}
if(window.sessionStorage){
    //浏览器支持 sessionStorage
}
```

需要注意的是，Opera 公司发布的 Opera Mobile 和 Opera Mini 两款移动 Web 浏览器虽然都适用于手机浏览器，但两者是有区别的。Opera Mobile 仅用于 Android 和 Symbian 智能手机，而 Opera Mini 则适用于几乎所有的手机。由于 Opera Mini 的渲染过程在服务器端，因此对 HTML5 的支持并不理想。Opera 系列的移动浏览器虽然在对 HTML5 的支持上稍显逊色，但完全不影响 iOS 和 Android

平台系列的支持，而且 Symbian 也得到 Opera Mobile 的支持，因此完全可以放心地使用 Web Storage 特性。

### 3.1.2 localStorage

localStorage 作为 HTML5 本地存储 Web Storage 特性的 API 之一，主要作用是将数据保存在客户端中，而客户端一般是指用户的计算机。在移动设备上，由于大部分浏览器都支持 Web Storage 特性，因此在 Android 和 iOS 等智能手机上的 Web 浏览器都能正常使用该特性。

localStorage 保存的数据，一般情况下是永久保存的，也就是说只要采用 localStorage 保存信息，数据便一直存储在用户的客户端中。即使用户关闭当前 Web 浏览器后重新启动，数据仍然存在。直到用户或程序明确指定删除，数据的生命周期才会结束。

在安全性方面，localStorage 是域内安全的，即 localStorage 是基于域的，任何在该域内的所有页面，都可以访问 localStorage 数据。但仍然存在一个问题，就是各个浏览器厂商的浏览器之间的数据是各自独立的。也就是说，如果在 Firefox 中使用 localStorage 存储一组数据，在 Chrome 浏览器下是无法读取的。同样，由于 localStorage 数据是保存在用户的设备中的，因此同一个应用程序在不同设备上保存的数据是不同的。

现在来看看 HTML5 规范中定义的 Storage 的如下 API：

```
    interface Storage {
        readonly attribute unsigned long length;
        DOMString? key(in unsigned long index);
        getter DOMString getItem(in DOMString key);
        setter creator void setItem(in DOMString key, in DOMString
value);
        deleter void removeItem(in DOMString key);
        void clear();
    };
```

从规范定义的接口来看，接口数量并不多，只有 length 是属性，其余都是方法。其中 setItem 和 getItem 互为一对 setter 和 getter 方法，如果你有面向对象知识基础，看到这种方法名的定义，必定不会感到陌生。

removeItem 方法的主要作用是删除一个 key/value（键/值）对。clear 方法的作用则是删除所有的键值对。

接下来我们将通过一些简单的例子探讨如何使用 Storage 的各个 API。首先，如何存储一个数据？如下代码所示：

```
localStorage.setItem("name","非一般的黑客");
```

上述代码的意思是在本地客户端存储一个字符串类型的数据，然后可以通过 getItem 方法读取 key 值为 name 的值，如以下代码：

```
localStorage.getItem("name");
```

假如 localStorage 存储的列表中只存在一个 item，那么就可以通过索引值 index 去读取 name 的值，如下代码：

```
//等价于 localStorage.getItem("name");
localStorage.key(1);
```

同样，通过 length 属性可以知道 localStorage 中存储着多少个键值对。而 removeItem 和 clear 同属于删除 item 操作，接口的调用示例如以下代码所示：

```
//删除指定 key 为"name"的 item
localStorage.removeItem("name");
//删除 localStorage 所有 key/value 键值对 items
localStorage.clear();
```

通过示例介绍了如何使用 Storage 的 API。事实上，Storage 除了可以存储字符串，还能存储 JSON 格式的数据。

代码 3-1 展示了如何使用 localStorage 进行本地存储和读取 JSON 格式数据。

**代码 3-1　localStorage 存储 JSON 简单数据示例**

```
//定义 JSON 格式字符串
var userData = {
    name:"Sankyu Name",
    account:"sankyu",
    level:1,
    disabled:true
};
//存储 userData 数据
localStorage.setItem("userData",JSON.stringify(userData));
//读取 userdata 数据并赋值给新变量 newUserData
var newUserData = JSON.parse(localStorage.getItem("userData"));
//删除本地存储的 item
localStorage.removeItem("userData");
//输出对象
alert(newUserData);
```

代码中，使用了一个 JSON 格式的对象。该对象是一种数据交换格式，在所有的现代浏览器中都支持，并且可以通过 window.JSON 或 JSON 的语法直接调用。对于旧浏览器或不支持该对象的浏览器来说，需要导入一个额外的 JavaScript 类库，该库可以从 http://json.org/网站上获取到。

在代码 3-1 中使用了 JSON.stringify 方法把字符串数据格式转换成 JSON 对象存储到本地。读取数据时则通过 JSON.parse 方法把 JSON 对象转换成原来的数据格式。

代码 3-2 是 JSON 数据存储在 localStorage 对象内后，对 JSON 数据更新操作的影响情况。

代码 3-2　采用点语法更新 JSON 对象内的数据

```
    //定义json格式字符串
    var userData = {
        name:"Sankyu Name",
        account:"sankyu",
        level:1,
        disabled:true
    };
    //存储userData数据
    localStorage.setItem("userData",JSON.stringify(userData));
    //读取userdata数据并赋值给新变量newUserData
    var userData = JSON.parse(localStorage.getItem("userData"));
    //对userData内的数据设置新值
    JSON.parse(localStorage.getItem("userData")).name = "new Sankyu
Name";
    userData.name = "new Sankyu Name";
    //输出new Sankyu Name
    alert(userData.name);
    //输出Sankyu Name
    alert(JSON.parse(localStorage.getItem("userData")).name);
```

通过执行上述代码可以发现，代码首先输出 new Sankyu Name 值，然后再输出 Sankyu Name。

结果是，第二次输出的内容并没有如预期的那样修改为 new Sankyu Name 值。因此，从示例代码可以总结出，虽然代码中通过 localStorage 存储了 JSON 格式的数据，但无法直接通过点语法等方式去修改 JSON 数据。而且将 JSON 数据赋给一个新变量并修改其中的数据后，也没有对 localStorage 中的 item 有任何更新痕迹。

代码 3-3 是采用另外一种方案对 JSON 对象进行修改。

代码 3-3　采用重新设置 item 方案修改 JSON 对象数据

```
    //定义json格式字符串
    var userData = {
        name:"Sankyu Name",
        account:"sankyu",
```

```
    level:1,
    disabled:true
};
//存储 userData 数据
localStorage.setItem("userData",JSON.stringify(userData));
//读取 userdata 数据并赋值给新变量 newUserData
var userData = JSON.parse(localStorage.getItem("userData"));
userData.name = "new Sankyu Name";
localStorage.setItem("userData",JSON.stringify(userData));
//输出 new Sankyu Name
alert(userData.name);
//输出 new Sankyu Name
alert(JSON.parse(localStorage.getItem("userData")).name);
```

### 3.1.3 sessionStorage

sessionStorage 是 HTML5 本地存储 Web Storage 特性的另一种 API 接口类型，主要作用是将数据保存在当前会话中，其原理和服务器端语言的 session 功能类似。

sessionStorage 存储的数据生命周期只保存在存储它的当前窗口或由当前窗口新建的新窗口，直到相关联的标签页关闭。因此 sessionStorage 和 localStorage 两者的主要差异是数据的保存时长及数据的共享方式。

sessionStorage 和 localStorage 一样都继承于 Storage 接口。因此 sessionStorage 的属性和方法的使用方法基本上和 localStorage 相同。例如以下代码设置和读取一组键/值对：

```
sessionStorage.setItem("name","非一般的黑客");
sessionStorage.getItem("name");
```

由于 sessionStorage 的用法和上一节介绍的 localStorage 例子基本上相同，因此本节不做详细介绍，读者可参考 3.1.2 节介绍的 localStorage。

### 3.1.4 Storage 事件监听

在使用 Storage 进行存取操作的同时，如果需要对存取操作进行监听，可以使用 HTML5 Web Storage API 内置的事件监听器对数据进行监控。只要 Storage 存储的数据有任何变化，Storage 监听器都能捕获。

Storage 事件的接口代码如下所示：

```
interface StorageEvent : Event {
    readonly attribute DOMString key;
```

```
    readonly attribute DOMString? oldValue;
    readonly attribute DOMString? newValue;
    readonly attribute DOMString url;
    readonly attribute Storage? storageArea;
    void initStorageEvent(in DOMString typeArg,
                          in boolean canBubbleArg,
                          in boolean cancelableArg,
                          in DOMString keyArg,
                          in DOMString oldValueArg,
                          in DOMString newValueArg,
                          in DOMString urlArg,
                          in Storage storageAreaArg);
};
```

其中这些属性的含义如下。

- key 属性表示存储中的键名。
- oldValue 属性表示数据更新前的键值，newValue 属性表示数据更新后的键值。如果数据为新添加的，则 oldValue 属性值为 null。如果数据通过 removeItem 被删除，则 newValue 属性值为 null。如果 Storage 调用的是 clear 方法，则事件中的 key、oldValue、newValue 属性值都为 null。
- url 属性记录 Storage 事件发生时的源地址。
- StorageArea 属性指向事件监听对应的 Storage 对象。

Storage 事件可以使用 W3C 标准的注册事件方法 addEventListener 进行注册监听。例如以下代码：

```
window.addEventListener("storage",showStorageEvent,true);
    function showStorageEvent(e){
    console.log(e);
}
```

## 3.2 离线 Web 概述

Web 技术从过去十几年发展至今，都必须依赖于网络的存在。倘若网络不可用，那么我们就无法通过浏览器访问 Web。随着 Web 技术的发展，几乎使用任何应用或软件都离不开 Web 和互联网。

现在，我们身边几乎每时每刻都能访问互联网，甚至包括我们的随身数码产品，都能通过 WiFi 的接入而访问互联网。如果无法接入互联网，就无法使用各种应用所带来的乐趣。

目前基于 Web 的应用越来越复杂，网页缓存就成为提升访问 Web 速度的最佳方法之一。但是在移动 Web 应用中，由于移动 Web 应用程序的便携性以及网络性能等原因，网页缓存对于移动 Web 应用的实际效果影响不大。而且页面缓存仍然需要依靠互联网的存在，没有网络，页面缓存也就无法读取缓存中的文件资源。本章我们将为读者介绍 HTML5 中的一个新特性：离线应用。它能够解决在网络离线状态下，如何正常读取和访问 Web 上的文件资源。

### 3.2.1 离线与缓存

离线应用，就是在没有网络的情况下访问 Web 应用程序时，实际上是访问已下载的离线文件资源，并使 Web 应用程序正常运行。

离线应用与网页缓存都是为了更好地缓存各种文件以提高读取的速度，但两者对网络环境的要求有所区别：

网页缓存依赖于网络的存在，而离线应用在离线状态下仍然可用。

网页缓存主要缓存当前页面相关内容，也仅限于当前页面的读取。离线应用则主要缓存文件，只要设置缓存该文件的页面，都能在离线状态下读取该文件。

### 3.2.2 离线的意义

离线应用，其最突出的功能就是在没有网络状态下 Web 应用仍然可以正常运行。其适用的场景非常广泛，例如在线编辑功能等。

在智能手机及平板电脑中，通过离线应用的特性，可以实现更多的 Web 离线应用程序，以减少访问访问互联网过程中的流量消耗。

## 3.3 离线应用移动设备的支持

HTML5 规范的离线应用特性，表 3-3 列出当前各种主流浏览器支持情况。表 3-4 则列出移动 Web 浏览器中支持离线应用特性的情况。

表 3-3 离线应用在主流浏览器中的支持情况

| IE | Firefox | Safari | Chrome | Opera |
|---|---|---|---|---|
| 不支持 | 3.5+ | 4.0+ | 10+ | 10.6+ |

表 3-4　离线应用在移动 Web 浏览器中的支持情况

| iOS Safari | Android Browser | Opera Mobile | Opera Mini | BlackBerry |
|---|---|---|---|---|
| 3.2+ | 2.1+ | 11+ | 不支持 | OS 6.0+<br>PlayBook |

如表 3-3 和表 3-4 所示，浏览器的支持情况基本上和本地存储的支持情况相同。但需要注意的是，在使用离线应用功能前，建议先通过 JavaScript 检查浏览器是否支持离线应用，如以下代码所示：

```
if(window.applicationCache){
    //浏览器支持离线应用，在此编写离线应用功能
}
```

## 3.4　applicationCache 和 manifest

HTML5 标准提供的离线应用，开发者一般都需要注意以下三种特性。

**1．离线资源缓存**

开发者在开发 Web 应用程序的离线应用时，必须使用一种方案来说明 Web 应用程序中的哪些文件资源需要在离线状态下工作。

当设备所在的浏览器处于在线状态时，被指定缓存的资源文件便会缓存到本地。此后，若用户在离线状态时再次访问该 Web 应用程序，浏览器便会自动加载本地资源文件，让用户能够正常使用该 Web 应用程序。

离线应用是使用 manifest 类型的文件作为需要配置缓存资源文件的配置文件。

**2．ApplicationCache 对象缓存状态**

ApplicationCache 对象记录着 Web 应用程序的缓存状态，开发者可以通过该缓存状态手动更新资源文件的缓存。

**3．在线状态检测**

HTML5 标准提供了 onLine 方法用于检测当前网络是否在线。开发者可以根据方法判断出浏览器是否在线，以便能够处理各种业务。

### 3.4.1　manifest 文件

离线应用包含一个 manifest 文件，此文件记录着哪些资源文件需要离线应用缓存，哪些资源需要通过网络访问等信息。代码 3-4 是在 HTML 中如何定义 manifest 文件。

代码 3-4 manifest 文件使用示例

```
<!DOCTYPE html>
<html manifest="cache.manifest">
<head>
    <meta charset="utf-8">
    <title>离线应用缓存示例 - manifest 使用方法</title>
</head>
<body>
</body>
</html>
```

很简单，对吧？没错，我们只需要在页面的 HTML 标签中增加 manifest 属性，并指定 manifest 文件，就可以实现支持 HTML5 离线应用。

由于 manifest 文件的 MIME 类型是 text/cache-manifest，因此 Web 服务器需要通过配置 MIME 类型，才能识别 manifest 文件。例如在 Tomcat 服务器下，开发人员需要在 Tomcat 目录下的 conf/web.xml 文件中配置 manifest 类型。

在 web.xml 中 mime-mapping 类型处增加如下代码即可：

```
<mime-mapping>
    <extension>manifest</extension>
    <mime-type>text/cache-manifest</mime-type>
</mime-mapping>
```

我们再来看看 cache.manifest 文件。在此文件第一行添加如下代码：

```
CACHE MANIFEST
```

该代码的作用是通知浏览器下面的内容是一个应用离线的清单文件。在清单文件内容中，共分三种类型的清单文件，示例代码如下：

```
CACHE MANIFEST
#缓存的文件
index.html
test.js
#不作缓存
NETWORK
/iamges/
FALLBACK
offline.html
index.html
```

根据上述示例代码，第一种类型的文件，其文件清单在 CACHE MANIFEST 的后面，此部分文件被定义为需要缓存的文件。当网络不可用或不在线时，此部分文件便会通过本地缓存直接读取。

第二种类型的文件清单则在定义 NETWORK 行下面，该文件清单被指定为无论文件是否已被缓存，都必须从网络中下载。

第三种类型的文件清单被指定为 FALLBACK 类型文件，该文件清单的前半部分表示当无法获取到该文件的时候，则请求转发到后半部分的文件。

## 3.4.2 applicationCache 对象和事件

applicationCache 对象记录着本地缓存的各种状态及事件。缓存的状态可以通过 window.applicationCache.status 获得。状态包括 6 种：

```
interface ApplicationCache : EventTarget{
    const unsigned short UNCACHED = 0;//未缓存
    const unsigned short IDLE = 1;//空闲状态
    const unsigned short CHECKING = 2;//检查中
    const unsigned short DOWNLOADING = 3;//下载中
    const unsigned short UPDATEREADY = 4;//更新准备中
    const unsigned short OBSOLETE = 5;//过期状态
    readonly attribute unsigned short status;
}
```

applicationCache 缓存对象的事件如表 3-5 所示。

表 3-5 applicationCache 对象事件表

| 事件名称 | 说 明 |
|---|---|
| checking | 当 user agent 检查更新时，或第一次下载 manifest 清单时，它往往会是第一个被触发的事件 |
| noupdate | 当检查到 manifest 中清单文件不需要更新时，触发该事件 |
| downloading | 第一次下载或更新 manifest 清单文件时，触发该事件 |
| progress | 该事件与 downloading 类似。但 downloading 事件只触发一次。progress 事件则在清单文件下载过程中周期性触发 |
| cached | 当 manifest 清单文件下载完毕及成功缓存后，触发该事件 |
| upadateready | 此事件的含义表示缓存清单文件已经下载完毕，可通过重新加载页面读取缓存文件或通过方法 swapCache()切换到新的缓存文件。常用于本地缓存更新版本后的提示 |
| obsolete | 假如访问 manifest 缓存文件返回 HTTP404 错误（页面未找到）或 410 错误（永久消失）时，触发该事件 |
| Error | 若要达到触发该事件，需要满足以下几种情况之一：<br>• 已经触发 obsolete 事件<br>• manifest 文件没有改变，但缓存文件中存在文件下载失败<br>• 获取 manifest 资源文件时发生致命错误<br>• 当更新本地缓存时，manifest 文件再次被更改 |

通过上述对每个事件的简单描述，读者基本上了解离线应用的事件。在实际应用中我们可以通过事件监听，并根据当前 applicationCache 对象的状态处理相关业务。如以下代码：

```
applicationCache.addEventListener('updateready',function(){
    //资源文件下载中,可以在此部分增加业务功能
});
```

我们在使用 applicationCache 本地缓存的同时，往往需要判断当前浏览器的状态（在线或离线）。HTML5 正好提供了一个属性用于判断当前浏览器是否在线，代码如下：

```
window.navigator.onLine
```

通过 navaigator 对象的属性 onLine，可以判断当前浏览器是否在线，onLine 属于只读属性，返回的是布尔值 true 或 false。因此可以通过以下代码简单判断浏览器的当前网络状态：

```
if(window.navigator.onLine){
    //当前浏览器 online
}else{
    //当前浏览器 offline
}
```

## 3.5 本章小结

本章简单讨论了 HTML5 标准中的本地存储知识点。本地存储包含两种不同的存储方案：Web 存储和 Web SQL 数据库。重点讲解了 Web Storage API 接口，同时通过简单的例子对存储 JSON 数据方式进行了详解。还讨论了 Storage 存储事件机制，并通过示例讲述了 Storage 事件的基本用法。

本章主要介绍了 HTML5 标准中的离线应用功能（Offline Web Application），其中主要讨论了移动 Web 浏览器对于离线应用的支持情况。针对离线应用功能的特点，主要讨论了 manifest 清单文件的使用方法及在 manifest 文件中如何配置缓存资源文件。同时还讨论了如何使用 applicationCache 对象，并详细解释了 applicationCache 对象的各个事件含义。最后还介绍了 HTML5 另外一个用于判断浏览器网络状态的新特性 onLine。

# 第 4 章

Chapter 4

# 移动设备的常见 HTML5 表单元素

现在 Web 应用程序都离不开表单，但是过去 HTML 所提供的表单功能相对简单，开发者往往需要编写更多的代码才能实现复杂的表单功能。例如，使用 input 元素的 text 类型文本框提供给用户输入手机号码，从技术上说，这并没有任何问题。但从语义方面来说，手机号码是由一串数字加上如“+”或“-”等符号组成，这种字符串的组合如果被应用在 input 元素的 text 类型，则无法表达出此 input 文本输入库是需要输入手机号码的语义。HTML5 标准新增的 input 类型，就是为增强输入文本框支持更多常用的文本格式内容。

随着智能手机的发展，现在的触屏手机都有一个重要的特点就是键盘内置在手机应用程序中，当出现用户在需要输入信息的地方时，键盘便会在手机屏幕中出现，并且会根据实际需要输入的内容而出现不同类型的键盘。

本章我们将会讨论 HTML5 标准新增的表单属性及表单 input 新类型，并且分别演示不同类型的 input 元素运行到 iPhone 的 Safari 浏览器上，对比这些不同输入框类型的键盘状态。

## 4.1 丰富的表单属性

HTML5 对表单新增了很多功能及属性，这些新特性令开发人员在开发表单应用时变得更快、更方便。下面我们就开始介绍这些表单新特性。

### 1．form 属性

首先，我们来看一下以下例子：

```
<form id="testform">
    <input type="text"/>
</form>
<input form=testform />
```

上述简单的 4 行代码，在 HTML4 中，form 外的<input>并不从属于 form 表单，在提交 form 表单时，form 外的<input>也不会一并提交。但是在 HTML5 中，我们只需要为外部的<input>增加 form 属性，并指定 form 的 ID 值为 testform，外部的<input>就属于 form 表单范围。

### 2．placeholder 属性

placeholder 属性一般用在文本输入框，其主要作用是当文本框处于未输入状态并且内容为空时给出文本框的提示内容。该属性用法非常简单，示例代码如下：

```
<input type="text" placeholder="请输入内容" />
```

### 3．autofocus 属性

autofocus 属性的作用是指定控件自动获得焦点。需要注意的是，一个 HTML 页面上只能有一个控件具有该属性。其示例代码如下：

```
<input type="text" autofocus />
```

### 4．List 属性和 datalist 元素

在 HTML5 标准规范中允许在单行文本输入框中增加 list 属性，该属性通常和 datalist 元素结合使用。list 属性的主要作用是提示文本框输入，提示的数据源则由 datalist 元素提供。目前 list 属性和 datalist 元素只有 Opera 浏览器支持，甚至没有任何一款移动浏览器支持该特性。

### 5．autocomplete 属性

autocomplete 属性具有自动完成的功能。可以对属性 autocomplete 指定两种值，“on”值表示开启自动完成输入。“off”则表示禁止使用自动完成输入功能。

目前该属性只有 Opera 浏览器才支持，应用范围不广。

#### 6．required 属性

必填属性。当表单中存在 required 属性的元素时，如果该元素的值为空，则无法提交表单。其使用方法如下：

```
<input type="text" required/>
```

## 4.2　移动 Web 表单的 input 类型

在 HTML5 标准中，丰富了 input 元素的类型，例如 search、url、email 等常用的类型。但目前只有 Opera 浏览器才支持得比较全面。Chrome 和 Safari 浏览器只是部分支持新类型。

本节主要介绍移动 Web 浏览器对 input 类型的支持情况，同时通过例子介绍如何使用 HTML5 新特性开发移动 Web 表单应用。

### 4.2.1　search 类型文本

search 类型文本是一种 input 元素，主要用于搜索关键词的文本框类型。实际上，该类型的文本框和普通的文本框唯一的区别就是外观。在 Safari 浏览器和 Chrome 浏览器下，其文本框的外观为圆角文本框。如图 4-1 所示为在 iPhone Safari 下的外观效果。实际上，iOS 平台对该类型的文本框的支持并不理想，但我们仍然可以正常使用 search 类型的文本框。

图 4-1　search 类型 input 在 iPhone 的 Safari 下的效果

### 4.2.2 email 类型文本

email 类型文本框是一个可以指定电子邮件内容的文本框类型，通常用在需要输入 E-mail 地址的输入文本框。

这种类型的文本框和普通的 text 文本框在外观上几乎一样，从页面中根本看不出有任何区别，但实际上在 Safari 移动版本下是有区别的。当该类型文本框在 iPhone Safari 中时，文本框获得焦点并可以输入内容的时候，iPhone 便会提供一套默认的输入法键盘，同时键盘则会根据当前的文本框类型不同而显示相对应的键盘。图 4-2 和图 4-3 分别显示出在 text 类型的普通文本框下和 email 类型的文本框下的各自默认输入法键盘。

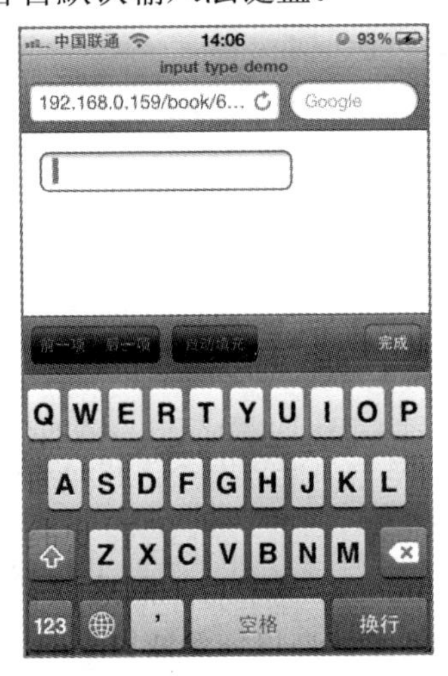

图 4-2 普通文本框输入法键盘

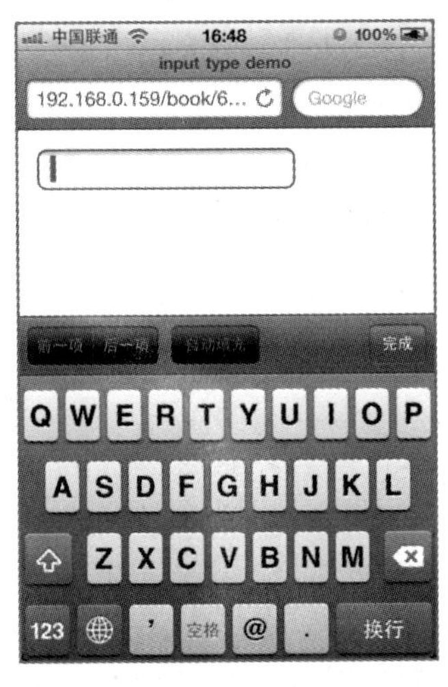


图 4-3 email 类型文本框输入法键盘

从图 4-2 和图 4-3 可以看出，当选择 email 类型的文本框时，iPhone 显示的是 E-mail 输入法键盘，该键盘提供了和 E-mail 相关的字符输入键，比如@和点号。

### 4.2.3 number 类型文本

number 类型的文本框是一种用于输入数字的文本框类型。它可以配合 min 属性、max 属性及 step 属性使用。

在 iOS Safari 浏览器下，number 类型输入框提供的默认键盘和普通文本框默认键盘也不相同。如图 4-4 所示，当在 number 类型文本框中输入内容时，iPhone 提供的默认键盘就是数字和符号结合的键盘。

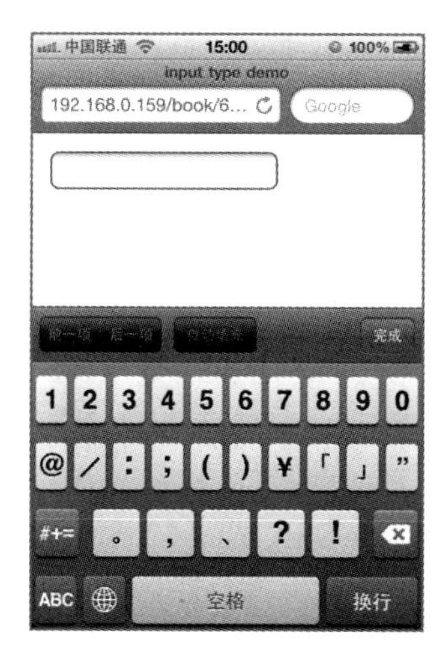


图 4-4 number 类型文本框输入法键盘

### 4.2.4 range 类型文本

range 类型文本框是一种数值范围输入文本框，提供的是一种滑动输入方式，需要配合 min、max、range 等属性的使用。

目前 iOS 和 Android 的内置浏览器都不支持 range 类型文本框。

图 4-5 显示了在 Chrome 浏览器下 range 类型的滑动范围文本框显示效果。

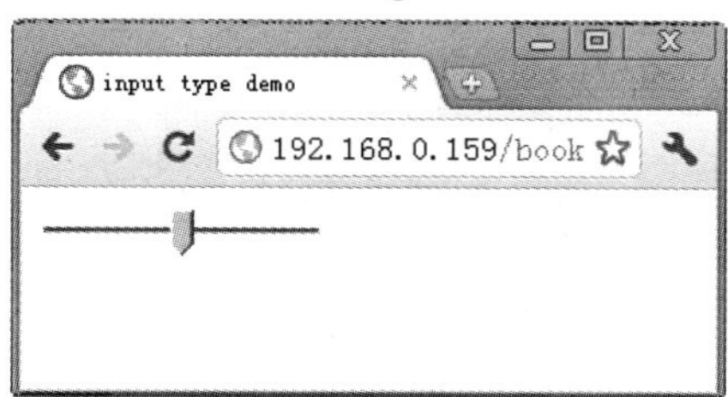


图 4-5 range 类型文本框在 Chrome 浏览器下的效果

### 4.2.5 tel 类型文本

tel 类型的文本框是一种供用户输入电话号码的文本框类型。

在 iOS Safari 浏览器下，tel 类型的 input 文本框提供的默认输入法键盘是另一种数字键盘，该键盘只提供数字的输入法键盘。如图 4-6 所示是 tel 类型文本框在 iPhone 下的输入法键盘效果图。

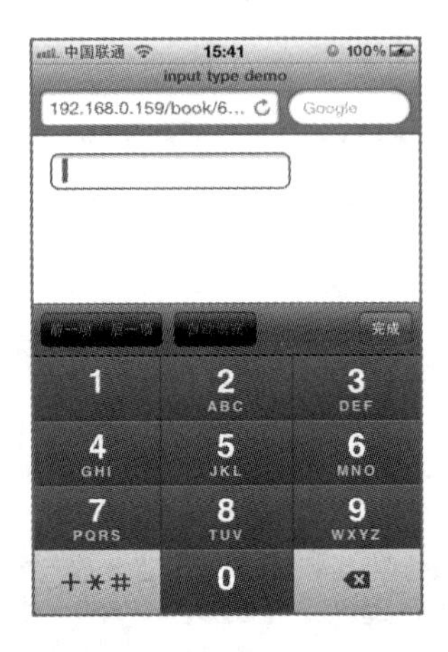


图 4-6　tel 类型文本框在 iPhone 下的输入法键盘效果

## 4.2.6　url 类型文本

url 类型文本框是一种输入 URL 地址的文本框类型。在 iOS Safari 浏览器下，url 类型文本框提供的默认输入法是网址输入法键盘，效果如图 4-7 所示。

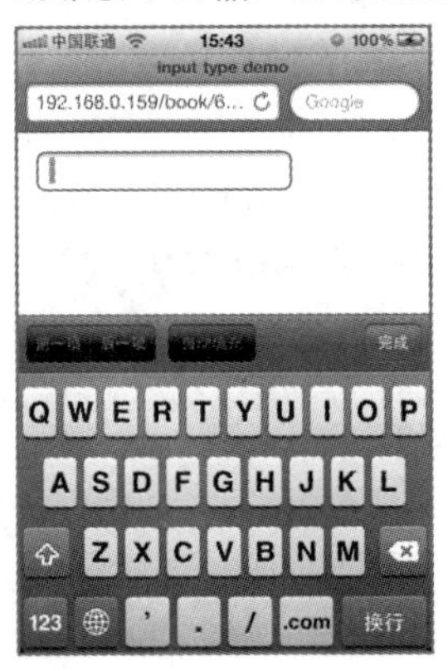


图 4-7　url 类型在 iPhone 下的输入法键盘效果

## 4.2.7　更多的类型

在 HTML5 标准规范中，除了新增上述的表单元素外，还有时间日期类型的 input 元素。但是这些类型都没有得到广泛的支持，目前只有桌面端的 Opera 浏览器支持较多的文本框类型，移动端仍然没有浏览器支持。

● datetime 类型，日期和时间文本框（含时区）。

- datetime-local 类型，日期和时间文本框（不含时区）。
- Time 类型，时间选择器文本框。
- Date 类型，日期选择器文本框。
- Week 类型，年的周号选择器。
- Month 类型，月份选择器。

## 4.3 表单属性应用范围

HTML5 规范定义了非常丰富的表单功能，但由于各个浏览器厂商支持程度不一样，因此各种移动设备 Web 浏览器在支持标准方面也不尽相同。表 4-1 列出了各个移动 Web 浏览器对 HTML5 表单规范的支持情况。

表 4-1 浏览器对 HTML5 表单部分属性支持一览表

| 属　性 | iOS Safari | Android Browser | Opera Mobile | BlackBerry Webkit |
| --- | --- | --- | --- | --- |
| placeholder | 支持 | 支持 | 不支持 | 支持 |
| autofocus | 不支持 | 不支持 | 不支持 | 支持 |
| list | 不支持 | 不支持 | 支持 | 不支持 |
| datalist | 不支持 | 不支持 | 支持 | 不支持 |
| autocomplete | 支持 | 支持 | 支持 | 不支持 |
| required | 支持 | 不支持 | 支持 | 支持 |
| min | 支持 | 支持 | 支持 | 支持 |
| max | 支持 | 支持 | 支持 | 支持 |
| range | 不支持 | 不支持 | 支持 | 支持 |

开发人员可以根据项目的实际情况使用不同类型的 input 元素。在开发移动 Web 应用程序时，建议使用的 HTML5 新特性包括：

- placeholder 属性
- email 类型文本框
- search 类型文本框
- number 类型文本框
- tel 类型文本框
- url 类型文本框

## 4.4 本章小结

本章主要介绍 HTML5 的表单新特性。主要介绍了 form 属性、placeholder 属性等的用法，同时介绍了 HTML5 新增的 input 类型元素：email、search、number 等，并展示在 iPhone 上各种类型的文本框及其默认输入法键盘。

# 第 5 章

Chapter 5

# 移动 Web 界面样式

本章主要介绍可以在移动 Web 应用中使用的 CSS3 新特性，同时还介绍如何使用 Media Queries 样式模块在传统网站的样式结构下增加移动 Web 版本网站。

# 5.1 CSS3

在 HTML5 逐渐成为 IT 界最热门话题的同时，CSS3 也开始慢慢地普及起来。目前，很多浏览器都开始支持 CSS3 部分特性，特别是基于 Webkit 内核的浏览器，其支持力度非常大。在 Android 和 iOS 等移动平台下，正是由于 Apple 和 Google 两家公司大力推广 HTML5 以及各自的 Web 浏览器的迅速发展，CSS3 在移动 Web 浏览器下都能到很好的支持和应用。

CSS3 作为在 HTML 页面担任页面布局和页面装饰的技术，可以更加有效地对页面布局、字体、颜色、背景或其他动画效果实现精确的控制。

目前，CSS3 是移动 Web 开发的主要技术之一，它在界面修饰方面占有重要的地位。由于移动设备的 Web 浏览器都支持 CSS3，对于不同浏览器之间的兼容性问题，它们之间的差异非常小。不过对于移动 Web 浏览器的某些 CSS 特性，仍然需要做一些兼容性的工作。

# 5.2 选择器

选择器是 CSS3 中一个重要的部分，通过使用 CSS3 的选择器，可以提高开发人员的工作效率。在本节中，我们将为读者介绍属性选择器和伪类选择器的基本用法。

## 5.2.1 属性选择器

在 CSS3 中，我们可以使用 HTML 元素的属性名称选择性地定义 CSS 样式。其实，属性选择器早在 CSS2 中就被引入了，其主要作用就是为带有指定属性的 HTML 元素设置样式。例如，通过指定 div 元素的 id 属性，设定相关样式。

属性选择器一共分为 4 种匹配模式选择器：

- 完全匹配属性选择器
- 包含匹配选择器
- 首字符匹配选择器
- 尾字符匹配选择器

### 1．完全匹配属性选择器

其含义就是完全匹配字符串。当 div 元素的 id 属性值为 test 时，利用完全匹配选择器选择任何id值为test的元素都使用该样式。如下代码通过指定id值将属性设定为红色字体：

```
<div id="article">测试完全匹配属性选择器</div>
<style type="text/css">
[id=article]{
    color:red;
}
</style>
```

### 2. 包含匹配选择器

包含匹配比完全匹配范围更广。只要元素中的属性包含有指定的字符串，元素就使用该样式。

其语法是：[attribute*=value]。其中attribute指的是属性名，value指的是属性值，包含匹配采用“*=”符号。

例如下面三个div元素都符合匹配选择器的选择，并将div元素内的字体设置为红色字体：

```
<div id="article">测试完全匹配属性选择器</div>
<div id="subarticle">测试完全匹配属性选择器</div>
<div id="article1">测试完全匹配属性选择器</div>
<style type="text/css">
[id*=article]{
    color:red;
}
</style>
```

### 3. 首字符匹配选择器

首字符匹配就是匹配属性值开头字符，只要开头字符符合匹配，则元素使用该样式。

其语法是：[attribute^=value]。其中attribute指的是属性名，value指的是属性值，首字符匹配采用“^=”符号。

例如下面三个div元素使用首字符匹配选择器后，只有id为article和article1的元素才被设置为红色字体。

```
<div id="article">测试完全匹配属性选择器</div>
<div id="subarticle">测试完全匹配属性选择器</div>
<div id="article1">测试完全匹配属性选择器</div>
<style type="text/css">
[id^=article]{
    color:red;
}
</style>
```

#### 4. 尾字符匹配选择器

尾字符匹配跟首字符匹配原理一样。尾字符只匹配结尾的字符串，只要结尾字符串符合匹配，则元素使用该样式。

其语法是：[attribute$=value]。其中 attribute 指的是属性名，value 指的是属性值，尾字符匹配采用“$=”符号。

例如下面三个 div 元素使用尾字符匹配选择器时，只有 id 为 subarticle 的元素才被设置为红色字体。

```
<div id="article">测试完全匹配属性选择器</div>
<div id="subarticle">测试完全匹配属性选择器</div>
<div id="article1">测试完全匹配属性选择器</div>
<style type="text/css">
[id$=article]{
    color:red;
}
</style>
```

### 5.2.2 伪类选择器

在 CSS3 选择器中，伪类选择器种类非常多。然而在 CSS2.1 时代，伪类选择器就已经存在，例如超链接的四个状态选择器：a:link、a:visited、a:hover、a:active。

CSS3 增加了非常多的选择器，其中包括：

- first-line 伪元素选择器
- first-letter 伪元素选择器
- root 选择器
- not 选择器
- empty 选择器
- target 选择器

这些伪类选择器是 CSS3 新增的选择器，它们都能得到在 Android 和 iOS 平台下 Web 浏览器的支持。现在我们就为你介绍这部分的选择器。

#### 1. before

before 伪类元素选择器主要的作用是在选择某个元素之前插入内容，一般用于清除浮动。

目前，before 选择器得到支持的浏览器包括：IE8+、Firefox、Chrome、Safari、Opera、Android Browser 和 iOS Safari。before 选择器的语法是：

```
元素标签:before{
    content:"插入的内容"
}
```

例如，在 p 元素之前插入“文字”：

```
p.before{
    content:"文字"
}
```

### 2. after

after 伪类元素选择器和 before 伪类元素选择器原理一样，但 after 是在选择某个元素之后插入内容。

目前，after 选择器得到支持的浏览器包括：IE8+、Firefox、Chrome、Safari、Opera、Android Browser 和 iOS Safari。after 选择器的语法是：

```
元素标签:after{
    content:"插入的内容"
}
```

### 3. first-child

指定元素列表中第一个元素的样式。语法如下：

```
li:first-child{
    color:red;
}
```

### 4. last-child

last-child 和 first-child 是同类型的选择器。last-child 指定元素列表中最后一个元素的样式。语法如下：

```
li:last-child{
    color:red;
}
```

### 5. nth-child 和 nth-last-child

nth-child 和 nth-last-child 可以指定某个元素的样式或从后数起某个元素的样式。例如：

```
li:nth-child(2){}
li:nth-last-child{}
li:nth-child(even){}
li:nth-child(odd){}
```

## 5.3　阴影

现在，CSS3 样式已经支持阴影样式效果。目前可以使用的阴影样式一共分成两种：一种是文本内容的阴影效果，另一种是元素阴影效果。

### 5.3.1 box-shadow

CSS3 的 box-shadow 属性是让元素具有阴影效果，其语法是：

```
box-shadow:<length> <length> <length> || color;
```

其中，第一个 length 值是阴影水平偏移值；第二个 length 值是阴影垂直偏移值；第三个 length 值是阴影模糊值。水平和垂直偏移值都可取正负值，如 4px 或-4px。

目前，box-shadow 已经得到 Firefox 3.5+、Chrome 2.0+、Safari 4+等现代浏览器的支持。可是，当我们在基于的 Webkit 的 Chrome 和 Safari 等浏览器上使用 box-shadow 属性时，需要将属性的名称写成-webkit-box-shadow 的形式。Firefox 浏览器则需要写成-moz-box-shadow 的形式。

从浏览器支持的情况来看，基于 Android 和 iOS 的移动 Web 浏览器也完全支持 box-shadow 属性。因此，我们在编写 CSS 样式时可以使用 box-shadow 属性来修饰移动 Web 应用程序的界面。

下面代码为使用 box-shadow 的简单示例。

```
<style type="text/css">
div{
    /*其他浏览器*/
    box-shadow:3px 4px 2px #000;
    /*webkit 浏览器*/
    -webkit-box-shadow:3px 4px 2px #000;
    /*Firefox 浏览器*/
    -moz-box-shadow:3px 4px 2px #000;
    padding:5px 4px;
}
</style>
```

### 5.3.2 text-shadow

text-shadow 属性是设置文本内容的阴影效果或模糊效果。

目前，text-shadow 属性已经得到 Safari 浏览器、Firefox 浏览器、Chrome 浏览器和 Opera 浏览器的支持。IE8 版本以下的 IE 浏览器都不支持该特性。从 Web 浏览器支持的情况来看，大部分移动平台的 Web 浏览器都能得到很好的支持。

text-shadow 的语法和 box-shadow 的语法基本上一致：

```
text-shadow:<length> <length> <length> || color
```

如下代码为使用 text-shadow 的简单示例：

```
<style type="text/css">
div{
    text-shadow:5px -10px 5px red;
    color:#666;
    font-size:16px;
}
</style>
```

# 5.4　背景

在 CSS3 规范中，CSS3 对背景属性增加了很多新特性。它既能支持背景的显示范围，也支持多图片背景。最重要的是它可以通过属性设置，为背景的颜色设置渐变或任何颜色效果，功能相当丰富。

CSS3 对于背景属性的增强，以往我们使用图片来替代各种页面修饰，逐渐可以通过 CSS3 背景属性替换。这些功能对页面加载速度，特别是在移动设备平台，是一个页面性能的提升。

## 5.4.1　background-size

background-size 属性是设置背景图像的大小。

目前，background-size 属性已经得到 Chrome 浏览器、Safari 浏览器、Opera 浏览器的支持，同时该属性也支持 Android 和 iOS 平台的 Web 浏览器。

background-size 属性在不同的 Web 浏览器下的语法方面有一定的差别。在基于 Webkit 的 Chrome 和 Safari 浏览器下，其写法为-webkit-background-size；而在 Opera 浏览器下则不需要-webkit 前缀，只需要写成 background-size。

在移动 Web 开发项目应用中，建议采用兼容模式的写法，例如下面代码：

```
background-size:10px 5px;
-webkit-background-size:10px 5px;
```

## 5.4.2　background-clip

background-clip 功能是确定背景的裁剪区域。

虽然 background-clip 属性支持除 IE 以外的大部分 Web 浏览器，但在实际项目应用中应用范围不广。其语法是：

```
background-clip:border-box | padding-box | content-box | no-clip
```

其中 border-box 是从 border 区域向外裁剪背景；padding-box 是从 padding 区域向外裁剪背景；content-box 是从内容区域向外裁剪背景；no-clip 是从 border 区域向外裁剪背景。

### 5.4.3 background-origin

background-origin 属性是指定 background-position 属性的参考坐标的起始位置。

background-origin 属性有三种值可以选择，border 值指定从边框的左上角坐标开始；content 值指定从内容区域的左上角坐标开始；padding 值指定从 padding 区域开始。

### 5.4.4 background

background 属性在 CSS3 中被赋予非常强大的功能。其中一个非常重要的功能就是多重背景。在过去设置图片背景时，只能使用一张图片，而在 CSS3 中，则可以设置多重背景图片，例如代码：

```
background:url(background1.png) left top no-repeat,
    url(background2.png) left top no-repeat;
```

Chrome 浏览器和 Safari 浏览器都支持 background 属性的多重背景功能。由于它们都是基于 Webkit 的浏览器，因此该功能也支持 Android 和 iOS 移动平台的移动 Web 浏览器。但鉴于采用图片的方式设置背景会严重影响在移动 Web 端的体验，因此可以使用 Webkit 其中一种特性对背景采用颜色渐变，而非采用图片方式。

语法如下：

```
-webkit-gradient(<type>, <port>[, <radius>]?,<point> [, <radius>]?
[, <stop>]*)
```

type 类型是指采用渐变类型，如线性渐变 linear 或径向渐变 radial。

如下代码：

```
background:-webkit-gradient(linear,0 0,0 100%,form(#FFF),to(#000));
```

上述代码的含义是定义一个渐变背景色，该渐变色是线性渐变并且由白色向黑色渐变的。其中前两个 0 表示的是渐变开始 *X* 和 *Y* 坐标位置；0 和 100%表示的是渐变结束 *X* 和 *Y* 坐标位置。

## 5.5 圆角边框

现阶段，CSS3 已经能够轻松地实现圆角效果，代码中只要定义 border-radius 属性，就可以随意实现圆角效果。

到目前为止，border-radius 属性已经得到 Chrome 浏览器、Safari 浏览器、Opera 浏览器、Firefox 浏览器的支持。但浏览器之间样式名称的语法有些差别，例如 Chrome 浏览器和 Safari 浏览器需要写成-webkit-border-radius；Firefox 浏览器需要写成-moz-border-radius；而 Opera 浏览器则不需要加前缀，只需要写成 border-radius 即可。

示例代码如下：

```
border-radius:10px 5px;
-moz-border-radius:10px 5px;
-webkit-border-radius:10px 5px;
```

或者

```
border-radius:10px 5px 10px 5px;
-moz-border-radius:10px 5px 10px 5px;
-webkit-border-radius:10px 5px 10px 5px;
```

需要注意的是，border-radius 属性是不允许使用负值的，当其中一个值为 0 时，则该值对应的角为矩形，否则为圆角。

## 5.6 Media Queries 移动设备样式

本节我们将为你带来一种全新的样式技术。通过 Media Queries 样式模块，可以实现根据移动设备的屏幕大小，定制网站页面的不同布局效果。它的优点是开发者只需要实现一套页面，就能够在所有平台的浏览器下访问网站的不同效果。

### 5.6.1 传统网站在 iPhone 上的显示问题

在开始介绍 Media Queries 知识之前，先来看看一个传统的网站在各种移动设备上的页面显示效果。

首先，如图 5-1 所示是 Google 首页传统网站在 iPhone Safari 浏览器下的效果图。

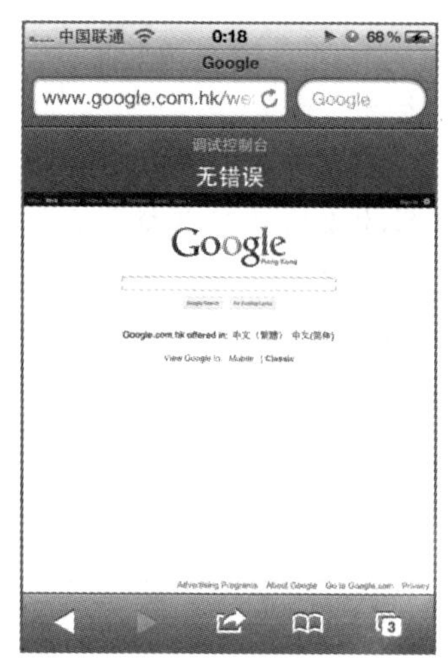


图 5-1　Google 首页在 iPhone Safari 下的传统网站效果

从图 5-1 中可以看到，网页上有很多部分的内容都因为浏览器的实际大小而缩小了字号。为什么会出现这样的效果呢？

实际上，在 iPhone 中使用 Safari 浏览器浏览传统 Web 网站的时候，Safari 浏览器为了能够将整个页面的内容在页面中显示出来，会在屏幕上创建一个 980px 宽度的虚拟布局窗口，并按照 980px 宽度的窗口大小显示网页。这样，我们所看到的效果就像图 5-1，同时网页可以允许以缩放的形式放大或缩小网页。

在过去，为了能够适应不同显示器分辨率大小，通常在设计网站或开发一套网站的时候，都会以最低分辨率 800×600 的标准作为页面大小的基础，而且还不会考虑适应移动设备的屏幕大小的页面。

但是，iPhone 的分辨率是 320×480，对于以最低分辨率大小显示的网站，在 iPhone 的 Safari 浏览器下访问的效果依然还是那么糟糕。那么，究竟这些传统的 Web 网站有没办法在 iPhone 等小屏幕的移动设备下显示正常呢？答案是可以的。

如图 5-2 所示是 Google 把传统网站首页变成移动版本的网站首页。

图 5-2　Google 移动版首页效果图

Google 首页转成移动版后，整个页面上的内容已经清晰可见，页面的样式风格和传统网站有一些差异。Google 究竟是如何将传统的网站转变为移动版本的网站的呢？同时，其他复杂的网站风格又需要做些什么才能变成移动版本呢？

若要实现上述的功能，我们需要在 HTML 页面用到 viewport 及 Media Queries 样式模块。

## 5.6.2　viewport 设置适应移动设备屏幕大小

### 1．什么是 viewport

Apple 为了解决移动版 Safari 的屏幕分辨率大小问题，专门定义了 viewport 虚拟窗口。它的主要作用是允许开发者创建一个虚拟的窗口（viewport），并自定义其窗口的大小或缩放功能。

如果开发者没有定义这个虚拟窗口，移动版 Safari 的虚拟窗口默认大小为 980 像素。现在，除了 Safari 浏览器外，其他浏览器也支持 viewport 虚拟窗口。但是，不同的浏览器对 viewport 窗口的默认大小支持都不一致。默认值分别如下。

- Android Browser 浏览器的默认值是 800 像素。
- IE 浏览器的默认值是 974 像素。
- Opera 浏览器的默认值是 850 像素。

### 2．如何使用 viewport

viewport 虚拟窗口是在 meta 元素中定义的，其主要作用是设置 Web 页面适应移动设备的屏幕大小。如以下代码：

```
<meta name="viewport" content="width=device-width,
    initial-scale=1,user-scalable=0" />
```

该代码的主要作用是自定义虚拟窗口，并指定虚拟窗口 width 宽度为 device-width，初始缩放比例大小为 1 倍，同时不允许用户使用手动缩放功能。

在上面的代码中，我们使用了一个特别的名字：device-width。自 iPhone 面世以来，其屏幕的分辨率一直维持在 320×480。由于 Apple 在加入 viewport 时，基本上使用 width=device-width 的表达方式来表示 iPhone 屏幕的实际分辨率大小的宽度，比如 width=320。因此，其他浏览器厂商在实现其 viewport 的时候，也兼容了 device-width 这样的特性。

代码中的 content 属性内共定义三种参数。实际上 content 属性允许设置 6 种不同的参数，分别如下。

- width 指定虚拟窗口的屏幕宽度大小。
- height 指定虚拟窗口的屏幕高度大小。
- initial-scale 指定初始缩放比例。
- maximum-scale 指定允许用户缩放的最大比例。
- minimum-scale 指定允许用户缩放的最小比例。
- user-scalable 指定是否允许手动缩放。

### 5.6.3 Media Queries 如何工作

如图 5-3 所示是同一个网页在不同分辨率下一共出现三种不同布局方式。其中，第 1 张图是在计算机的浏览器下传统网站页面布局，该布局主要是两列模式，左列显示网页的 Logo 或图片等，右列则显示导航工具栏、文章区域及头像列表等页面内容。

当用户在 iPad 等平板电脑上访问该网站的时候，由于屏幕分辨率比显示器的分辨率小很多，因此网站整个页面需要调整布局风格。首先将原来右列的导航工具栏位置调整到左列的 Logo 下面。同时，由于传统页面布局中的头像列表显示共 6 个头像，然而在 iPad 等设备上很难在一行中显示全部 6 个头像，因此需要调整一行中的头像数量，如图 5-3 中的第 2 张效果图所示，头像列表被重新定义成 2 行 3 列。

当用户在 iPhone 等手机上访问该网站时，其页面的布局效果就如图 5-3 中的第 3 张图所示。图中的导航工具栏位于小屏幕中页面的顶部，Logo 图片则在导航栏的下面，接着就是文章区域及头像列表区域，头像列表依然是第 2 张图的布局方式：2 行 3 列。从该图可以看出，当用户使用 iPhone 浏览网站时，网站的页面布局方式几乎采用的是 1 行 1 列来展示页面内容。

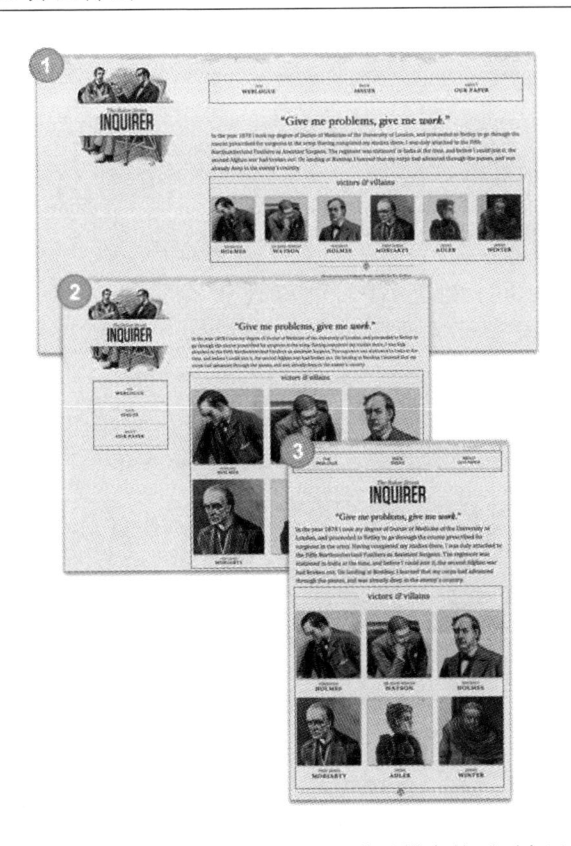


图5-3 同一个网页、三种不同屏幕分辨率的页面布局

首先需要在head标签内导入一个CSS样式文件，例如，下面代码使用media属性定义当前屏幕可视区域的宽度最大值是600像素时应用该样式文件。

```
<link rel="stylesheet" media="screen and(max-width:600px)"href=
"small.css"/>
```

在small.css样式文件内，需要定义media类型的样式，例如：

```
@media screen and (max-width:600px){
    .demo{
        background-color:#CCC;
    }
}
```

当屏幕可视区域的宽度长度在600像素和900像素之间时，应用该样式文件。导入CSS文件写法如下：

```
<link rel="stylesheet"
    media="screen and(min-width:600px) and(max-width:900px)"
    href="small.css"/>
```

small.css 样式文件内对应写法如下：

```
@media screen and (min-width:600px) and(max-width:900px){
.demo{
    background-color:#CCC;
    }
}
```

当手机（如 iPhone）最大屏幕可视区域是 480 像素时，应用该样式文件。导入 CSS 文件写法如下：

```
<link rel="stylesheet"
    media="screen and(max-device-width:480px)"
    href="small.css"/>
```

small.css 样式文件内对应写法如下：

```
@media screen and (max-device-width:480px){
    .demo{
        background-color:#CCC;
    }
}
```

同样也可以判断当移动设备（如 iPad）的方向发生变化时应用该样式。以下代码是当移动设备处于纵向（portrait）模式下时，应用 portrait 样式文件；当移动设备处于横向（landscape）模式下时，应用 landscape 样式文件。

```
<link rel="stylesheet"
    media="all and(orientation:portrait)"
    href="portrait.css"/>
<link rel="stylesheet"
    media="all and(orientation:landscape)"
    href="landscape.css"/>
```

上述 4 种不同情况显示了使用 Media Queries 样式模块定义在各种屏幕分辨率下的不同样式应用。这种语法风格有点类似于编写兼容 IE 浏览器各个版本的方式，唯一不同的是将需要兼容 IE 的 CSS 样式导入文件写在<!--和-->之间。

### 5.6.4 Media Queries 语法总结

Media Queries 的语法如下：

```
@media [media_query] media_type and media_feature
```

使用 Media Queries 样式模块时都必须以“@media”方式开头。

media_query 表示查询关键字，在这里可以使用 not 关键字和 only 关键字。not 关键字表示对后面的样式表达式执行取反操作。例如如下代码：

```
@media not screen and (max-device-width:480px)
```

only 关键字的作用是，让不支持 Media Queries 的设备但能读取 Media Type 类型的浏览器忽略这个样式。例如如下代码：

```
@media only screen and (max-device-width:480px)
```

对于支持 Media Queries 的移动设备来说，如果存在 only 关键字，移动设备的 Web 浏览器会忽略 only 关键字并直接根据后面的表达式应用样式文件。对于不支持 Media Queries 的设备但能够读取 Media Type 类型的 Web 浏览器，遇到 only 关键字时会忽略这个样式文件。

media_type 参数的作用是指定设备类型，通常称为媒体类型。实际上在 CSS2.1 版本时已经定义了该媒体类型。表 5-1 列出了 media_type 允许定义的 10 种设备类型。

表 5-1　media_type 设备可用类型一览表

| media_type | 设备类型说明 |
|---|---|
| all | 所有设备 |
| aural | 听觉设备 |
| braille | 点字触觉设备 |
| handled | 便携设备，如手机、平板电脑 |
| print | 打印预览图等 |
| projection | 投影设备 |
| screen | 显示器、笔记本、移动端等设备 |
| tty | 如打字机或终端等设备 |
| tv | 电视机等设备类型 |
| embossed | 盲文打印机 |

media_feature 主要作用是定义 CSS 中的设备特性，大部分移动设备特性都允许接受 min/max 的前缀。例如，min-width 表示指定大于等于该值；max-width 表示指定小于等于该值。

表 5-2 为 media_feature 设备特性的种类一览表。

表 5-2 media_feature 设备特性一览表

| 设备特性 | 是否允许 min/max 前缀 | 特性的值 | 说　明 |
|---|---|---|---|
| width | 允许 | 含单位的数值 | 指定浏览器窗口的宽度大小，如 480px |
| height | 允许 | 含单位的数值 | 指定浏览器窗口的高度大小，如 320px |
| device-width | 允许 | 含单位的数值 | 指定移动设备的屏幕分辨率宽度大小，如 480px |
| device-height | 允许 | 含单位的数值 | 指定移动设备的屏幕分辨率高度大小，如 320px |
| orientation | 不允许 | 字符串值 | 指定移动设备浏览器的窗口方向。只能指定 portrait（纵向）和 landscape（横向）两个值 |
| aspect-radio | 允许 | 比例值 | 指定移动设备浏览器窗口的纵横比例，如 16:9 |
| device-aspect-radio | 允许 | 比例值 | 指定移动设备屏幕分辨率的纵横比例，如 16:9 |
| color | 允许 | 整数值 | 指定移动设备使用多少位的颜色值 |
| color-index | 允许 | 整数值 | 指定色彩表的色彩数 |
| monochrome | 允许 | 整数值 | 指定单色帧缓冲器中每像素的字节数 |
| resolution | 允许 | 分辨率值 | 指定移动设备屏幕的分辨率 |
| scan | 不允许 | 字符串值 | 指定电视机类型设备的扫描方式。只能指定两种值：progressive 表示逐行扫描和 interlace 表示隔行扫描 |
| grid | 不允许 | 整数值 | 指定设备是基于栅格还是基于位图。基于栅格时该值为 1，否则为 0 |

到目前为止，Media Queries 样式模块在桌面端都得到了大部分现代浏览器的支持，例如 IE 9 浏览器、Firefox 浏览器、Safari 浏览器、Chrome 浏览器、Opera 浏览器。但是 IE 系列的浏览器中只有最新版本才支持该特性，IE8 以下的版本不支持 Media Queries。

从移动平台来说，基于两大平台 Android 和 iOS 的 Web 浏览器也都得到了良好的支持。同时，黑莓系列手机也支持 Media Queries 特性。

### 5.6.5 如何将官方网站移植成移动 Web 网站

接下来，让我们来看一下如何将一个真正的网站实现为移动端的 Web 网站版本。如图 5-4 所示是遇见官方网站（http://www.iaround.net）的首页在浏览器下的显示效果。

图 5-4　遇见官方网站首页显示效果图

从图 5-4 可以看到，首页区域一共分成 5 部分。第一部分是页面的顶部，这部分主要是显示 Logo 及导航栏。第二部分是介绍遇见社交软件的展示区域以下载链接提示，属于介绍区域。第三部分则是介绍遇见社交软件的特性部分。第四部分主要是合作伙伴相关的友情链接。最后一部分则是页面的底部，该部分主要显示版权相关信息。

这是一个非常普通的 Web 页面，现在我们根据这四部分的页面区域内容来分析如何将整个页面转换成移动版本的首页。

### 1．导入 Media Queries 样式文件

在首页的 HTML 文件的 head 元素内新增以下 Media Queries 样式文件模块：

```
<link rel="stylesheet" type="text/css"
    media="only screen and (max-width:480px),only screen and(max-device-width: 480px)"
    href="/resources/style/device.css"/>
```

### 2．首页 HTML 源码

接着来看一下首页的 HTML 代码，如代码 5-1 所示。

代码 5-1　首页的 HTML 代码

```
<!DOCTYPE html>
<html>
<head>
<meta charset="UTF-8" />
<meta name="keywords" content="遇见 iphone Android symbian 陌生人" />
<meta name="description" content="遇见是一款是基于附近陌生人的社交应用，帮助你与你不认识的、但就在附近的人进行即时沟通。" />
```

```
    <meta name="viewport" content="width=device-width"/>
        <title>遇见 - 基于附近陌生人的社交应用</title>
    <link rel="stylesheet" href="/resources/style/base.css" type="text/
css" />
    <link rel="stylesheet" href="/resources/style/style.css" type="text/
css" />
    <link rel="stylesheet" href="/resources/style/home.css" type="text/
css" />
    <!--[if lte IE 9]>
        <link rel="stylesheet" href="/resources/style/style-ie.css" type=
"text/css" />
        <script src="http://html5shim.googlecode.com/svn/trunk/html5.
js"> </script>
        <![endif]-->
    <!--[if lt IE 8]>
        <link rel="stylesheet" href="/resources/style/style-ie6.css"
type="text/css" />
        <![endif]-->
    <link rel="stylesheet" type="text/css"
          media="only screen and (max-width:480px),only screen and(max-
device-width: 480px)"
          href="/resources/style/device.css"/>
    </head>
    <body>
        <header class="header">
            <div class="logo">
                <nav class="header-nav">
                    <ul>
                        <li class="selected2"><a href="#">欢迎使用</a>
</li>
                        <li><a href="download.html">免费下载</a></li>
                        <li><a href="faq.html">遇见 FAQ</a></li>
                        <li><a href="http://bbs.iaround.net">官方论坛</a>
</li>
                    </ul>
                </nav>
            </div>
        </header>
        <section class="followme">
            <em>关注我们</em>
            <a target="_blank" href="http://weibo.com/iAround"><img width=
"29" height= "29" src="/resources/images/sina.gif" title="关注我们的新
浪微博" align="top" /></a>
            <a target="_blank" href="http://t.qq.com/iAround"><img width=
"29" height= "29" src="/resources/images/qqwb.gif" title="关注我们的腾
讯微博" align="top" /></a>
```

```
        </section>
        <section class="mobile">
            <div class="d_img"></div>
            <div class="d">
                <img  width="280"  height="179"  src="/resources/images/
feature.jpg" />
                <a class="download" href="download.html"></a>
                <img  class="app_tips"  width="180"  height="47"  src="/
resources/images/app_tips.jpg" />
                <ul class="app_type">
                    <li><a class="app_ip" href="http://itunes.apple.com/
cn/app/iaround-chat-with-people-nearby/id468944728?l=en&mt=8"></a></li>
                    <li><a class="app_az" href="/dl/iaround.apk"></a></li>
                    <li><a class="app_sb"></a></li>
                </ul>
            </div>
        </section>
        <section class="intro">
          <div>
                <header class="title"></header>
                <div class="content">
                    <ul>
                        <li class="i1"><h1>无须注册登录</h1>遇见使用全新的技
术，无须注册也无须登录，下载安装后即可使用，即使您的手机重新刷机或安装系统，只需重
新安装遇见客户端，之前的所有账号信息同样保留。</li>
                        <li class="i3"><h1>简单快捷流畅</h1>遇见无须查找好友、
无须关注任何人，即可与附近的陌生人进行聊天，聊天人数在 15 个左右。超过这个数字的人系
统自动创建新的房间，解决了聊天室拥挤问题，让聊天更流畅。</li>
                        <li class="i5"><h1>丰富便捷聊天方式</h1>遇见支持发送
图片、发送地理位置、发送视频、发送语音，更有 500+的聊天表情，让用户之间的沟通更加丰
富、便捷。</li>
                        <li class="i7"><h1>照片分享</h1>用相片连接全世界爱好
摄影的陌生人，把他们变成好朋友和彼此吹捧的粉丝，让影像成为他们唯一对话的语言，通过
遇见的附近照片的功能，无论你走到世界哪里，都可以查看本地附近有哪些照片。</li>
                    </ul>
                    <ul>
                        <li class="i2"><h1>邂逅聊天</h1>遇见是基于附近陌生人
的社交应用，帮助你与你不认识的、但就在附近的人进行沟通。系统会根据用户的年龄、性别、
星座、职业、兴趣、教育等信息，优先自动配对最适合的且在附近的一群人进行交流和沟通。
</li>
                        <li class="i4"><h1>跨平台</h1>遇见将会陆续推出 iPhone
版、Android 版、Symbian、iPad、黑莓版本、winPhone 版本，实现移动设备的全平台，
不管您的朋友使用什么手机，都可以使用遇见。</li>
                        <li class="i6"><h1>多语言</h1>遇见已有简体中文版、繁体
中文版、英文版多语言版本。即将推出日文版、韩文版、西班牙文版、法文版、德文等版本，
面向全球用户。</li>
```

```
                    <li class="i8"><h1>免费短信</h1>您不仅可以与附近的陌生人交友聊天，还可以免费向手机通讯录中的好友发送短信消息，支持推送功能，所以有人来消息后可以像标准短信一样显示在手机上，不用担心漏看消息。</li>
                </ul>
            </div>
            <footer class="footer"></footer>
        </div>
    </section>
    <section class="friendlink">
        <h1>合作伙伴：</h1>
        <ul>
<!-- 此部分略去所有友情链接代码 -->
            …………
        </ul>
    </section>
    <footer class="footer">
        <div class="bg">
            <nav>
                <ul>
                    <li><a>关于我们</a><span>|</span></li><li><a>服务条款</a><span>|</span></li><li><a>联系我们</a><span>|</span></li><li><a>遇见帮助</a></li>
                </ul>
            </nav>
            <div class="copyright">
                Guangzhou Zoega Information Technology Co., Ltd. 版权所有 粤ICP备09077414
            </div>
        </div>
    </footer>
</body>
</html>
```

3. device.css 适应手机浏览器屏幕的样式

然后，通过 device.css 文件重新修饰首页的 CSS 部分样式，让整个网页能够适应手机浏览器上访问的 1 行 1 列的排列方式，如代码 5-2 所示。

代码 5-2 device.css 样式代码

```
@media only screen and (max-width:480px),only screen and (max-device-width:480px){
    .header .logo{
        margin-left:0px;
        position:relative;
        background:url(/resources/images/device-logo.jpg) 0px 37px no-repeat;
```

```
            width:100%;
            left:0;
            height:150px;
        }
        .header .header-nav{
            padding:0 0;
        }
        .header .header-nav ul{
            text-align:left;
            -webkit-padding-start:0;
        }
        .header .header-nav ul li{
            display:inline-block;
        }
        .header .header-nav ul li a{
            padding:0 0.2em;
        }
        section.followme {
            position:relative;
            left:0;
            margin:0 0;
            text-align:right;
            width:100%;
        }
        .mobile{
            margin:0 0;
            text-align:left;
            height:775px;
            position: relative;
            width:100%;
            left:0;
            background:url(/resources/images/device-mobile.jpg) left
top no-repeat;
        }
        .mobile .d{
            margin:0 0 0 -550px;
            padding:270px 0 0 0;
        }
        .intro {
            margin: 1em 0 2em 0.5em;
            text-align:center;
            position: relative;
            width:95%;
            left:0;
        }
        .intro header{
```

```
        width:100%;
        height:0;
        background:none;
    }
    .intro footer {
        width:100%;
        height:0;
        background:none;
    }
    .intro .content{
        padding: 1em 0.6em;
        border-radius:0.6em;
        -webkit-border-radius:0.6em;
    }
    .intro ul {
        display: inline-block;
        width: 100%;
    }
    .intro ul li{
        margin: 0 0 5.8em 0;
        line-height: 22px;
    }
    .friendlink {
        margin:1em 0.6em 2em 0.6em;
        text-align:left;
        position:relative;
        width:95%;
        left:0;
    }
    .platform {
        margin:0 .4em;
        width:95%;
        left:0;
        border-radius:0.4em;
        -webkit-border-radius:0.4em;
    }
    .platform ul li{
        border-right:0;
        padding: 1.4em 3em;
    }
    .phoneModel {
        margin:0.4em .4em;
        border:1px solid #CFD1D6;
        width:95%;
        left:0;
        border-radius:0.4em;
```

```
            -webkit-border-radius:0.4em;
        }
    }
```

从上面的 CSS 样式代码中可以看到，实际上大部分的 CSS 代码都是最常用的样式属性。唯一的区别就是多了@media 元素括住整块 CSS 代码。

然而，细心的读者可以看到，device.css 里面的很多代码都是在原有传统网站的样式代码的基础上通过继承模式重新设置其属性样式，也就是我们常说的兼容性写法。

经过 device.css 样式文件重新定义页面布局后，其页面在 iPhone Safari 浏览器下的效果如图 5-5 所示。

图 5-5　遇见官方网站移动版首页

## 5.7 本章小结

本章主要介绍了 CSS3 中常用的几个属性的基本语法和解释，但并没有针对 CSS3 的重要特性展开详细讲解。

在本章的最后还重点介绍了 Media Queries 样式模块如何将传统网站制作成移动版 Web 网站。

# 第 6 章

Chapter 6

# Geolocation 地理定位

Geolocation 地理定位是一个非常酷的特性。本章我们将会为读者介绍如何使用 Geolocation API 实现在手机的浏览器中获取当前地理位置。

## 6.1 功能介绍

严格来说，Geolocation API 并不属于 HTML5 标准规范，但其 API 接口使得它能让浏览器或者移动设备的浏览器获取用户的当前位置信息。

由于地理定位涉及用户个人隐私信息，因此在任何时候第一次使用 Geolocation 地理定位功能的页面上，都需要用户确认是否允许 Web 应用程序获取自己的位置信息。图 6-1 显示了在 iPhone 的 Safari 浏览器下，用户第一次使用地理定位功能时，默认提示用户是否接受浏览器的获取地理位置信息。

图 6-1 iPhone Safari 浏览器下获取用户位置信息的确认提示信息

## 6.2 浏览器支持情况

Geolocation API 已经得到大部分的浏览器支持。甚至在移动设备领域的浏览器，都能很好地支持该 HTML5 特性。

表 6-1 列出了 PC 上的浏览器支持情况，表 6-2 列出了在移动设备上的浏览器支持情况。

表 6-1 PC 上浏览器支持情况

| IE | Firefox | Safari | Chrome | Opera |
| --- | --- | --- | --- | --- |
| IE9+ | 支持 | 支持 | 支持 | 支持 |

表 6-2 移动平台上浏览器支持情况

| IOS Safari | Android Browser | Opera Mobile | Opera Mini | BlackBerry Webkit |
|---|---|---|---|---|
| 支持 | 支持 | 支持 | 不支持 | 支持 |

## 6.3 如何使用 Geolocation API

Geolocation API 是通过 window.navigator.geolocation 获得对地理定位的访问的。该对象有如下三个方法。

- getCurrentPosition()
- watchPosition()
- clearWatch()

### 6.3.1 首次获取当前位置

Geolocation 提供的地理定位功能，是通过 getCurrentPosition()方法获取当前用户的地理位置信息的。

getCurrentPosition 方法可以传递三个参数，如下所示：

```
void getCurrentPosition(in PositionCallback successCallback,
    in optional PositionErrorCallback errorCallback,
    in optional PositionOptions options);
```

- 第一个参数是必选参数，其作用为获取地理位置信息成功后返回执行的回调函数。
- 第二个参数为获取地理位置信息异常或失败时执行的回调函数,它是可选参数;
- 第三个参数是可选参数，它主要是一些可选属性参数设置。

该方法的使用示例如代码 6-1 所示。

代码 6-1 getCurrentPosition 方法获取当前位置示例

```
<!DOCTYPE html>
<html>
<head>
   <meta charset="utf-8">
   <title>Geolocation API 地理定位</title>
   <script type="text/javascript">
      navigator.geolocation.getCurrentPosition(function(pos){
```

```
            console.log("当前地理位置的纬度: "+pos.coords.latitude);
            console.log("当前地理位置的经度: "+pos.coords.longitude);
            consolc.log("当前经纬度的精度: "+pos.coords.accuracy);
        });
    </script>
</head>
<body>
</body>
</html>
```

上述代码中，在调用 getCurrentPosition 方法成功后返回的函数中，可以通过其中的参数对象，获得当前用户访问 Web 页面时的地理位置信息。

pos 对象包含有一个 coords 属性，coords 属性表示一系列的地理坐标信息。

- latitude：以十进制数表示的纬度。
- longitude：以十进制数表示的经度。
- altitude：位置相对于椭圆球面的高度。
- accuracy：以米为单位的纬度和经度坐标的精度水平。
- altitudeAccuracy：以米为单位的高度坐标精度水平。
- heading：运动的方向，通过相对正北做顺时针旋转的角度指定。
- speed：以米/秒为单位的设备当前地面速度。

上面的属性列表中最常用的是 latitude 和 longitude 属性，它是记录当前地理位置的经纬度信息，这个数据是读取地理位置成功后的返回值。

pos 对象除了包含一个 coords 属性外，还包含一个 timestamp 属性，该属性用于返回 coords 对象时以毫秒为单位创建时间戳。

getCurrentPosition 方法的第二个参数是当获取地理位置发生错误时调用的函数，该函数会传递一个参数到函数内部，该参数记录着返回的错误信息。

getCurrentPosition 方法的第三个参数是指定获取地理位置的可选参数，该参数可以允许设置以下几个选项。

（1）enableHighAccuracy

enableHighAccuracy 属性是指定浏览器或移动设备尝试更精确地读取经度和纬度，默认值为 false。当这个属性参数设置为 true 时，移动设备在定位计算上可能会花费更长时间，也容易导致消耗更多的移动设备电量。因此，如果无较高准确定位的需求，应该将参数设置为 false 或不设置。

（2）timeout

timeout 属性是告诉 geolocation 允许以毫秒为单位的最大时间间隔。

（3）maximunAge

当该缓存的位置信息的时间不大于此参数设定值时，应用程序将接受一个缓存的位置信息。单位是毫秒。

### 6.3.2 监视移动设备的位置变化

watchPosition 和 clearWatch 是一对方法，其原理和 setInterval、setTimeout 方法相同。watchPosition 方法会返回一个唯一标识，clearWatch 可通过这个唯一标识清除 watchPosition 方法的监听。

watchPosition 的语法和 getCurrentPosition 相同，可以传入三个参数，分别是：

- 第一个参数是监听成功后返回的函数。
- 第二个参数是监听失败时返回的函数。
- 第三个参数是可选参数。

示例如代码 6-2 所示。

代码 6-2 监视移动设备的位置变化示例代码

```
<!DOCTYPE html>
<html>
<head>
    <meta charset="utf-8">
    <title>Geolocation API 地理定位</title>
    <script type="text/javascript">
        navigator.geolocation.getCurrentPosition(function(pos){
            console.log("当前地理位置的纬度: "+pos.coords.latitude);
            console.log("当前地理位置的经度: "+pos.coords.longitude);
            console.log("当前经纬度的精度: "+pos.coords.accuracy);
        });
        var watchID = navigator.geolocation. watchPosition (function
(pos){
            console.log("当前位置变化的纬度: "+pos.coords.latitude);
            console.log("当前位置变化的经度: "+pos.coords.longitude);
            console.log("当前位置变化经纬度的精度: "+pos.coords.accuracy);
            navigator.geolocation.clearWatch(watchID);
        },function(){

        })
    </script>
</head>
<body>
</body>
</html>
```

## 6.4 本章小结

本章主要介绍了 HTML5 规范中的 GeoLocation API 接口的基本用法。同时还总结了 GeoLocation 对各种浏览器及移动 Web 浏览器的支持情况。

# 第 7 章

Chapter 7

# 轻量级框架 jQuery Mobile 初探

本章我们将主要介绍 jQuery Mobile 的基本知识，并通过大量示例代码讲述如何使用 jQuery Mobile 提供的用户界面组件。最后还讨论 jQuery Mobile 的常用接口和工具。

## 7.1 jQuery Mobile 概述

jQuery Mobile 是 jQuery 在移动设备上的版本，它提供一个移动设备平台的统一接口工具。jQuery Mobile 是基于 jQuery、HTML5 和 CSS3 构建的，其目的是提供一个丰富的、交互性强的接口来兼容不同的移动平台。

jQuery Mobile 以“Write Less,Do More”为目标，为所有的主流移动操作系统平台提供了高度统一的移动界面框架，开发人员不需要再为每种移动平台编写单独的应用程序。其特性包括：

- 基于 jQuery 核心语法，易于学习。
- 支持所有主流移动平台。
- 采用基于 HTML5 标记元素驱动配置 jQuery Mobile 各种组件，不需要 JavaScript 配置，减少了 JavaScript 脚本数量。
- 自动初始化。jQuery Mobile 通过使用 HTML5 标准的 data-role 属性来对相应的插件或组件初始化。
- 简单的 API。基于触摸屏设备优化，并且提供一个适应不同的移动设备的动态触摸用户界面。
- 可配置的主题风格。框架一共提供 6 种不同颜色的主题风格，配置简单，并且还支持如 text-shadow、box-shadow、gradients 等 CSS3 特性。

jQuery Mobile 作为一款跨平台的 Web 应用程序框架，其支持移动设备平台包括：

- Apple iOS，如 iPhone、iPad、iPod
- Google Android
- BlackBerry OS
- Bada
- Windows Phone
- Palm Web OS
- Symbian
- MeeGo

jQuery Mobile 的官方网站是 http://jquerymobile.com。读者可以通过浏览官方网站以获得 jQuery Mobile 的最新版本、在线 API 接口文档以及 Demo 例子。

# 7.2　入门示例 Hello World

现在，我们将从最简单的 Hello World 例子开始，正式进入 jQuery Mobile 移动 Web 开发的学习。

## 7.2.1　部署文件

在进入 jQuery Mobile 项目开发前，需要先准备好以下几个类库包。

- jquery.js 基础包（建议采用 1.6.2 以上版本）。
- jquery.mobile.js 移动扩展包（截稿前最新版本是 1.0b3）。
- jquery.mobile.css（截稿前最新版本是 1.0b3）。

上述提到的两个 JavaScript 类库文件和一个 CSS 文件都可以在 jQuery 和 jQuery Mobile 官方网站下载得到。

首先，我们在开始 Hello World 示例介绍之前，先看看整个文件目录文件结构，如图 7-1 所示。

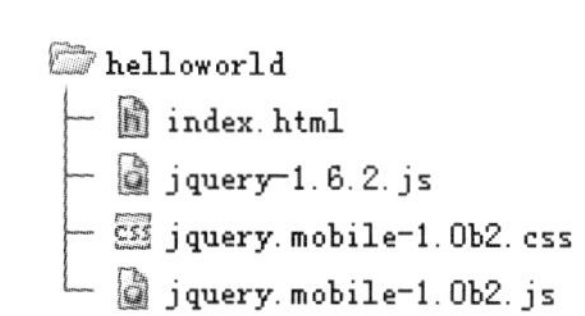


图 7-1　Hello World 示例源码目录

## 7.2.2　编码

根据图 7-2 所示，我们新建了一个标准的 HTML5 网页，并命名为 index.html，然后将前面提到的类库包文件导入到 index.html 中。接着在页面的 body 元素内添加一行文本：“这是一个简单的 Hello World 示例”。效果如代码 7-1 所示。

代码 7-1　Hello World 示例首页代码

```
<!DOCTYPE html>
<html>
<head>
    <meta charset="utf-8" />
    <meta name="viewport" content="width=device-width,initial-scale=1"/>
    <title>jQueryMobile hello World demo</title>
    <link rel="stylesheet" href="jquery.mobile-1.0b2.min.css" />
    <script type="text/javascript" src="jquery-1.6.2.js"></script>
    <script type="text/javascript"src="jquery.mobile-1.0b2.js"> </script>
```

```
</head>
<body>
这是一个简单的 Hello World 示例
</body>
</html>
```

代码 7-1 运行后，在 iPhone 上的效果如图 7-2 所示。

图 7-2 Hello World 示例在 iPhone 下的效果图

## 7.3 基于 HTML5 的自定义属性驱动组件

在最新 HTML5 标准中引入了一项新的特性：自定义元素属性 dataset。

### 7.3.1 dataset 自定义属性

现在，我们来解释一下 data-role 属性，该属性是 HTML5 标准规范的一项新特性，其格式要求是属性名的前缀必须带有“data-”字符，“data-”后面允许使用任何值，它允许开发人员将这类属性添加到 HTML 标签中。下面代码为自定义属性的简单示例：

```
<div id="title" class="title" data-category="前端技术"
     data-title="HTML5 技术与移动出版"
     data-time="2013-02-01" data-author="sankyu">
</div>
```

实际上，自定义属性只是充当元素的私有数据存储区域，它既不会影响元素的原有功能，也不会影响其页面的布局。

由于并不是所有的浏览器都支持 dataset 属性，因此当在 JavaScript 中使用 dataset 自定义属性时，建议先检测浏览器是否支持 dataset 属性，例如：

```
var title = document.getElementById("title");
    if(title.dataset){
        //浏览器支持 dataset 属性
    }else{
        //浏览器不支持 dataset 属性
}
```

通过脚本检测支持 dataset 属性后，可以通过 JavaScript 点语法的方式读取 dataset 属性值。

```
alert(title.dataset.category); //前端技术
alert(title.dataset.author);   //sankyu
```

目前 dataset 自定义属性只有 Chrome 浏览器和 Opera 浏览器支持。至于其他浏览器如 Firefox、IE、Safari 等桌面浏览器，仍然未支持。

### 7.3.2 使用 dataset 属性驱动 jQuery Mobile 组件

jQuery 作为一款优秀的 JavaScript 框架，封装了一套方法用于设置和读取自定义元素的属性。因此，jQuery Mobile 作为 jQuery 的移动版本，不仅支持 Chrome、Opera、IE、Firefox、Safari，甚至还支持移动设备上的 Web 浏览器，如 iOS 的 Safari、Android 的 Browser、BlackBerry 的 Webkit 等。

jQuery Mobile 提供了非常丰富的 UI 界面库，这类界面库都是基于移动设备小屏幕自适应的。它使用 dataset 自定义属性，赋予 HTML 元素不同功能，例如定义视图、定义 UI 组件等。

jQuery Mobile 使用的自定义属性如下。

#### 1．data-role

定义元素在页面中的功能角色。该属性允许定义不同的组件元素及页面视图等。例如定义一个视图页面：data-role="page"。

#### 2．data-title

定义 jQuery Mobile 视图页面的标题。

#### 3．data-transition

定义视图切换的动画效果。

4．data-rel

定义具有浮动层效果的视图。

5．data-theme

指定元素或组件内的主题样式风格。

6．data-icon

在元素内增加一个 icon 小图标。

7．data-iconpos

定义 icon 小图标的位置。该属性不仅可以定义位置，还允许设置 notext 值，指定只有按钮没有文字的按钮。

8．data-inline

指定按钮根据内容自适应其长度。

9．data-type

定义分组按钮按水平或垂直方向排列。

10．data-rel

定义具有特定功能的元素属性，例如返回按钮：data-rel="back"。

11．data-add-back-btn

指定视图页面自动在页眉左侧添加返回按钮。

12．data-back-btn-text

指定由视图页面自动创建的返回按钮的文本内容。该属性的使用通常都需要和 data-add-back-btn 属性一起配合使用。

13．data-position

该属性的作用是实现在滑动屏幕时工具栏的显示或隐藏状态。

14．data-fullscreen

用于指定全屏视图页面。

15．data-native-menu

指定下拉选择功能采用平台内置的选择器。

16．data-placeholder

设置下拉选择功能的占位符。

17．data-inset

实现内嵌列表的功能。

18．data-split-icon

设置列表右侧的图标。

19．data-split-theme

设置列表右侧图标的主题样式风格。

### 20．data-filter

开启列表过滤搜索功能。

## 7.4　页面与视图

页面与视图作为移动 Web 应用程序最重要的用户界面之一，主要承担整个 Web 应用程序的界面呈现工作。jQuery Mobile 提供一套自定义元素属性用于搭建各种页面和视图。

### 7.4.1　标准的移动 Web 页面

根据入门示例，我们可以看到一个运行在移动设备上的 Web 页面，这是 jQuery Mobile 建议的标准页面，如代码 7-2 所示。

代码 7-2　jQuery Mobile 标准的 Web 页面

```
<!DOCTYPE html>
<html>
<head>
    <meta charset="utf-8" />
    <meta name="viewport" content="width=device-width,initial- scale=1" />
    <title>jQueryMoible Standard Web Page</title>
    <link rel="stylesheet" href="jquery.mobile-1.0b2.min.css" />
    <script type="text/javascript" src="jquery-1.6.2.js"></script>
    <script type="text/javascript" src="jquery.mobile-1.0b2.js"> </script>
</head>
<body>
</body>
</html>
```

首先，一个标准的 jQuery Mobile 应用程序 Web 页面需要指定为 HTML5 标准文档类型，即<!DOCTYPE html>，如代码 7-2 的第一行代码所示。

一个 Web 页面必须导入一个 jQuery Mobile CSS 文件、一个 jQuery 类库文件、一个 jQuery Mobile 文件。

同时，我们还需要对 Web 页面设置 viewport 属性，如下代码：

```
<meta name="viewport" content="width=device-width,initial-scale=1" />
```

### 7.4.2 移动设备的视图

jQuery Mobile 在定义了<body>标签内通过对元素（通常采用 div 元素）指定其属性 data-role="page"视作为一个视图页面。一个 Web 页面可以定义一个或多个视图，每个视图之间可以相互切换。

在每个 page 视图内的任意元素，都可以定义 data-role 属性。例如表示页头的 header、内容区域的 content 以及页脚的 footer，如代码 7-3 所示。

代码 7-3 单视图 Web 页面

```
<!DOCTYPE html>
<html>
<head>
    <meta charset="utf-8" />
    <meta name="viewport" content="width=device-width, initial- scale= 1" />
    <title>jQueryMobile one View Page </title>
    <link rel="stylesheet" href="jquery.mobile-1.0b2.css" />
    <script type="text/javascript" src="jquery-1.6.2.js"></script>
    <script type="text/javascript" src="jquery. mobile- 1.0b2.js">
</script>
</head>
<body>
    <div data-role="page">
        <div data-role="header">页头</div>
        <div data-role="content">内容</div>
        <div data-role="footer">页脚</div>
    </div>
</body>
</html>
```

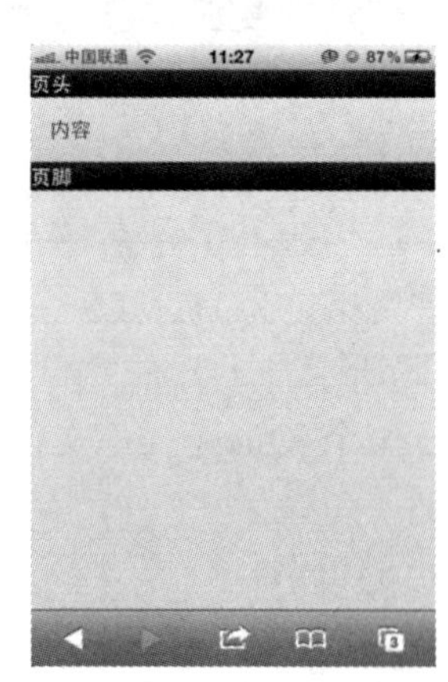


图 7-3 单视图 Web 页面在 iPhone 下的效果图

代码 7-3 运行后，在 iPhone 下的效果如图 7-3 所示。

通过上述示例，相信你基本了解如何使用 jQuery Mobile 框架编写标准的移动 Web 视图页面。

我们在该示例中采用 jQuery Mobile 推荐使用 div 元素作为视图页面的布局元素。但是，由 HTML5 标准定义的新元素在 iOS 和 Android 平台下都能适用，例如 header、footer、section、article 等元素。因此上述代码完全可以将 div 元素替换成 HTML5 新元素。我们对代码 7-3 稍作修改，如代码 7-4 所示。

代码 7-4 采用 HTML5 语义标签的单视图页面

```
<!DOCTYPE html>
<html>
<head>
    <meta charset="utf-8" />
    <meta name="viewport" content="width=device-width,initial-scale=1" />
    <title>jQueryMobile one View Page </title>
    <link rel="stylesheet" href="jquery.mobile-1.0b2.css" />
    <script type="text/javascript" src="jquery-1.6.2.js"></script>
    <script  type="text/javascript"  src="jquery.mobile-1.0b2.js">
</script>
</head>
<body>
    <section data-role="page">
        <header data-role="header">页头</header>
        <article data-role="content">内容</article>
        <footer data-role="footer">页脚</footer>
    </section>
</body>
</html>
```

通过调整后的代码 7-4，我们可以看到移动 Web 页面的 HTML 元素含义非常清晰，并且其运行效果和代码 7-3 相同。现在，我们再来简单描述一下 HTML5 标准定义的新元素在移动 Web 页面中的含义。

section 元素，在 HTML5 标准中定义为页面文档中的一段或一节，通常在网站中被分成各种不同模块或不同栏目。当使用在移动 Web 页面时，可以将 section 元素看作每一个视图页面。

header 元素和 footer 元素在每个视图中可以作为页头和页脚的标识。

article 元素可以作为每个视图的一个主题内容。

### 7.4.3 多视图 Web 页面

前面提到，在一个 Web 页面内，允许开发者定义多个视图页面。实现多视图页面非常简单，我们只需要在 Web 页面内定义几个 div 或 section 标签，并设置其 data-role 属性值为 page 即可实现。

示例如代码 7-5 所示。

代码 7-5 多视图 Web 页面代码

```
<!DOCTYPE html>
<html>
<head>
    <meta charset="utf-8" />
```

```
        <meta name="viewport" content="width=device-width, initial- scale =1" />
        <title>jQueryMobile more View Page </title>
        <link rel="stylesheet" href="jquery.mobile-1.0b2.css" />
        <script type="text/javascript" src="jquery-1.6.2.js"></script>
        <script type="text/javascript" src="jquery. mobile- 1.0b2.js">
</script>
    </head>
    <body>
        <section data-role="page" id="listCatalogView">
            <header data-role="header">列表式目录视图</header>
            <article data-role="content"><a href="#chartCatalogView">切
换到图表式目录视图</a></article>
            <footer data-role="footer">页脚</footer>
        </section>
        <section data-role="page" id="chartCatalogView">
            <header data-role="header">图表式目录视图</header>
            <article data-role="content"><a href="#listCatalogView">切
换到列表式目录视图</a></article>
            <footer data-role="footer">页脚</footer>
        </section>
    </body>
    </html>
```

在代码 7-5 中，我们通过指定视图的 id，并在各自视图内容区域添加超链接，同时在超链接的 href 属性中设置#符号+id 方式，就可以通过该超链接实现切换到指定 id 的视图。

代码 7-5 运行后在 iPhone 下的浏览效果如图 7-4 所示。在页面中单击“切换第 2 个视图”链接时，页面就会切换到第 2 个视图，同样在第 2 个视图中单击“切换第 1 个视图”链接，就能回到第 1 个视图。

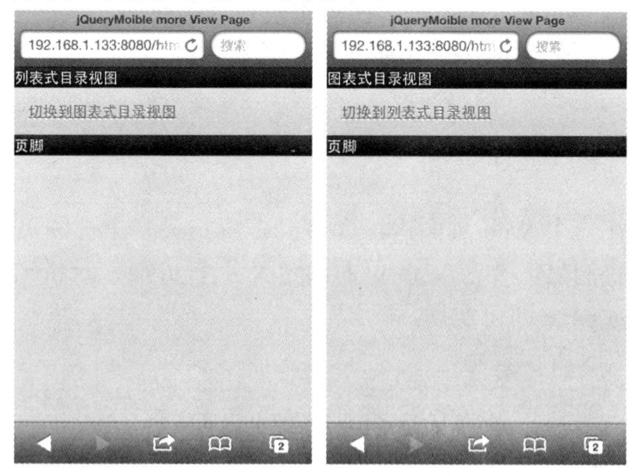


图 7-4　多视图切换在 iPhone 下的浏览效果图

### 7.4.4　改变页面标题的视图

jQuery Mobile 的 data-title 属性是通过 data-title 属性值自动更新 HTML 文档中的标题，一般用在多视图页面中。当每次切换视图时，如果新视图定义了 data-title 属性，HTML 文档就会自动更新标题。

该属性用法简单，我们以代码 7-5 为基础，稍微修改后如代码 7-6 所示。

**代码 7-6　data-title 属性示例代码**

```
<!DOCTYPE html>
<html>
<head>
    <meta charset="utf-8" />
    <meta name="viewport" content="width=device-width,initial-scale=1"/>
    <title>jQueryMobile more View Page </title>
    <link rel="stylesheet" href="jquery.mobile-1.0b2.css" />
    <script type="text/javascript" src="jquery-1.6.2.js"></script>
    <script type="text/javascript" src="jquery. mobile-1.0b2.js">
</script>
</head>
<body>
    <section data-role="page" id="listCatalogView" data-title="列
表式目录视图">
        <header data-role="header">列表式目录视图</header>
        <article data-role="content"><a href="#chartCatalogView">切
换到图表式目录视图</a></article>
        <footer data-role="footer">页脚</footer>
    </section>
    <section data-role="page" id="chartCatalogView" data-title="图
表式目录视图">
        <header data-role="header">图表式目录视图</header>
        <article data-role="content"><a href="#listCatalogView">切
换到列表式目录视图</a></article>
        <footer data-role="footer">页脚</footer>
    </section>
</body>
</html>
```

代码 7-6 运行后在 iPhone 下的效果如图 7-5 所示。

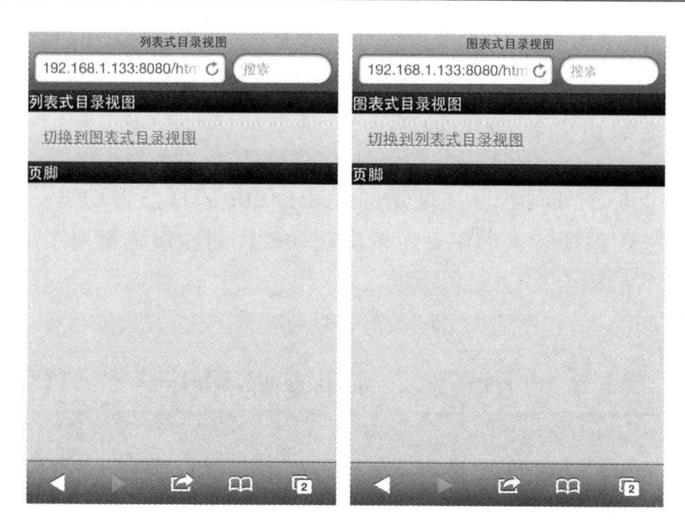


图 7-5 改变页面标题的效果图

### 7.4.5 视图切换动画

jQuery Mobile 通过 CSS3 的 transition 动画机制，在多视图切换或返回按钮事件中，采用动画效果切换视图。

目前，jQueryMobile 提供有 6 种切换动画属性，如表 7-1 所示是切换动画的属性一览表。

表 7-1 jQuery Mobile 动画切换属性一览表

| 动 画 | 描 述 |
|---|---|
| Slide | 从右到左切换，默认方式 |
| Slideup | 从下到上切换 |
| Slidedown | 从上到下切换 |
| Pop | 以弹出框的方式打开一个视图或页面 |
| Fade | 渐变退色方式切换 |
| Flip | 旧页面翻转飞出，新页面飞入方式切换 |

动画效果默认方式是 slide，如果开发人员需要指定其他的动画效果，可以通过 data-gransition 属性设置其他属性值。如以下示例代码：

```
<a href="#listCatalogView" data-transition="pop">切换到图表式目录视图</a>
```

### 7.4.6　dialog 对话框

任何一个视图页面，只要在标签的 data-rel 属性中定义了 dialog 属性值，视图就具有 dialog 浮动层的效果。

我们以示例代码 7-5 为基础，对代码稍作修改，如代码 7-7 所示。

代码 7-7　dialog 视图示例代码

```
<!DOCTYPE html>
<html>
<head>
    <meta charset="utf-8" />
    <meta name="viewport" content="width=device-width,initial-scale=1"/>
    <title>jQueryMobile more View Page </title>
    <link rel="stylesheet" href="jquery.mobile-1.0b2.css" />
    <script type="text/javascript" src="jquery-1.6.2.js"></script>
    <script  type="text/javascript"  src="jquery.mobile-1.0b2.js">
</script>
</head>
<body>
    <section data-role="page" id="listCatalogView">
        <header data-role="header"><h1>列表式目录视图</h1></header>
        <article data-role="content">
            <a href="#chartCatalogView" data-rel="dialog"
data-transition="pop">
                采用 dialog 方式打开图表式目录视图
            </a>
        </article>
        <footer data-role="footer"><h1>页脚</h1></footer>
    </section>
    <section data-role="page" id="chartCatalogView">
        <header data-role="header"><h1>图表式目录视图</h1></header>
        <article data-role="content"><a href="#listCatalogView">切
换到列表式目录视图</a></article>
        <footer data-role="footer"><h1>页脚</h1></footer>
    </section>
</body>
</html>
```

代码 7-7 运行后在 iPhone 下的效果如图 7-6 所示。当单击左侧图中的超链接时，页面则使用 pop 动画方式切换到左侧图中的 dialog 视图。

图 7-6 dialog 示例效果图

## 7.4.7 页面主题

jQuery Mobile 提供一个非常灵活和强大的主题系统。开发人员可以通过 data-theme 属性对视图、header、footer 等设置不同的主题。

主题设置的示例代码如下：

```
    <section data-role="page"
id="listCatalogView" data-theme="a">
        <header data-role="header"
data-theme="b"><h1>列表式目录视图</h1></header>
        <article data-role="content">内容</article>
        <footer data-role="footer" data-theme="c">
    <h1>页脚</h1></footer>
    </section>
```

图 7-7 同一个视图多个主题的效果图

代码运行后在 iPhone 中的效果如图 7-7 所示。

从效果图可以看到，我们在 section 标签中定义了“a”主题，那么整个视图内都是 a 主题风格，接着在视图内部对 header 和 footer 标签定义了各自的主题“b”和“c”，因此它们不再使用 a 主题风格，而使用自己定义的主题。

# 7.5　button 按钮

按钮在移动 Web 应用程序中是重要的用户界面组件之一，主要作用是为用户提供各种操作入口以及视图交互功能。接下来我们将会为读者介绍如何在 Web 应用程序中定义按钮。

## 7.5.1　button 组件

在移动 Web 页面的内容区域，可以指定超链接的属性 data-role="button"将超链接变成 button 按钮，如图 7-8 所示。

图 7-8 中的代码如下：

```
<a href="#home" data-role="button">a Link
button</a>
```

图 7-8　button 示例效果图

除了超链接能自动转换成 button 按钮，类型是 submit、reset、button、image 的 input 元素也都会自动转换成 jQuery Mobile 提供的按钮风格。

## 7.5.2　具有 icon 图标的 button 组件

jQuery Mobile 提供一套图标库用于修饰 button 按钮的背景风格。该图标库为了减小网络下载的大小。Query Mobile 提供一套单一的白色图标精灵，并自动在图标的后面增加一个半透明的黑色圆圈，以确保图标在任何颜色背景下的对比度的最佳效果。

### 1. 图标类型

通过设置属性 data-icon 并指定对应的图标名称，就能实现对 button 添加 icon 图标。如下代码：

```
<a href="#home" data-role="button" data-icon="home">首页</a>
```

jQuery Mobile 提供多达 18 种常用图标，分别如下。

- arrow-l，左箭头，如 data-icon="arrow-l"。
- arrow-r，右箭头，如 data-icon="arrow-r"。

- arrow-u：上箭头，如 data-icon="arrow-u"。
- arrow-d：下箭头，如 data-icon="arrow-d"。
- delete：删除，如 data-icon="delete"。
- plus：加号，如 data-icon="plus"。
- minus：减号，如 data-icon="minus"。
- check：对号，如 data-icon="check"。
- gear：齿轮，如 data-icon="gear"。
- refresh：刷新，如 data-icon="refresh"。
- forward：前进，如 data-icon="forward"。
- back：返回，如 data-icon="back"。
- grid：网格，如 data-icon="grid"。
- star：星星，如 data-icon="star"。
- alert 提示，如 data-icon="alert"。
- info：信息，如 data-icon="info"。
- home：主页，如 data-icon="home"。
- search：查找，如 data-icon="search"。
- icon 图标效果如图 7-9 所示。

图 7-9　icon 图标效果图

### 2．图标位置

默认情况下，icon 图标在 button 按钮的最左侧位置。我们可以通过 data-iconpos 属性更改 icon 图标在按钮上的位置，其位置有 4 种：left、right、top、bottom。效果如图 7-10 所示。

### 3．图标按钮

通过设置 data-iconpos="notext"可以创建一个没有文字，只有 icon 图标的按钮，如下代码：

```
<a href="#" data-role="button"
   data-icon="delete" data-iconpos="notext">delete</a>
```

效果如图 7-11 所示。

### 4．自定义图标按钮

虽然 jQuery Mobile 提供的 icon 图标类型非常多，但在实际项目中，这些图标并不满足项目需求。因此，jQuery Mobile 提供了一个可以自定义图标的属性值。例如 data-icon="myapp-email"，myapp-mail 就是自定义图标名称，它是根据 CSS 编写规范而定的。在 CSS 中 myapp-mail 相对应的样式名称是.ui-icon-myapp-email，并在该样式中把图标设置为背景。

自定义 icon 图标的像素大小是 18×18，建议保存时选择 png-8 格式透明背景图片。

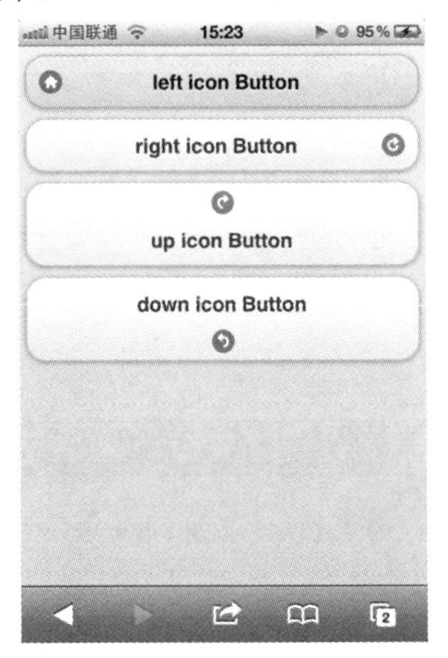


图 7-10　icon 位置的效果图

图 7-11　icon 图标按钮效果图

### 7.5.3　具有内联样式的 button 按钮

我们在前面介绍的 button 按钮示例中发现，在默认情况下 button 按钮是占满屏幕整个宽度的，对于这种按钮效果，我们在实际项目开发中一般很少会用到。那么，我们能够改变这种效果吗？答案是可以的。

通过设置 data-inline 属性值为 true， button 按钮的宽度将会自适应按钮文本内容和图标组合的长度。如下示例代码：

```
<a href="#" data-role="button" data-icon="home"
    data-inline="true">home</a>
```

其效果如图 7-12 所示。同理，我们又可以把两个按钮同时定义在同一行内，如以下示例代码：

```
<a href="#" data-role="button" data-icon="back"
    data-inline="true" data-theme="b">back</a>
<a href="#" data-role="button" data-icon="back"
    data-inline="true" data-theme="c">back</a>
```

其效果如图 7-13 所示。

图 7-12　单按钮 inline 效果图

图 7-13　多按钮 inline 效果图

### 7.5.4　具有分组功能的 button 按钮

jQuery Mobile 提供一种分组按钮列表的功能。它需要在按钮列表的外层增加一个 div 元素并设置 data-role 属性值为 controlgroup。如以下代码：

```
<div data-role="controlgroup">
    <a href="#" data-role="button">确定</a>
    <a href="#" data-role="button">取消</a>
    <a href="#" data-role="button">返回</a>
</div>
```

利用分组按钮功能以及按钮的各种特性，我们可以实现多种分组按钮效果。现在，我们结合本节介绍的所有分组按钮特性，编写一个完整的示例代码，如代码 7-8 所示。

**代码 7-8　分组按钮示例代码**

```
<!DOCTYPE html>
<html>
<head>
   <meta charset="utf-8" />
   <meta name="viewport" content="width=device-width,initial-scale=1"/>
   <title>jQueryMobile button example</title>
   <link rel="stylesheet" href="jquery.mobile-1.0b2.css" />
   <script type="text/javascript" src="jquery-1.6.2.js"></script>
   <script  type="text/javascript"  src="jquery.mobile-1.0b2.js">
```

```
</script>
    </head>
    <body>
        <div data-role="controlgroup">
            <a href="#" data-role="button" data-theme="a">返回</a>
            <a href="#" data-role="button" data-theme="b">首页</a>
            <a href="#" data-role="button" data-theme="c">前进</a>
        </div>
        <div data-role="controlgroup">
            <a href="#" data-role="button" data-icon="back" data-theme="a">
返回</a>
            <a href="#" data-role="button" data-icon="home"data-theme="b">
首页</a>
            <a href="#" data-role="button" data-icon="forward"
data- theme="c">前进</a>
        </div>
    </body>
    </html>
```

上述示例代码运行后的效果如图 7-14 所示。

上述示例是默认的分组按钮列表，该示例定义两组按钮列表，一组没有 icon 图标，一组包含 icon 图标。

默认的分组按钮是垂直排列的，我们可以定义 data-type 属性值为 horizontal，把垂直排列的分组按钮改变成水平排列。我们以代码 7-8 为基础稍作调整后如代码 7-9 所示，其运行后效果如图 7-15 所示。

图 7-14 默认分组按钮示例效果图

图 7-15 水平列表分组按钮示例效果图

代码 7-9 水平列表分组按钮示例代码

```
    <!DOCTYPE html>
    <html>
    <head>
        <meta charset="utf-8" />
        <meta name="viewport" content="width=device-width,initial-scale=1"/>
        <title>jQueryMobile button example</title>
        <link rel="stylesheet" href="jquery.mobile-1.0b2.css" />
        <script type="text/javascript" src="jquery-1.6.2.js"></script>
        <script  type="text/javascript"  src="jquery.mobile-1.0b2.js">
</script>
    </head>
    <body>
        <div data-role="controlgroup" data-type="horizontal">
            <a href="#" data-role="button" data-theme="a">返回</a>
            <a href="#" data-role="button" data-theme="b">首页</a>
            <a href="#" data-role="button">前进</a>
        </div>
        <div data-role="controlgroup" data-type="horizontal">
            <a href="#" data-role="button" data-icon="back" data-theme= "a">
返回</a>
            <a href="#" data-role="button" data-icon="home" data-theme= "b">
首页</a>
            <a  href="#"  data-role="button"  data-icon="forward"  data-theme=
"c"> 前进</a>
        </div>
    </body>
    </html>
```

我们在前面的章节中提到，按钮可以设置不显示文本而直接显示 icon 图标。这种只有 icon 图标的按钮在分组按钮功能中同样适用，我们以代码 7-9 为基础对代码稍作调整，如代码 7-10 所示。

代码 7-10 icon 图标的分组按钮示例代码

```
    <!DOCTYPE html>
    <html>
    <head>
        <meta charset="utf-8" />
        <meta name="viewport" content="width=device-width,initial-scale=1"/>
        <title>jQueryMobile button example</title>
        <link rel="stylesheet" href="jquery.mobile-1.0b2.css" />
        <script type="text/javascript" src="jquery-1.6.2.js"></script>
        <script  type="text/javascript"  src="jquery.mobile-1.0b2.js">
</script>
```

```
    </head>
    <body>
        <div data-role="controlgroup" data-type="horizontal">
            <a href="#" data-role="button" data-icon="back" data-theme="a">
返回</a>
            <a href="#" data-role="button" data-icon="home" data-theme="b">
首页</a>
            <a href="#" data-role="button" data-icon="forward">前进</a>
        </div>
        <div data-role="controlgroup" data-type="horizontal">
            <a href="#" data-role="button" data-icon="back"
data-iconpos="notext" data-theme="a">返回</a>
            <a href="#" data-role="button" data-icon="home"
data-iconpos="notext" data-theme="b">首页</a>
            <a href="#" data-role="button" data-icon="forward"
data-iconpos="notext" data-theme="c">前进</a>
        </div>
    </body>
    </html>
```

代码 7-10 的运行效果如图 7-16 所示。

图 7-16　icon 图标按钮组示例效果图

# 7.6 Bar 工具栏

本节，我们将会讨论 jQuery Mobile 的另外一个重要组件：工具栏。

## 7.6.1 如何使用工具栏

jQuery Mobile 框架提供了两种标准类型的工具栏。

### 1. header bar

header bar 充当视图页面的标题作用。在一般情况下，header bar 位于一个页面或视图的顶部，属于该页面或视图的第一个元素，通常包含一个标题和两个按钮（分别在标题的两侧）。

### 2. footer bar

footer bar 一般位于一个页面或视图的底部，属于该页面或视图的最后一个元素。相对于 header bar，footer bar 的内容和功能范围相对广泛，它除了包含文本和按钮外，还允许放置导航条、表单元素如选择菜单等。

在前面的章节中，我们已经介绍过如何定义视图的 header 和 footer 区域，例如以下代码定义 header 区域和 footer 区域：

```
<div data-role="header">header 页眉区域</div>
<div data-role="footer">footer 页脚区域</div>
```

如果使用 HTML5 标准新元素定义该区域，代码如下：

```
<header data-role="header">header 页眉区域</header>
<footer data-role="header">footer 页脚区域</footer>
```

需要注意的是，在本章节后面介绍各种工具栏的用法和例子时，将主要使用上述的 header 和 footer 元素作为页头和页脚的代码元素。但这样并不等于使用 div 元素定义不好，笔者只是认为使用 HTML5 新元素更能说明页面的语义。

定义 header bar 工具栏和 footer bar 工具栏非常简单，代码如下：

```
<div data-role="page">
    <header data-role="header">
        <h1>header bar</h1>
    </header>
        <div>内容区域</div>
       <footer data-role="header">
        <h1>footer bar</h1>
       </footer>
</div>
```

## 7.6.2　含有后退按钮的 header 工具栏

一般情况下，一个视图页面的页头部分都会含有后退按钮，该按钮的作用是回退上一次操作的视图页面。那么，我们如何在工具栏中具有后退功能的按钮呢？

代码 7-11 是实现具有后退功能按钮的工具栏。

代码 7-11　含有后退按钮的 header bar 示例代码

```
    <!DOCTYPE html>
    <html>
    <head>
        <meta charset="utf-8" />
        <meta name="viewport" content="width=device-width,initial-scale=1"/>
        <title>jQueryMobile toolbar example</title>
        <link rel="stylesheet" href="jquery.mobile-1.0b2.css" />
        <script type="text/javascript" src="jquery-1.6.2.js"></script>
        <script  type="text/javascript"  src="jquery.mobile-1.0b2.js">
</script>
    </head>
    <body>
        <div data-role="page" id="forwardPage">
            <header data-role="header">
                <a>按钮</a>
                <h1>前进视图标题</h1>
                <a href="#backPage">前进</a>
            </header>
            <div>单击前进按钮进入第二个视图</div>
            <footer data-role="footer">
                <h1>footer bar</h1>
            </footer>
         </div>
        <div data-role="page" id="backPage">
            <header data-role="header">
                <a data-rel="back">后退</a>
                <h1>后退视图标题</h1>
            </header>
            <div>单击后退按钮返回第一个视图</div>
            <footer data-role="footer">
                <h1>footer bar</h1>
            </footer>
        </div>
    </body>
    </html>
```

从代码 7-11 可以看到，我们一共定义了两个视图。在第一个视图的 header 元素内，还定义两个 a 元素的超链接和一个 H1 元素。

首先，我们来看看 id 为 forwardPage 的视图，在 header 标签内一共有 3 个元素。在默认情况下，jQuery Mobile 会将 header 标签内的所有 a 元素超链接根据位置的顺序来排列。第一个 a 元素的超链接（<a>按钮</a>）会出现在视图的顶部工具栏左侧位置。第二个 a 元素的超链接（<a href="#backPage"></a>）则显示于视图的顶部工具栏右侧位置，同时该超链接的 href 属性值是#backPage，该值的含义是单击该按钮时视图会被切换到 id 为 backPage 的视图，也就是上一次访问的视图页面。

图 7-17　data-rel 属性的后退按钮

对于第二个视图，我们在 header 部分定义一个后退的超链接按钮，并且指定属性 data-rel 值为 back。

当指定 data-rel="back"属性后，jQuery Mobile 会忽略 a 元素的 href 属性，并模拟出类似浏览器后退按钮功能，效果如图 7-17 所示。

除了使用 data-rel 属性可以设置视图的后退功能外，jQuery Mobile 还提供对视图 div 元素指定 data-add-back-btn 属性和 data-back-btn-text 属性设置默认后退的功能。

如果在视图中设置 data-add-back-btn 属性值为 true，data-back-btn-text 属性设置按钮名称为“后退”，jQuery Mobile 会在视图的 header 和 footer 部分的左侧自动添加一个后退按钮。如果没有指定 data-back-btn-text 属性，默认显示后退按钮的名称为“back”。

我们不仅可以通过 data-back-btn-text 属性设置后退按钮名称，还可以通过 JavaScript 配置后退按钮的默认名称，如以下代码：

```
$.mobile.page.prototype.options.backBtnText = "后退";
```

现在我们对代码 7-11 进行调整，采用 jQuery Mobile 自动生成后退按钮，代码如下：

```
<div data-role="page" id="backPage" data-add-back-btn="true"
    data-back-btn-text="后退">
    <header data-role="header">
        <h1>后退视图标题</h1>
    </header>
    <div>单击后退按钮返回第一个视图</div>
    <footer data-role="footer">
        <h1>footer bar</h1>
```

```
        </footer>
    </div>
```

代码调整后运行的效果如图 7-18 所示。

图 7-18　data-add-back-btn 属性的后退按钮

### 7.6.3　多按钮的 footer 工具栏

footer 工具栏和 header 工具栏在布局上有一些区别。在 footer 工具栏中添加的按钮会被自动设置成 inline 模式，并自适应其文本内容的宽度。

具有多按钮的 footer 工具栏示例如代码 7-12 所示。

代码 7-12　footer 工具栏示例代码

```
    <!DOCTYPE html>
    <html>
    <head>
        <meta charset="utf-8" />
        <meta name="viewport" content="width=device-width,initial-scale=1"/>
        <title>jQueryMobile toolbar example</title>
        <link rel="stylesheet" href="jquery.mobile-1.0b2.css" />
        <script type="text/javascript" src="jquery-1.6.2.js"></script>
        <script  type="text/javascript"  src="jquery.mobile-1.0b2.js">
</script>
    </head>
    <body>
        <div data-role="page" id="forwardPage">
            <header data-role="header">
                <h1>前进视图标题</h1>
```

```
        </header>
        <div>单击前进按钮进入第二个视图</div>
        <footer data-role="footer" class="ui-bar">
            <a href="#" data-role="button" data-icon="delete">删除</a>
            <a href="#" data-role="button" data-icon="plus">添加</a>
            <a href="#" data-role="button" data-icon="arrow-u">向上</a>
            <a href="#" data-role="button" data-icon="arrow-d">向下</a>
        </footer>
    </div>
</body>
</html>
```

代码 7-12 在 footer 元素内定义了 4 个 a 元素超链接的按钮，运行效果如图 7-19 所示。

从图 7-19 可以看到，虽然我们添加了 4 个超链接按钮，但在 UI 美观方面，感觉这 4 个按钮在 footer 区域的位置太靠近上下两个边。因此，在默认情况下，工具栏没有使用 padding 等样式属性给按钮或组件预留任何空白间隔。为了使界面更加美观，我们在 footer 元素上设置 class 样式属性为“ui-bar”。样式添加后的效果如图 7-20 所示。

图 7-19 footer 工具栏示例效果图

图 7-20 带有 ui-bar 样式的工具栏效果图

实现一组按钮的方法是使用 div 元素并设置 data-role 属性值为 controlgroup，然后再设置 data-type 属性值 horizontal，说明该按钮是水平排列的。例如以下代码：

```
<footer data-role="footer" class="ui-bar">
    <div data-role="controlgroup" data-type="horizontal">
        <a data-role="button" data-icon="delete">删除</a>
        <a data-role="button" data-icon="plus">添加</a>
```

```
        <a data-role="button" data-icon="arrow-u">向上</a>
        <a data-role="button" data-icon="arrow-d">向下</a>
    </div>
</footer>
```

footer 工具栏的一组按钮效果如图 7-21 所示。

图 7-21　增加分组功能的按钮组后的效果图

### 7.6.4　导航条工具栏

jQuery Mobile 提供一个非常重要的导航工具栏组件：navbar，它提供各种数量的按钮组排列。一般情况下，导航工具栏位于 header 或 footer 工具栏内。

导航工具栏一般是一个包裹在一个容器内的无序超链接列表，并且对容器设置 data-role 属性值为 navbar。

在导航工具栏中，通常都需要默认指定其中一个按钮或超链接为激活状态以表示当前视图的位置。我们可以通过设置 class 属性值为 ui-btn-active，使按钮处于激活状态。

导航工具栏的示例如代码 7-13 所示。

代码 7-13　导航条工具栏示例代码

```
<!DOCTYPE html>
<html>
<head>
    <meta charset="utf-8" />
    <meta name="viewport" content="width=device-width,initial-scale=1"/>
    <title>jQueryMobile toolbar example</title>
    <link rel="stylesheet" href="jquery.mobile-1.0b2.css" />
```

```
    <script type="text/javascript" src="jquery-1.6.2.js"></script>
    <script  type="text/javascript"  src="jquery.mobile-1.0b2.js">
</script>
  </head>
  <body>
    <div data-role="page" id="forwardPage">
       <header data-role="header">
          <h1>navbar 导航工具栏</h1>
       </header>
       <div>视图内容区域</div>
       <footer data-role="header">
          <nav data-role="navbar">
             <ul>
                <li><a href="#" class="ui-btn-active">照片</a></li>
                <li><a href="#">状态</a></li>
                <li><a href="#">信息</a></li>
             </ul>
          </nav>
       </footer>
    </div>
  </body>
  </html>
```

代码 7-13 中的 footer 区域定义了一个 nav 元素，说明这里是一个导航区域，并指定 data-role 属性为 navbar。

然后在 nav 元素内部定义三个无序超链接列表，并对第一个超链接设置 class 样式属性为 ui-btn-active，说明第一个超链接是激活状态。

代码 7-13 运行效果如图 7-22 所示。

从图 7-22 可以看到当使用导航工具栏时，工具栏定义了三个按钮列表，然而这三个按钮的样式并不像前面介绍按钮时根据内容自适应按钮宽度，而是根据按钮的数量自适应浏览器一行的宽度。也就是说，三个按钮的宽度是浏览器宽度是 1/3。

5 种情况的导航工具栏效果如图 7-23 所示。

当定义的导航工具栏的按钮数是偶数个数并且大于 5 个时，如 6 个按钮，则 jQuery Mobile 会对整个导航栏重新排列，分成 3 行，每行 2 个按钮，而每个按钮的实际宽度是浏览器宽度的一半；当按钮数是奇数个数并且大于 5 个时，如 7 个按钮，jQuery Mobile 会将按钮分成 4 行，每行 2 个按钮，最后一行则只有 1 个按钮，并且该按钮的实际宽度是浏览器宽度一半。

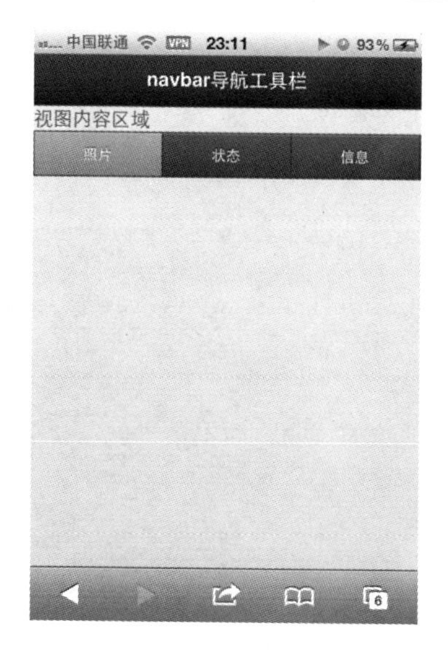


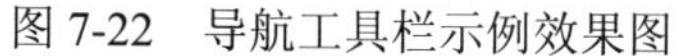
图 7-22 导航工具栏示例效果图

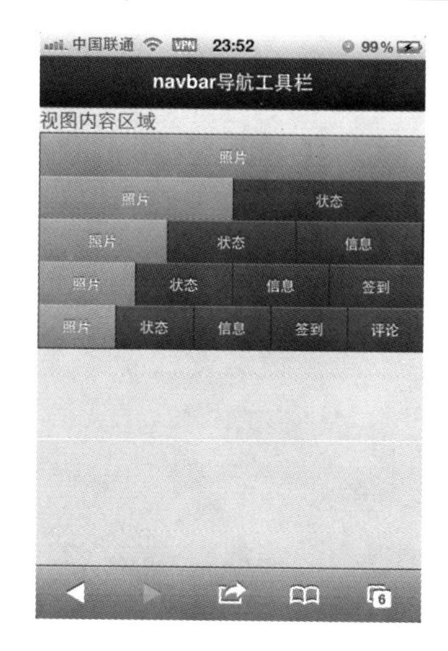


图 7-23 5 种情况导航工具栏效果图

例如，以下代码实现了 7 个按钮的导航工具栏。

```
<footer data-role="header">
    <nav data-role="navbar">
        <ul>
            <li><a href="#" class="ui-btn-active">照片</a></li>
            <li><a href="#">状态</a></li>
            <li><a href="#">信息</a></li>
            <li><a href="#">签到</a></li>
            <li><a href="#">评论</a></li>
            <li><a href="#">活动</a></li>
            <li><a href="#">链接</a></li>
        </ul>
    </nav>
</footer>
```

上述代码运行效果如图 7-24 所示。

由于导航工具栏的实现原理是定义各种超链接按钮作为导航按钮，因此这类按钮都具有图标、位置等属性可以使用，如图 7-25 所示。例如，定义 data-icon="home"和 data-iconpos="top"。

图 7-25 示例代码如下：

```
<footer data-role="header">
    <nav data-role="navbar">
        <ul>
            <li>
                <a href="#" class="ui-btn-active" data-icon="home"
```

```
data-ic onpos="top">主页</a>
                    </li>
                    <li>
                         <a href="#" data-icon="search" data-iconpos="top">
查找</a>
                    </li>
                    <li>
                         <a href="#" data-icon="info" data-iconpos="top">
信息</a>
                    </li>
               </ul>
          </nav>
     </footer>
```

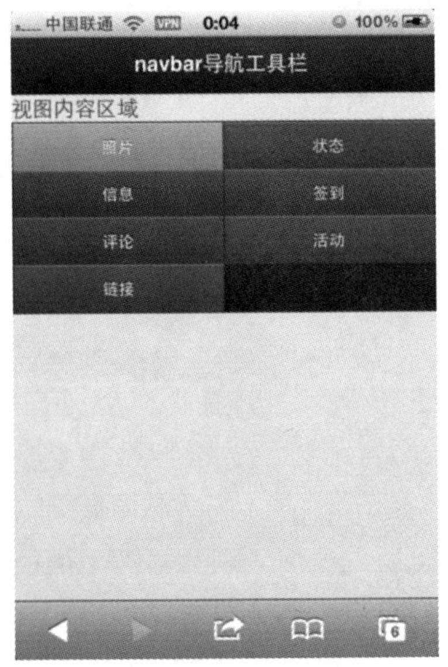


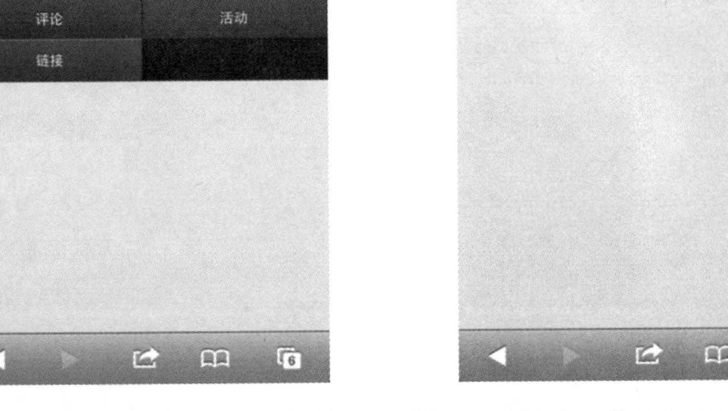


图 7-24　7 个按钮导航工具栏示例效果图　　　图 7-25　增加图标的导航工具栏示例效果图

### 7.6.5　定义 fixed 工具栏

jQuery Mobile 提供一种功能，当用户在屏幕中轻触屏幕或者滑动屏幕时，header 和 footer 工具栏都会消失或重新出现。当页面正在滚动时，工具栏就会隐藏；当滚动停止时，工具栏又会重新显示。

当用户在屏幕中轻触屏幕任意非按钮区域时，工具栏会自动隐藏；当再次轻触屏幕时，工具栏便重新显示。依此类推，轻触屏幕多次，工具栏就会不断连续隐藏和显示。

实现这种功能非常简单，我们只需要定义 header 或 footer 元素的 data-position 属性值为 fixed 就能实现这种效果。例如以下代码：

```
<header data-role="header" data-position="fixed">
    <h1>固定位置工具栏</h1>
</header>
```

### 7.6.6　全屏模式工具栏

通常情况下，用户在浏览照片、图像或视频的时候，都需要将上下两个工具栏隐藏，以便达到最佳的浏览效果。jQuery Mobile 根据该需求，提供了一种方法来解决全屏模式。

首先，在页面或视图内的 header 区域或 footer 区域设置 data-position 属性值为 fixed，然后再在页面或视图的 div 元素上设置 data-fullscreen 属性值为 true，表示页面或视图采用全屏模式。

示例代码如下：

```
<div data-role="page" data-fullscreen="true">
    <header data-role="header" data-position="fixed">
        <h1>全屏模式</h1>
    </header>
    <div><img src="sample.png" /></div>
    <footer data-role="footer" data-position="fixed"></footer>
</div>
```

## 7.7　内容区域格式布局

本节我们将探讨如何在 jQuery Mobile 框架中定义布局页面或视图的内容区域。

### 7.7.1　网格布局

jQuery Mobile 提供一种多列布局的功能，由于移动设备的屏幕大小的原因，一般情况下都不建议大量使用多列布局，而这种多列布局可以用在如按钮组、导航等组件。

jQuery Mobile 提供一种 CSS 样式规则来定义多列的布局。该规则是在 CSS 样式中必须定义前缀名称是 ui-block，并且每个列的样式通过定义前缀+"-a"等方式对网格的列进行布局，而 a 字母是根据网格的列数而定的。例如两列布局的 CSS 样式：ui-block-a 和 ui-block-b。

### 1. 两列网格布局

两列网格的布局既可以应用于文本内容，也可以应用于按钮。如两列网格文本内容布局示例代码如下：

```
<div class="ui-grid-a">
    <div class="ui-block-a">a block content</div>
    <div class="ui-block-b">b block content</div>
</div>
```

两列网格按钮布局示例代码如下：

```
<div class="ui-grid-a">
    <div class="ui-block-a">
        <input type="reset" data-theme="c" value="reset" />
    </div>
    <div class="ui-block-b">
        <input type="submit" data-theme="b" value="submit" />
    </div>
</div>
```

上述示例代码的效果如图 7-26 和图 7-27 所示。

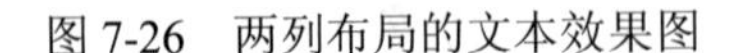

图 7-26 两列布局的文本效果图

图 7-27 两列布局的按钮效果图

两列布局，需要指定外层 div 的样式是 ui-gird-a。ui-gird-a 样式用于指定行列采用两列布局样式。

### 2. 多列网格布局

在上一个例子中，我们介绍了如何使用 ui-grid-a 样式定义两列的布局。实际上通过前缀 ui-grid+后缀格式可以定义出多列的布局，多列布局目前支持最多 5 列：

- "ui-grid-a"，两列。
- "ui-grid-b"，三列。
- "ui-grid-c"，四列。
- "ui-grid-d"，五列。

例如，三列网格布局的示例如代码 7-14 所示。

代码 7-14　三列网格布局代码

```
<!DOCTYPE html>
<html>
<head>
    <meta charset="utf-8" />
    <meta name="viewport" content="width=device-width,initial-scale=1"/>
    <title>jQueryMobile layout grids example</title>
    <link rel="stylesheet" href="jquery.mobile-1.0b2.css" />
    <script type="text/javascript" src="jquery-1.6.2.js"></script>
    <script type="text/javascript" src="jquery.mobile-1.0b2.js">
</script>
</head>
<body>
    <div class="ui-grid-b">
        <div class="ui-block-a">
            <input type="reset" data-theme="a" value="a"/>
        </div>
        <div class="ui-block-b">
            <input type="submit" data-theme="b" value="b"/>
        </div>
        <div class="ui-block-c">
            <input type="submit" data-theme="c" value="c"/>
        </div>
    </div>
</body>
</html>
```

代码 7-14 运行效果如图 7-28 所示。

图 7-28　三列布局效果图

四列网格布局示例如代码 7-15 所示，运行效果如图 7-29 所示。

**代码 7-15　四列网格布局示例代码**

```
    <!DOCTYPE html>
    <html>
    <head>
       <meta charset="utf-8" />
       <meta name="viewport" content="width=device-width,initial-scale=1"/>
       <title>jQueryMobile layout grids example</title>
       <link rel="stylesheet" href="jquery.mobile-1.0b2.css" />
       <script type="text/javascript" src="jquery-1.6.2.js"></script>
       <script  type="text/javascript"  src="jquery.mobile-1.0b2.js">
</script>
    </head>
    <body>
       <div class="ui-grid-c">
           <div class="ui-block-a"><input type="button" data-theme="a"
value="a"/></div>
           <div class="ui-block-b"><input type="button" data-theme="b"
value="b"/></div>
           <div class="ui-block-c"><input type="button" data-theme="c"
value="c"/></div>
           <div class="ui-block-d"><input type="button" data-theme="d"
value="d"/></div>
       </div>
    </body>
    </html>
```

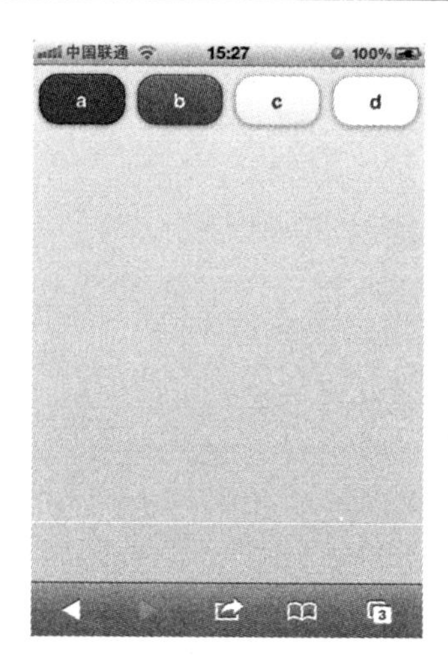


图 7-29　四列布局效果图

五列网格布局示例如代码 7-16 所示，运行效果如图 7-30 所示。

**代码 7-16　五列网格布局示例代码**

```
    <!DOCTYPE html>
    <html>
    <head>
        <meta charset="utf-8" />
        <meta name="viewport" content="width=device-width,initial-scale=1"/>
        <title>jQueryMobile layout grids example</title>
        <link rel="stylesheet" href="jquery.mobile-1.0b2.css" />
        <script type="text/javascript" src="jquery-1.6.2.js"></script>
        <script  type="text/javascript"  src="jquery.mobile-1.0b2.js">
</script>
    </head>
    <body>
        <div class="ui-grid-d">
            <div class="ui-block-a"><input type="button" data-theme="a"
value="a"/></div>
            <div class="ui-block-b"><input type="button" data-theme="b"
value="b"/></div>
            <div class="ui-block-c"><input type="button" data-theme="c"
value="c"/></div>
            <div class="ui-block-d"><input type="button" data-theme="d"
value="d"/></div>
            <div class="ui-block-e"><input type="button" data-theme="d"
value="e"/></div>
        </div>
    </body>
    </html>
```

图 7-30　五列网格布局示例效果图

### 3. 网格布局

前面提到，我们在定义布局时，网格最外层 div 元素会添加一个 ui-grid-a 样式，定义该样式的元素属于行级布局。该样式的用法和 ui-block-a 相似，它允许定义 ui-block-b、ui-block-c 等最多五行布局样式。

三行五列示例如代码 7-17 所示，运行效果如图 7-31 所示。

**代码 7-17　三行五列示例代码**

```
<!DOCTYPE html>
<html>
<head>
    <meta charset="utf-8" />
    <meta name="viewport" content="width=device-width,initial-scale=1"/>
    <title>jQueryMobile layout grids example</title>
    <link rel="stylesheet" href="jquery.mobile-1.0b2.css" />
    <script type="text/javascript" src="jquery-1.6.2.js"></script>
    <script  type="text/javascript"  src="jquery.mobile-1.0b2.js">
</script>
</head>
<body>
    <div class="ui-grid-d">
        <div class="ui-block-a"><input type="reset" data-theme="a"
value="a"/></div>
        <div class="ui-block-b"><input type="submit" data-theme="b"
value="b"/></div>
        <div class="ui-block-c"><input type="submit" data-theme="c"
value="c"/></div>
        <div class="ui-block-d"><input type="submit" data-theme="d"
```

```
value="d"/></div>
        <div class="ui-block-e"><input type="submit" data-theme="e"
value="e"/></div>
        <div class="ui-block-a"><input type="reset" data-theme="a"
value="f"/></div>
        <div class="ui-block-b"><input type="submit" data-theme="b"
value="g"/></div>
        <div class="ui-block-c"><input type="submit" data-theme="c"
value="h"/></div>
        <div class="ui-block-d"><input type="submit" data-theme="d"
value="i"/></div>
        <div class="ui-block-e"><input type="submit" data-theme="e"
value="j"/></div>
        <div class="ui-block-a"><input type="reset" data-theme="a"
value="k"/></div>
        <div class="ui-block-b"><input type="submit" data-theme="b"
value="l"/></div>
        <div class="ui-block-c"><input type="submit" data-theme="c"
value="m"/></div>
        <div class="ui-block-d"><input type="submit" data-theme="d"
value="n"/></div>
        <div class="ui-block-e"><input type="submit" data-theme="e"
value="o"/></div>
      </div>
    </body>
    </html>
```

图 7-31　三行五列网格布局示例效果图

### 7.7.2 仿 9 宫格排列的按钮组例子

接下来我们结合网格和按钮的两种功能，模仿一个 9 宫格按钮列表的示例，如代码 7-18 所示。

代码 7-18 9 宫格列表示例代码

```
    <!DOCTYPE html>
    <html>
    <head>
        <meta charset="utf-8" />
        <meta name="viewport" content="width=device-width,initial-scale=1"/>
        <title>jQueryMobile layout grids example</title>
        <link rel="stylesheet" href="jquery.mobile-1.0b2.css" />
        <script type="text/javascript" src="jquery-1.6.2.js"></script>
        <script  type="text/javascript"  src="jquery.mobile-1.0b2.js">
</script>
    </head>
    <body>
        <header data-role="header">
            <a href="#" data-role="button" data-icon="back">后退</a>
            <h1>9 宫格图</h1>
            <a href="#" data-role="button" data-icon="forward">前进</a>
        </header>
        <div class="ui-grid-b">
            <div class="ui-block-a"><a href="#" data-theme="a"
data-role="button" data-icon="home" data-iconpos="top">首页</a></div>
            <div class="ui-block-b"><a href="#" data-theme="b"
data-role="button" data-icon="grid" data-iconpos="top">列表</a></div>
            <div class="ui-block-c"><a href="#" data-theme="c"
data-role="button" data-icon="star" data-iconpos="top">加星</a></div>
            <div class="ui-block-a"><a href="#" data-theme="a"
data-role="button" data-icon="info" data-iconpos="top">信息</a></div>
            <div class="ui-block-b"><a href="#" data-theme="b"
data-role="button" data-icon="search" data-iconpos="top">搜索</a></div>
            <div class="ui-block-c"><a href="#" data-theme="c"
data-role="button" data-icon="gear" data-iconpos="top">设置</a></div>
            <div class="ui-block-a"><a href="#" data-theme="a"
data-role="button" data-icon="check" data-iconpos="top">已选</a></div>
            <div class="ui-block-b"><a href="#" data-theme="b"
data-role="button" data-icon="alert" data-iconpos="top">提示</a></div>
            <div class="ui-block-c"><a href="#" data-theme="c"
data-role="button" data-icon="plus" data-iconpos="top">添加</a></div>
```

```
    </div>
</body>
</html>
```

9 宫格是一个三行三列的网格，因此我们在第一层 div 代码中设定样式为“ui-grid-b”，表示指定使用三列格式。

既然是 9 宫格，那么内部就包含有 9 个网格元素。在 div 内部中，我们再次定义 9 个 div 元素，同时分别每 3 个 div 元素设置样式分别为“ui-block-a”、“ui-block-b”、“ui-block-c”。代码 7-18 的运行效果如图 7-32 所示。

图 7-32　仿 9 宫格示例效果图

### 7.7.3　折叠块功能

折叠块是 jQuery Mobile 非常有特色的组件之一。只要使用 jQuery Mobile 约定的编码规则以及利用 HTML5 的 dataset 特性，程序就能生成具有可折叠区域的折叠块组件。

在 data-role 属性中定义属性值为 collapsible，就可以创建一个可折叠的内容块区域。并且程序会把标题区域绑定点击和触摸事件，该事件会触发显示或隐藏内容区域等功能。同时，标题区域会根据当前内容区域的可见状态而现实“+”号或“–”号图标。

折叠块组件示例如代码 7-19 所示。

代码 7-19　可折叠功能示例代码

```
<!DOCTYPE html>
<html>
<head>
```

```
        <meta charset="utf-8" />
        <meta name="viewport" content="width=device-width,initial-scale=1"/>
        <title>jQueryMobile collapsible example</title>
        <link rel="stylesheet" href="jquery.mobile-1.0b2.css" />
        <script type="text/javascript" src="jquery-1.6.2.js"></script>
        <script type="text/javascript" src="jquery.mobile-1.0b2.js">
</script>
    </head>
    <body>
        <div data-role="collapsible">
            <h3>可折叠区标题</h3>
            <p>这是一个折叠区域的内容，默认情况下内容区域是开启状态，当点击标题区
域时内容区域会被隐藏。</p>
         </div>
    </body>
    </html>
```

从上述代码可以看到，div 元素的 data-role 属性设置为 collapsible，表示 div 元素内的所有代码都采用折叠块功能。由于折叠块组件有相应的编码约定，div 元素内需要定义 h3 标签表示折叠快的标题区域，该区域允许用户通过鼠标点击或手指触摸以显示或隐藏内容区域。该示例代码运行效果如图 7-33 所示。

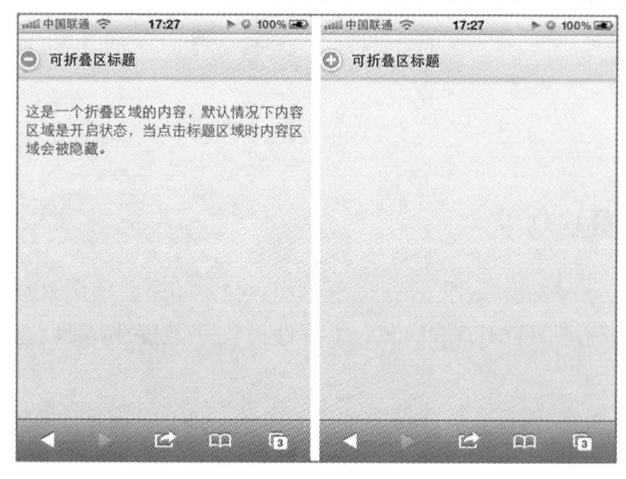


图 7-33　可折叠 collapsible 示例效果图

## 7.7.4　创建具有手风琴效果的例子

除了上一节 jQuery Mobile 提供可折叠的组件以外，在 1.0beta2 版本中，新增了另一种实现功能，即手风琴折叠效果的 accordions。由于是新组件，accordions

功能在 beta2 版本并不完善。

accordions 组件示例如代码 7-20 所示。

代码 7-20　accordions 示例代码

```
<!DOCTYPE html>
<html>
<head>
    <meta charset="utf-8" />
    <meta name="viewport" content="width=device-width,initial-scale=1"/>
    <title>jQueryMobile collapsible accordions example</title>
    <link rel="stylesheet" href="jquery.mobile-1.0b2.css" />
    <script type="text/javascript" src="jquery-1.6.2.js"></script>
    <script type="text/javascript" src="jquery.mobile-1.0b2.js">
</script>
</head>
<body>
    <div data-role="collapsible-set">
        <section data-role="collapsible">
            <h3>页面布局</h3>
            <p>HTML5 新元素中包括 header、footer、section、article 等语义
标签。</p>
        </section>
        <section data-role="collapsible">
            <h3>本地存储</h3>
            <p>本地存储包括有 LocalStorage 和 SessionStorage 两种。</p>
        </section>
        <section data-role="collapsible">
            <h3>地理定位</h3>
            <p>地理定位可通过 window.navigator.getlocation 获得当前的位置
信息</p>
        </section>
    </div>
</body>
</html>
```

accordions 组件内的折叠块采用的是 section 而不是 div。在这里建议使用 HTML5 的 section 新元素更适合，因为使用 section 元素更能表达 accordions 内每个折叠块的语义，即表示每一个折叠块区域。

代码 7-20 的运行效果如图 7-34 所示。

图 7-34 Accordions 示例三种效果图

## 7.8 Form 表单

jQuery Mobile 为原生 HTML 表单元素封装了新样式，并对触屏设备的操作进行了优化。默认情况下，框架会自动渲染标准页面的 form 元素样式风格，一旦成功渲染，这些元素控件就可以使用 jQuery 操作表单。

### 7.8.1 如何使用表单提交功能

在所有的 jQuery Mobile 应用程序中，表单功能和传统的网页表单功能在用法上基本相同。但是，当在 jQuery Mobile 框架中实现的表单提交时，一般会使用 Ajax 提交表单，并在表单页和结果页之间创建一个平滑的过渡效果。

任何需要提交到服务器的表单元素都需要包含在 form 元素内。为确保表单的正常提交，官方建议 form 元素一定要定义 action 和 method 属性。其中 method 属性允许使用 get 和 post 两种方式提交表单。

当然表单元素也未必完全需要在表单 form 标签之内，如果表单元素不被 form 包括，那么表单元素和服务器通信时各种数据的输入/输出都需要通过 JavaScript 程序实现。

需要注意的是表单及表单内的各个元素的 ID 命名问题。在介绍页面和视图章节时提到，jQuery Mobile 由于允许在同一个 HTML 页面中定义多个视图，因此在定义 ID 命名的时候建议在整个项目中唯一，以免发生 ID 命名冲突的错误。

### 7.8.2　HTML5 文本框类型

文本框类型是 jQuery Mobile 最常用的表单类型组件之一，除了支持最基本的文本类型外，还支持 HTML5 标准规范的新文本类型。

jQuery Mobile 表单各个元素类型一般需要配合 label 元素，并对 label 元素的 for 属性设置和 input 元素相同的 ID 值。至于 input 的类型，我们也可以使用 HTML5 的新类型，如 email、tel、number 等。

#### 1．普通文本框

一个最基本的文本框和普通网页的文本框的用法相同。例如：

```
<input type="text" name="name" id="name" value="" />
```

#### 2．密码类型文本框

```
<input type="password" name="password" id="password" value=""/>
```

#### 3．文本类型文本框

```
<textarea cols="40" rows="4" name="content" id="content"></textarea>
```

#### 4．Number 类型文本框

```
<input type="number" name="number" id="number" value=""/>
```

#### 5．tel 类型文本框

```
<input type="tel" name="tel" id="tel" value=""/>
```

#### 6．email 类型文本框

```
<input type="email" name="email" id="email" value=""/>
```

#### 7．URL 类型文本框

```
<input type="url" name="url" id="url" value=""/>
```

我们在前面章节中提到，HTML5 规范新增的表单元素在桌面浏览器上的显示效果和普通的文本框效果基本一致，唯一的区别是在移动设备上的键盘会根据不同的类型而不同。由于 jQuery Mobile 是基于 HTML5 和 CSS3 构建的 Web 应用框架，因此其所支持的 HTML5 新表单类型同样也是根据文本框类型显示相应键盘。

### 7.8.3　HTML5 搜索类型输入框

HTML5 标准新增的搜索类型文本框可以用在 jQuery Mobile 表单组件中。search 类型的文本框在 jQuery Mobile 下会增加了一个搜索的图标背景，同时将文

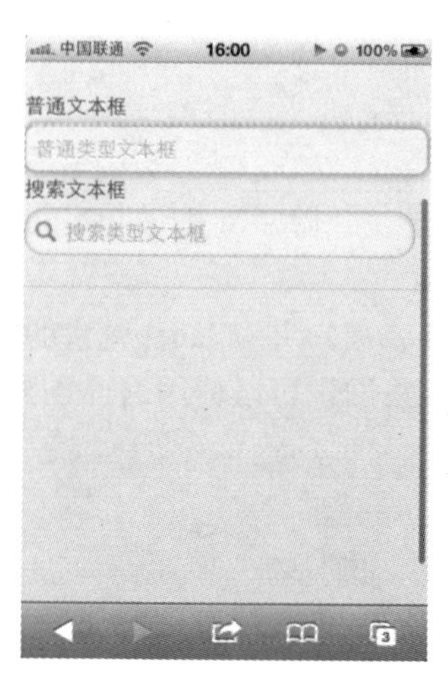


图 7-35　搜索文本框和普通文本框的区别

本框的四角修饰成圆角效果，以区别于普通类型的文本框。

使用 jQuery Mobile 的 search 类型文本框非常简单，如以下代码：

```
    <label for="search">搜索</label>
    <input   type="   search"   name="   search" id="search" value=" " />
```

图 7-35 分别列出普通文本框和搜索文本框两种类型的区别。

### 7.8.4　Slider 类型

jQuery Mobile 允许添加一个 range 类型的范围选择型控件。该类型可以通过定义 value、min、max 等属性来确定可选择的范围及初始默认值。

Slider 类型示例如下：

```
    <div data-role="fieldcontain">
        <label for="slider">slider</label>
        <input type="range" name="slider" id="slider" value="2" min="0" max="10" />
        </div>
```

图 7-36 是一个 Slider 类型的例子，从该例子可以看出，jQuery Mobile 针对 Slider 类型的 input 元素，优化了其显示效果风格。它不仅提供一个普通的文本输入框，还在文本框右侧动态生成一个可以拖拉的滑动条。当用户触摸滑动滑动条时，左侧文本框就会动态更新数值。

图 7-36　Slider 滑动选择类型

### 7.8.5　Toggle 类型

range 类型的 input 元素属于 jQuery Mobile 表单组件中一种范围选择器。现在，我们再介绍表单中的另一种范围选择器，它使用 select 元素并结合 range 类型，就能实现具有开关功能效果的 toggle switches 组件。如以下示例代码：

```
<div data-role="fieldcontain">
    <label for="slider">toggle switches:</label>
    <select name="slider" id="slider" data-role="slider">
        <option value="off">关闭</option>
        <option value="on">开启</option>
    </select>
</div>
```

其效果如图 7-37 所示。

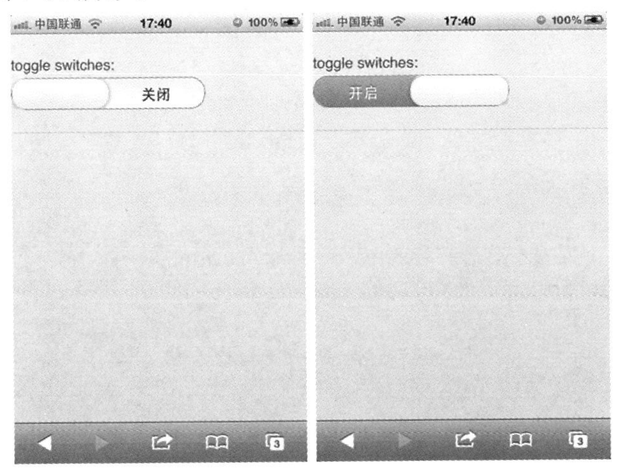


图 7-37　Toggle 示例效果图

## 7.8.6　单选按钮类型

在传统桌面端 Web 网页，默认的单选按钮在一般情况下就是一个小圆圈，用户可以通过鼠标点击小圆圈来选择选项。

事实上，桌面端的单选按钮功能并没有针对触摸设备做优化。所以，jQuery Mobile 把与按钮关联的 label 元素改变成可以点击或触摸的区域，并增加由 jQuery Mobile 提供的图标来模拟桌面端的小圆圈效果。

创建一组单选按钮，其步骤如下。

（1）首先为 input 元素定义 radio 的 type 类型和 label 元素，并把 label 元素的 for 属性设置为 input 元素的 id 属性。

（2）单选按钮组中的 label 元素用于显示选项的文本内容。同时官方推荐把一组单选按钮元素放在 fieldset 元素内，同时定义 legend 元素表示单选按钮组的名称。

（3）最后，设置 fieldset 元素 data-role 属性值为 controlgroup，表示该元素内是一组单选按钮。

代码 7-21 是一组选择年龄范围的单选按钮组。

代码 7-21 创建年龄单选按钮组示例代码

```
<!DOCTYPE html>
<html>
<head>
    <meta charset="utf-8" />
    <meta name="viewport" content="width=device-width,initial-scale=1"/>
    <title>jQueryMobile Form example</title>
    <link rel="stylesheet" href="jquery.mobile-1.0b2.css" />
    <script type="text/javascript" src="jquery-1.6.2.js"></script>
    <script type="text/javascript" src="jquery.mobile-1.0b2.js">
</script>
</head>
<body>
    <fieldset data-role="controlgroup">
    <legend>请选择你感兴趣的图书种类:</legend>
        <input type="radio" name="radio-1" id="radio-1" value="any"
checked="checked" />
        <label for="radio-1">不限</label>
        <input type="radio" name="radio-1" id="radio-2"
value="16-22" />
        <label for="radio-2">教育类</label>
        <input type="radio" name="radio-1" id="radio-3"
value="23-30" />
        <label for="radio-3">百科类</label>
        <input type="radio" name="radio-1" id="radio-4"
value="31-40" />
        <label for="radio-4">社科类</label>
          <input type="radio" name="radio-1" id="radio-5"
value="40" />
        <label for="radio-5">大众类</label>
    </fieldset>
</body>
</html>
```

代码 7-21 在 iPhone Safari 浏览器下的运行效果如图 7-38 所示。

jQuery Mobile 还提供水平排列的单选按钮组布局，我们只需在 fieldset 元素中设置 data-type 属性为 horizontal，就可以实现水平排列单选按钮组。

水平排列单选按钮组和垂直排列单选按钮组在界面上有些区别，水平排列单选按钮组缺少左侧图标，其风格更像是一种开关选择控件。

现在，我们以代码 7-21 为基础，实现水平排列单选按钮组的效果，代码如下：

```
<fieldset data-role="controlgroup" data-type="horizontal">
```

```
        <legend>你的微博选项: </legend>
        <input type="radio" name="radio-1" id="radio-1" value="any"
checked="checked" />
        <label for="radio-1">微博</label>
        <input type="radio" name="radio-1" id="radio-2" value="粉丝"  />
        <label for="radio-2">粉丝</label>
        <input type="radio" name="radio-1" id="radio-3" value="关注"  />
        <label for="radio-3">关注</label>
    </fieldset>
```

我们在 fieldset 上增加了 data-type 属性，并赋值为 horizontal，同时还将选项中的名称修改成目前最流行的微博相关词语。该代码运行后的效果如图 7-39 所示。

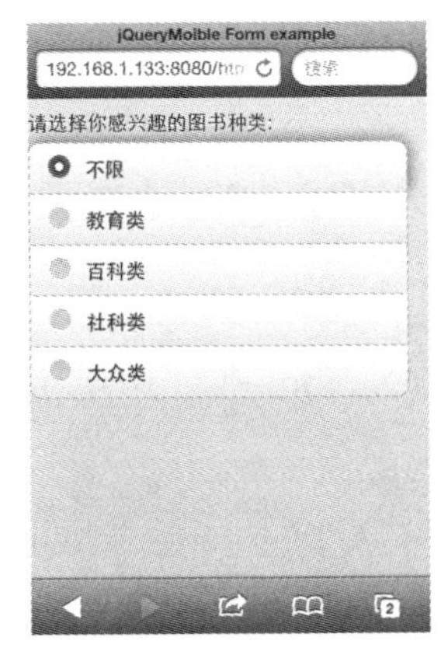


图 7-38　年龄单选按钮组示例代码效果图

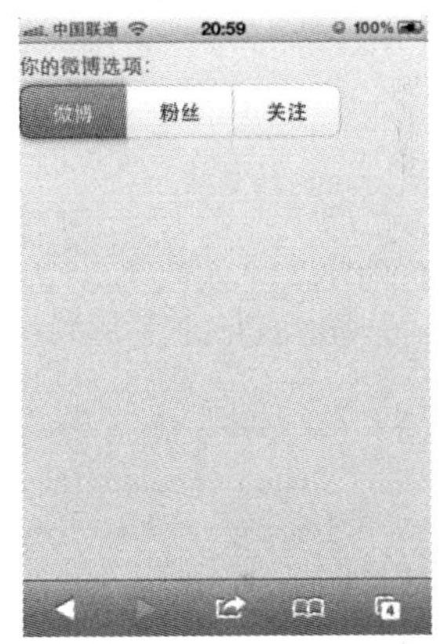


图 7-39　水平方向单选按钮的效果图

## 7.8.7　复选框类型

jQuery Mobile 的复选框和单选按钮在语法方面是相同的。唯一不同的是 input 元素的 type 属性是 checkbox 而不是 radio。从外观来看，jQuery Mobile 还会改变 label 元素的样式，并添加一个小钩图标以便其外观具有复选框的视觉效果。

复选框的创建步骤和单选按钮相同。创建一组复选框的示例代码如下：

```
    <fieldset data-role="controlgroup">
        <legend>点击全选:</legend>
        <input type="checkbox" name="checkbox-1" id="checkbox-1"
class="custom" />
        <label for="checkbox-1">全选</label>
    </fieldset>
```

上述示例定义了只有一个复选框的按钮。和单选按钮相同的是，复选框也能够定义垂直排列和水平排列两种方式。代码 7-22 是定义垂直排列的复选框，其运行效果如图 7-40 所示。

代码 7-22　垂直方向排列的复选框示例代码

```
    <!DOCTYPE html>
    <html>
    <head>
        <meta charset="utf-8" />
        <meta name="viewport" content="width=device-width,initial-scale=1"/>
        <title>jQueryMobile Form example</title>
        <link rel="stylesheet" href="jquery.mobile-1.0b2.css" />
        <script type="text/javascript" src="jquery-1.6.2.js"></script>
        <script  type="text/javascript"  src="jquery.mobile-1.0b2.js">
</script>
    </head>
    <body>
        <fieldset data-role="controlgroup">
         <legend>请选择你感兴趣的阅读专题:</legend>
            <input  type="checkbox"  name="checkbox-1"  id="checkbox-1"
value="音乐" checked="checked" />
            <label for="checkbox-1">音乐</label>
            <input  type="checkbox"  name="checkbox-1"  id="checkbox-2"
value="电影" checked="checked"  />
            <label for="checkbox-2">电影</label>
            <input  type="checkbox"  name="checkbox-1"  id="checkbox-3"
value="体育"  />
            <label for="checkbox-3">体育</label>
            <input  type="checkbox"  name="checkbox-1"  id="checkbox-4"
value="汽车"  />
            <label for="checkbox-4">汽车</label>
              <input type="checkbox" name="checkbox-1" id="checkbox-5"
value="旅游"  />
            <label for="checkbox-5">旅游</label>
              <input type="checkbox" name="checkbox-1" id="checkbox-6"
value="美食"  />
            <label for="checkbox-6">美食</label>
        </fieldset>
    </body>
    </html>
```

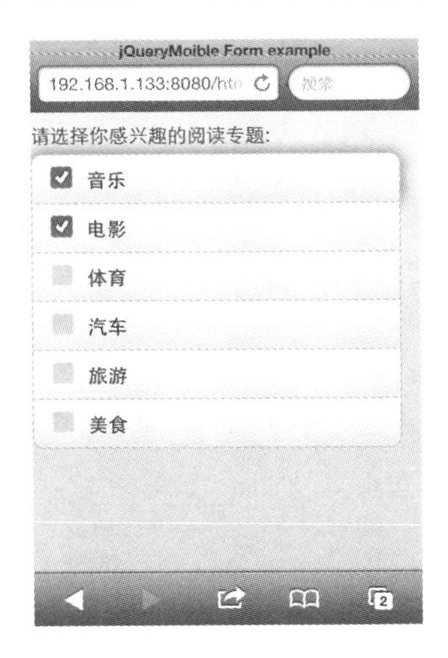


图 7-40　垂直方向的复选框示例效果图

代码 7-23 是显示一组水平排列的复选框，其运行效果如图 7-41 所示。

**代码 7-23　水平方向排列复选框示例代码**

```
    <!DOCTYPE html>
    <html>
    <head>
        <meta charset="utf-8" />
        <meta name="viewport" content="width=device-width,initial-scale=1"/>
        <title>jQueryMobile Form example</title>
        <link rel="stylesheet" href="jquery.mobile-1.0b2.css" />
        <script type="text/javascript" src="jquery-1.6.2.js"></script>
        <script type="text/javascript" src="jquery.mobile-1.0b2.js"><
/script>
    </head>
    <body>
        <fieldset data-role="controlgroup" data-type="horizontal">
         <legend>请选择你感兴趣的阅读专题:</legend>
            <input type="checkbox" name="checkbox-1" id="checkbox-1"
value="音乐" checked="checked" />
            <label for="checkbox-1">音乐</label>
              <input type="checkbox" name="checkbox-1" id="checkbox-5"
value="旅游" checked="checked"  />
            <label for="checkbox-5">旅游</label>
               <input type="checkbox" name="checkbox-1" id="checkbox-6"
value="美食"  />
            <label for="checkbox-6">美食</label>
        </fieldset>
    </body>
    </html>
```

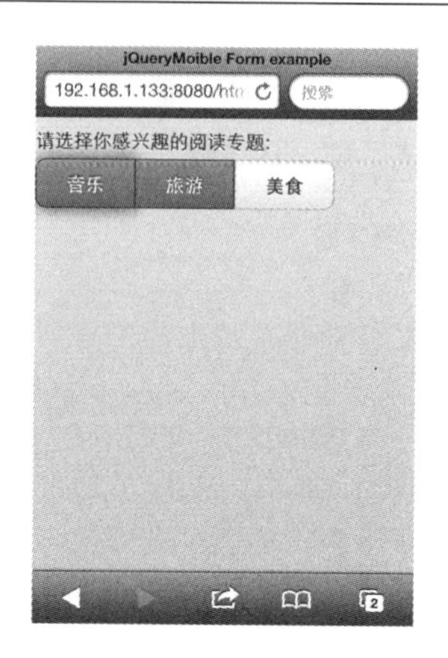


图 7-41 水平方向的复选框示例效果图

### 7.8.8 下拉选择菜单

在移动触屏设备上，Web 表单的下拉选择菜单组件非常特殊，它不像传统桌面应用那样直接使用鼠标去选择下拉列表中相应的数据。它是在触屏设备上采用弹出层的方式来选择数据。

jQuery Mobile 为了更好地显示下拉选择菜单，优化了 select 元素在触屏设备上的显示样式。

#### 1. 基本的选择菜单

现在，我们创建一个基本的选择菜单功能，如代码 7-24 所示。

**代码 7-24 基本的选择菜单功能示例代码**

```
    <!DOCTYPE html>
    <html>
    <head>
       <meta charset="utf-8" />
       <meta name="viewport" content="width=device-width,initial-scale=1"/>
       <title>jQueryMobile Form example</title>
       <link rel="stylesheet" href="jquery.mobile-1.0b2.css" />
       <script type="text/javascript" src="jquery-1.6.2.js"></script>
       <script  type="text/javascript"  src="jquery.mobile-1.0b2.js">
</script>
    </head>
    <body>
       <div data-role="controlgroup">
       <label  for="select"  class="select">请选择你感兴趣的阅读专题:
</label>
```

```
        <select name="select" id="select">
          <option value="音乐">音乐</option>
          <option value="电影">电影</option>
          <option value="体育">体育</option>
          <option value="旅游">旅游</option>
        </select>
    </div>
</body>
</html>
```

当代码 7-24 运行在 iPhone Safari 浏览器下可以看到，select 下拉选择元素被改造成一种类似按钮的样式。如果 option 没有指定默认选项，第一个 option 元素的内容会被填充到选择菜单文本区域中。效果如图 7-42 所示。

当用手指触摸该选择菜单时，iPhone Safari 浏览器下的效果如图 7-43 所示。从图 7-43 可以看到，当触摸该控件时，iOS 平台会直接调用其内置的选择器组件，并填满所有 option 项的值。

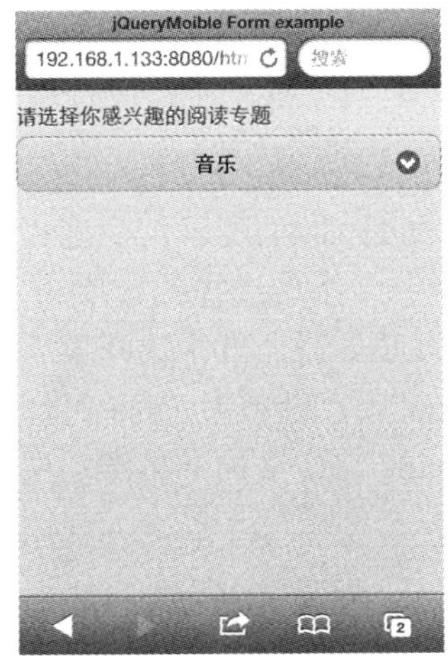

图 7-42　选择菜单默认效果图

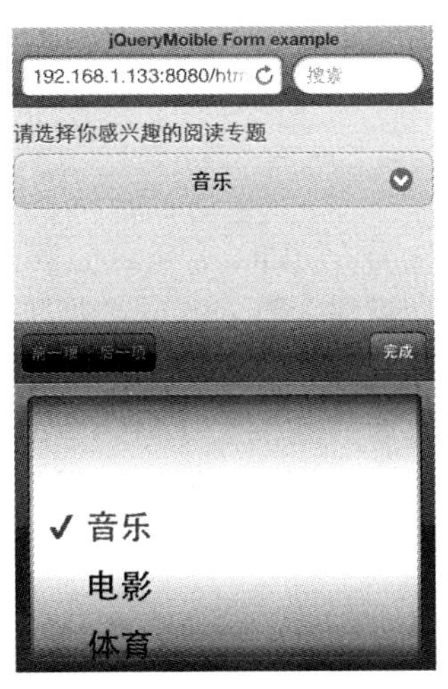


图 7-43　下拉选择菜单在选择数据项时的效果图

### 2. 数据项分组的选择菜单

jQuery Mobile 还提供一种方法用于对选择菜单的数据项进行分组。只要在 select 元素内指定 optgroup 元素并设置其 label 属性，jQuery Mobile 会自动创建一个分隔符的分组标题，label 属性就是该分隔符的标题文本。

具有数据项分组的选择菜单示例如代码 7-25 所示。

**代码 7-25　数据项分组的选择菜单示例代码**

```
<!DOCTYPE html>
<html>
<head>
```

```
        <meta charset="utf-8" />
        <meta name="viewport" content="width=device-width,initial-scale=1"/>
        <title>jQueryMobile Form example</title>
        <link rel="stylesheet" href="jquery.mobile-1.0b2.css" />
        <script type="text/javascript" src="jquery-1.6.2.js"></script>
        <script  type="text/javascript"  src="jquery.mobile-1.0b2.js">
</script>
    </head>
    <body>
        <div data-role="controlgroup">
         <label for="select">请选择你感兴趣的阅读专题：</label>
            <select name="select" id="select" data-native-menu="true">
                <optgroup label="娱乐类" />
                <option value="音乐">音乐</option>
                <option value="电影">电影</option>
                <optgroup label="文体类" />
                <option value="体育">体育</option>
                <option value="旅游">旅游</option>
            </select>
        </div>
    </body>
    </html>
```

代码运行在 iPhone Safari 浏览器下的效果如图 7-44 所示。当选择数据时，optgroup 元素便会将 option 数据进行分组并显示一个不可选择的选项。

在上述代码中，data-native-menu 属性设置为 true 时，表示选择菜单显示的数据项采用平台内置的选择器。当 data-native-menu 属性设置为 false 时，选择菜单就不采用平台内置选择器，而采用由 jQuery Mobile 自定义的弹出浮动层窗口。效果如图 7-45 所示。

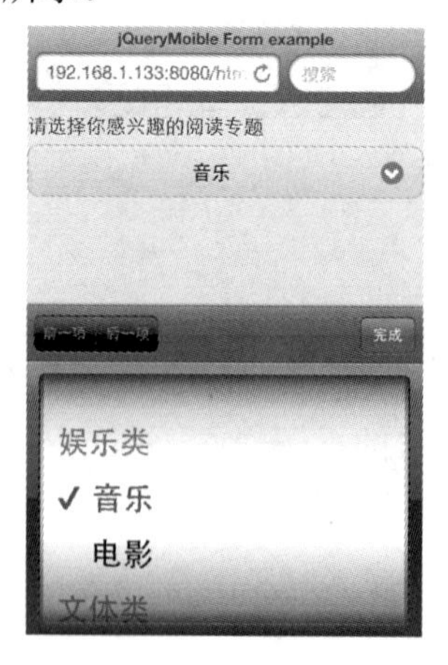

图 7-44　数据项分组的选择菜单效果图

图 7-45　自定义分组选择菜单效果图

### 3．禁用指定 Option 数据项的选择菜单

有时候，数据项只允许在选择菜单选项中显示，不能直接选择。jQuery Mobile 提供了一个属性用于给这些数据项具有禁止选择的功能。

我们只需要在 option 元素中设置 disabled 属性，就能令该 option 数据项在选择菜单中不可选。如以下代码：

```
<div data-role="controlgroup">
    <label for="select">请选择你感兴趣的阅读专题：</label>
        <select name="select" id="select" data-native-menu="true">
            <option value="音乐">音乐</option>
            <option value="电影" disabled>电影</option>
            <option value="体育">体育</option>
            <option value="旅游">旅游</option>
        </select>
</div>
```

目前 jQuery Mobile 1.0b3 版本的该功能在桌面 Chrome 浏览器和 Safari 浏览器下能实现出该效果。当 data-native-menu 属性设置为 true 时，disabled 属性在平台内置选择器中不会有效果。当 data-native-menu 属性设置为 false 时，在 jQuery Mobile 自定义的弹出选择层窗口中会根据 disabled 属性的设置情况决定是否可以选择，如果 option 元素被设置为 disabled，其数据项的背景颜色变成深灰色，并且不能选择。效果如图 7-46 所示。

### 4．允许多选的选择菜单

在桌面端的 Web 应用中，多选下拉选择功能是常用的表单功能之一。由于传统的 Web 多选下拉选择功能只是针对鼠标点击模式，而没有针对触摸设备做优化，因此，在移动 Web 应用中桌面的多选下拉选择菜单就不适用了。

但是，经过 jQuery Mobile 的优化后定义多选功能的选择菜单就变得非常简单，其方法和桌面的多选下拉选择相同，只需要在 select 元素中指定 multiple 属性，就可以实现多选功能。

虽然从代码上来看，和桌面的多选下拉没什么区别，但是，在移动 Web 浏览器下的运行效果是不一样的。如以下代码：

```
<div data-role="controlgroup">
    <label for="select">请选择你感兴趣的阅读专题：</label>
      <select  name="select"  id="select"  data-native-menu="true"
multiple>
          <option value="音乐">音乐</option>
          <option value="电影">电影</option>
          <option value="体育">体育</option>
          <option value="旅游">旅游</option>
      </select>
</div>
```

其效果如图 7-47 所示。采用内置选择器的多选菜单和普通的选择菜单操作方式类似，而多选菜单允许用户在 iPhone 的内置选择器中选择多个数据项。

图 7-46 禁用 option 选项的自定义选择菜单效果图

图 7-47 多选菜单在 iPhone Safari 下的效果图

每当用户选择一个数据项时，其菜单按钮就会实时显示已选中项的值，如果选择的数据项超过两个以上，按钮中的文本会用一个逗号分隔两个数据项的值。如果按钮中的文本无法完全显示，则多余的部分会变成省略号。

采用 jQuery Mobile 提供的自定义选择器时，弹出的选择层会在当前页面顶部多一行标题栏，同时标题栏左侧会默认显示一个关闭按钮，效果如图 7-48 所示。

图 7-48 多选菜单自定义选择层的效果图

### 5. 含有占位符的选择菜单

在桌面的下拉选择功能中，常常需要使用一种占位符 option 属性值。这种占位符常常用于在选择菜单中为用户提示选择，例如“请选择”的选项。

在使用 jQuery Mobile 自定义的选择器浮动层时，占位符的功能才会生效。而调用平台内置的选择器不会因为该占位符的出现，而改变选择项时的文本内容显示。

当 option 元素中存在以下几种情况时，jQuery Mobile 会添加一个占位符。

- 空值的 option 元素。
- 没有文本内容的 option 元素。
- 带有 data-placeholder 属性的 option 元素。

如果在 option 元素中存在一个占位符，jQuery Mobile 会尝试在弹出选择菜单层中隐藏该 option 元素，只显示可用的选项值，并将选择菜单层的页眉标题栏显示该占位符文本内容。当然，如果不想使用占位符功能，可以通过插件的 hidePlaceholderMenuItems 选项禁用该功能，用法如下：

```
    $.mobile.selectmenu.prototype.options.hidePlaceholderMenuItems=
false;
```

默认使用空值的占位符示例代码如下：

```
    <div data-role="controlgroup">
        <label for="select" class="select">请选择你感兴趣的阅读专题：
</label>
            <select name="select" id="select" data-native-menu="false">
            <option value=""></option>
            <option value="音乐">音乐</option>
            <option value="电影">电影</option>
            <option value="体育">体育</option>
            <option value="旅游">旅游</option>
            </select>
    </div>
```

上述示例的效果如图 7-49 所示。当在 option 元素中使用空值作为占位符时，其效果是菜单按钮文本为一个空值，如图 7-49 所示。当单击该按钮时，该占位符的 option 元素会因为 jQuery Mobile 自动隐藏掉而无法选择，其效果如图 7-50 所示。

当 option 元素中的文本内容不为空时，例如输入“请选择你的兴趣”等字后，菜单按钮的文本就默认填充该字符串，但实际上该选择菜单按钮的值依然为空值，其效果如图 7-51 所示。

单击菜单按钮后，其占位符内的文本内容将作为该浮动层的标题栏标题，其效果如图 7-52 所示。

图 7-49　含有空值的占位符选择菜单效果图

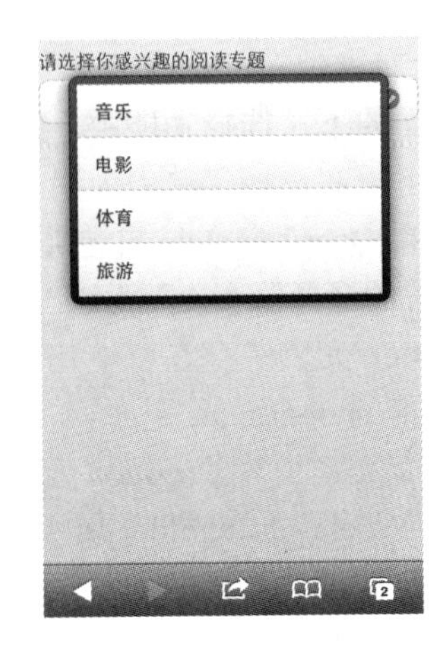


图 7-50　选择菜单层没有占位符的效果图

图 7-51　含有文本的占位符菜单按钮效果图

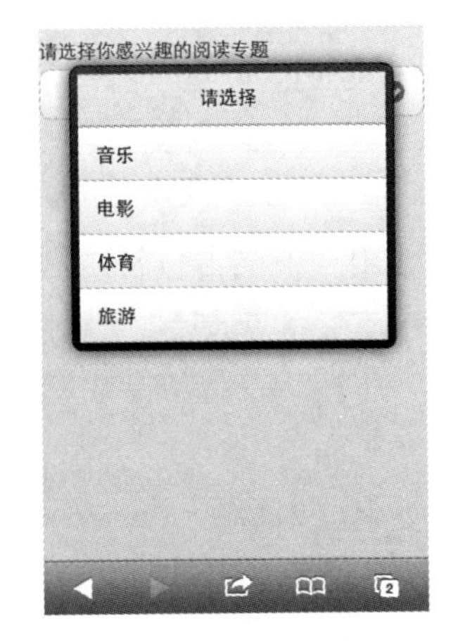


图 7-52　占位符作为选择层的标题效果图

当使用 data-placeholder 属性时，无论 option 元素的 value 值或文本内容是否为空，都被 jQuery Mobile 当作一个占位符。如以下代码：

```
    <div data-role="controlgroup">
        <label for="select" class="select">请选择你感兴趣的阅读专题：
</label>
            <select name="select" id="select" data-native-menu="false">
            <option value="" data-placeholder="true">请选择</option>
            <option value="音乐">音乐</option>
            <option value="电影">电影</option>
            <option value="体育">体育</option>
            <option value="旅游">旅游</option>
            </select>
    </div>
```

其运行效果如图 7-51 和图 7-52 所示。

### 6. 更多的 data 属性设置

jQuery Mobile 除了提供最基本的选择项属性以外，还支持以 data-开头的各种属性，例如 data-icon 属性。

现在为一个选择菜单添加一个图标和内联属性，代码如下：

```
<div data-role="controlgroup">
    <label for="select" class="select" data-theme="b">操作</label>
        <select name="select" id="select"
        data-native-menu="false" data-icon="gear" data-inline="true">
            <option value="1">编辑用户</option>
            <option value="2">删除用户</option>
        </select>
</div>
```

其运行效果如图 7-53 所示。

图 7-53 增加更多 data 属性的选择菜单效果图

## 7.9 List 列表

在移动设备平台下，由于移动设备的屏幕小，以及采用触屏的浏览模式，传统的列表模式在移动设备下无法发挥出在桌面端浏览器下优势，其主要原因如下。

- 传统的列表模式由于移动设备屏幕的大小影响了在移动设备上的体验，特别是分页的功能，它无法发挥出触屏设备的优势，例如触划到列表底部时触发分页事件和触划列表顶部刷新列表。
- 在过去的 CSS 版本当中，CSS 主要是围绕着桌面端 Web 浏览器而设计的，它并没有针对移动触屏设备特性做任何的优化处理。由于移动设备的 Web 浏览器对 CSS3 的良好支持，使得 CSS3 在移动 Web 浏览器中发挥出它的作用。CSS3 的出现，让移动 Web 应用程序的用户界面实现变得更加简单、高效。

虽然 HTML5 和 CSS3 提供了强大的界面实现方案，但它们并没有提供各种统一界面的组件库。jQuery Mobile 作为 jQuery 框架的一个移动 Web 插件，它根据移动设备屏幕大小，优化了适合移动设备的组件库。列表组件就是 jQuery Mobile 根据移动设备的特性而实现的组件库之一。

列表组件作为移动 Web 页面中最重要的、使用频率最高的组件，其主要功能是实现展示数据、导航、结果列表及数据条目等。列表组件为开发者提供了不同的列表类型以满足项目的需求。

### 7.9.1 基本列表类型

jQuery Mobile 提供非常多的列表类型，这些列表类型既可以单独使用，又可以混合多种类型使用。

### 7.9.2 普通链接列表

实现 jQuery Mobile 的数据列表组件非常简单，只需要在列表视图的元素中添加 data-role 属性值为 listview 就可以实现简单的无序列表。

通过定义 data-role 属性为 listview 实现的列表组件，jQuery Mobile 会自动将所有必需的样式追加到列表上，以便在移动设备上显示出列表效果。

现在通过一个示例介绍如何使用jQuery Mobile 的列表组件，如代码 7-26 所示。

代码 7-26 jQuery Mobile 基本列表组件示例代码

```
    <!DOCTYPE html>
    <html>
    <head>
        <meta charset="utf-8" />
        <meta name="viewport" content="width=device-width,initial-scale=1"/>
        <title>jQueryMobile List example</title>
        <link rel="stylesheet" href="jquery.mobile-1.0b3.css" />
        <script type="text/javascript" src="jquery-1.6.2.js"></script>
        <script  type="text/javascript"  src="jquery.mobile-1.0b3.js">
</script>
    </head>
    <body>
        <div data-role="page">
```

```
        <header data-role="header">
            <h1>图书列表</h1>
        </header>
        <div data-role="content">
            <ul data-role="listview" data-theme="g">
                <li><a href="#">乔布斯传</a></li>
                <li><a href="#">沉思录</a></li>
                <li><a href="#">福布斯说资本主义真相</a></li>
                <li><a href="#">易经</a></li>
                <li><a href="#">Winter</a></li>
            </ul>
        </div>
    </div>
</body>
</html>
```

在代码 7-26 中，我们定义了一个视图，在视图内分别定义了 header 区域和 content 区域，在 content 区域中定义了一个列表组件，代码如下：

```
<ul data-role="listview" data-theme="g">
    <li><a href="#">乔布斯传</a></li>
    <li><a href="#">沉思录</a></li>
    <li><a href="#">福布斯说资本主义真相</a></li>
    <li><a href="#">易经</a></li>
    <li><a href="#">Winter</a></li>
</ul>
```

列表组件使用 ul 元素作为组件的最外层，并定义 data-role 为 listview 说明这是一个列表组件。同时通过定义 data-theme 属性，指定列表组件的主题风格样式。

代码 7-26 运行在 iPhone Safari 下的效果如图 7-54 所示。

图 7-54　普通链接列表示例效果图

### 7.9.3　多层次嵌套列表

上一节我们介绍了如何定义一个基本的列表组件。实际上，我们还可以通过 ul 或 ol 元素内的 li 元素嵌套更多的 ul 列表，实现多层嵌套列表（Nested Lists）。

点击嵌套列表中的第一层列表后，该列表项内的列表会作为一个新视图以动画方式切换出来。

多层次嵌套列表示例如代码 7-27 所示。

代码 7-27　多层嵌套列表示例代码

```
<!DOCTYPE html>
<html>
<head>
    <meta charset="utf-8" />
    <meta name="viewport" content="width=device-width,initial-scale=1"/>
    <title>jQueryMobile List example</title>
    <link rel="stylesheet" href="jquery.mobile-1.0b3.css" />
    <script type="text/javascript" src="jquery-1.6.2.js"></script>
    <script  type="text/javascript"  src="jquery.mobile-1.0b3.js">
</script>
</head>
<body>
    <div data-role="page">
        <header data-role="header">
            <h1>图书列表</h1>
        </header>
        <div data-role="content">
            <ul data-role="listview" data-theme="g">
                <li>
                    <a href="#" data-add-back-btn="true">人物传记</a>
                    <p>这是有关人物传记的图书</p>
                    <ul>
                        <li><a href="#">政治类</a></li>
                        <li><a href="#">文艺类</a></li>
                        <li><a href="#">科技类</a></li>
                    </ul>
                </li>
                <li>
                    <a href="#">哲学</a>
                    <p>这是有关哲学的图书</p>
                    <ul>
                        <li><a href="#">理论学科</a></li>
```

```
                    <li><a href="#">实践学科</a></li>
                    <li><a href="#">创造性学科</a></li>
                </ul>
            </li>
            <li>
                <a href="#">经济</a>
                <p>这是有关经济的图书</p>
                <ul>
                    <li><a href="#">微观经济学</a></li>
                    <li><a href="#">宏观经济学</a></li>
                    <li><a href="#">政治经济学</a></li>
                </ul>
            </li>
            <li>
                <a href="#">历史</a>
                <p>这是有关历史的图书</p>
                <ul>
                    <li><a href="#">正史</a></li>
                    <li><a href="#">通鉴</a></li>
                    <li><a href="#">政书</a></li>
                </ul>
            </li>
            <li>
                <a href="#">文学</a>
                <p>这是文学类图书</p>
                <ul>
                    <li><a href="#">诗歌</a></li>
                    <li><a href="#">散文</a></li>
                    <li><a href="#">小说</a></li>
                </ul>
            </li>
        </ul>
    </div>
</div>
</body>
</html>
```

在代码 7-27 中，第一层 ul 列表的 li 元素内定义了一个超链接、一个文本内容以及一组子列表，该列表就是第二层列表视图。其代码运行后在 iPhone Safari 下的效果如图 7-55 所示。

从图 7-55 中可以看到，多层嵌套列表默认显示的是第一层 ul 元素内的非 ul 元素内容，比如只显示超链接元素和 p 元素文本内容。而第一层 ul 元素内的 ul 元素内容，被 jQuery Mobile 视为下一层级别的列表视图。

当单击第一层数据列表项时，jQuery Mobile 会通过动画从左到右的动画效果切换到其第二层 ul 元素列表。而第二层列表视图会包括一个 header 区域和 content 区域，同时 header 区域的标题会被 jQuery Mobile 指定为第一层列表项中第一个超链接文本内容。content 区域则为第一层列表项内定义的 ul 元素内容。如图 7-56 所示的视图是第一个列表项点击后切换到的第二层视图。

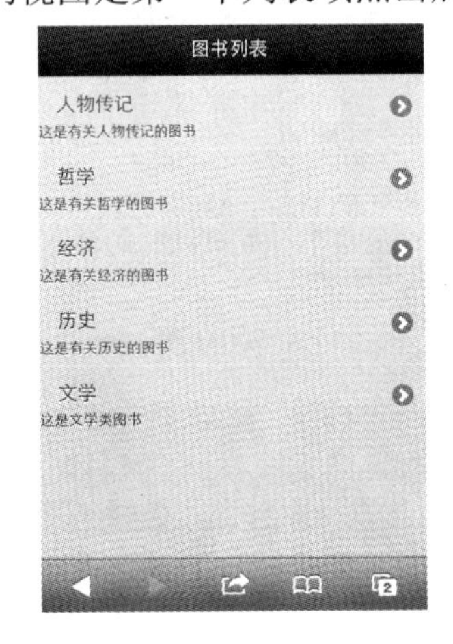


图 7-55 多层嵌套默认显示效果图

图 7-56 多层嵌套第二层显示效果图

### 7.9.4 有序编号列表

有序列表类型非常实用，我们可以通过它创建诸如音乐排行榜列表、电影排行榜列表等列表功能。

在默认情况下，jQuery Mobile 会采用 CSS 的方式对列表实现编号的追加，当浏览器不支持以这种追加方式追加数据时，jQuery Mobile 会采用 JavaScript 脚本方式将编号写入列表中。

有序编码列表示例代码如下：

```
<div data-role="content">
    <ol data-role="listview" data-theme="g">
        <li><a href="#">乔布斯传</a></li>
        <li><a href="#">沉思录</a></li>
        <li><a href="#">福布斯说资本主义真相</a></li>
        <li><a href="#">易经</a></li>
        <li><a href="#">Winter</a></li>
    </ol>
</div>
```

从代码可以看到，有序编号列表的实现方式和前面介绍的普通列表类型非常类似，唯一不同的是这里采用 ol 元素作为列表组件外层元素，jQuery Mobile

当发现此元素时，会认为这里的列表组件采用有序编号列表，并会动态生成编号。其效果如图 7-57 所示。

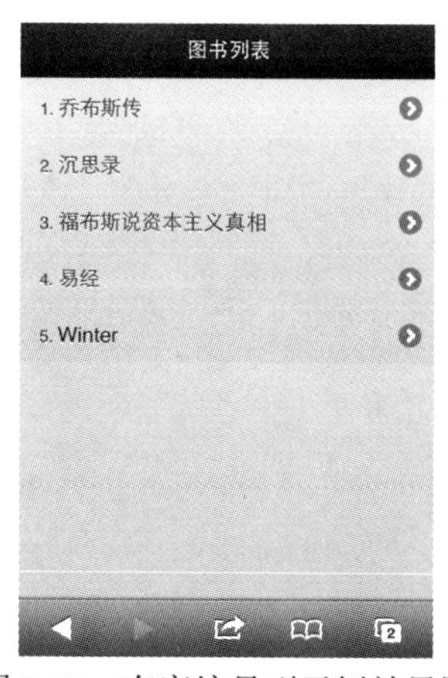


图 7-57　有序编号列示例效果图

### 7.9.5　只读列表

只读列表（Read-only lists）允许在有序列表或无序列表下使用，一般情况需要结合内嵌方式使用。需要注意的是，该列表类型默认采用 c 类型主题样式风格，并且会调整每个列表项中的字体大小。

只读列表的使用方法非常简单，只需要在 li 元素内部包含超链接 a 元素内容即可，示例如下：

```
<div data-role="content">
    <ul data-role="listview" data-inset="true">
        <li>乔布斯传</li>
        <li>沉思录</li>
        <li>福布斯说资本主义真相</li>
        <li>易经</li>
        <li>Winter</li>
    </ul>
</div>
```

上述代码在 iPhone Safari 下的效果如图 7-58 所示。

图 7-58　只读模式示例效果图

### 7.9.6　可分割按钮列表

如果在一个列表项中存在多于一种操作的情况，可分割按钮列表（Split Button List）允许提供两个独立的可点击项：列表项和右侧箭头图标。

要实现这种可分割按钮的列表，用户只需要在 li 元素内插入第二个链接，jQuery Mobile 就会自动把第二个链接变成只有图标的按钮。

列表项中的右侧默认采用箭头图标，我们可以使用 data-split-icon 属性设置自定义图标。data-split-theme 属性是设置图标的主题风格样式。

示例如下：

```
<div data-role="content">
    <ul data-role="listview" data-theme="g"
        data-split-icon="gear" data-split- theme="d">
        <li>
            <a href="#">乔布斯传</a>
            <a href="#"></a>
        </li>
        <li>
            <a href="#">沉思录</a>
            <a href="#"></a>
        </li>
        <li>
            <a href="#">福布斯说资本主义真相</a>
            <a href="#"></a>
        </li>
        <li>
            <a href="#">易经</a>
            <a href="#"></a>
        </li>
        <li>
            <a href="#">Winter</a>
            <a href="#"></a>
        </li>
    </ul>
</div>
```

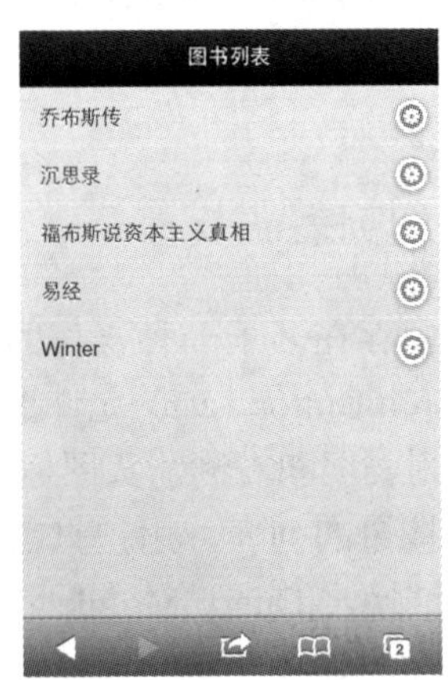


图 7-59　可分割按钮列表示例效果图

上述代码运行在 iPhone Safari 下的效果如图 7-59 所示。

### 7.9.7　列表的分隔符

列表分隔符（List Divider）一般用于对列表进行分组的列表功能。

具有分组效果的列表可以在 li 元素上设置 data-role 属性值为 list-divider 来实现。默认情况下，jQuery Mobile 对用来分割的项使用 b 主题样式风格。同时，data-groupingtheme 属性还可以指定其他主题样式风格。

示例如下：

```
<ul data-role="listview" data-theme="g">
```

```
    <li data-role="list-divider">H</li>
    <li>
       <a href="index.html">Henry Wadsworth Longfellow</a>
    </li>
    <li data-role="list-divider">J</li>
    <li>
       <a href="index.html">James Fenimore Cooper</a>
    </li>
    <li>
       <a href="index.html">John Greenleaf Whittier</a>
     </li>
    <li data-role="list-divider">N</li>
    <li>
       <a href="index.html">Nathaniel Hawthorme</a>
     </li>
    <li data-role="list-divider">R</li>
    <li>
       <a href="index.html">Ralph Waldo Emerson</a>
     </li>
    <li data-role="list-divider">W</li>
    <li>
       <a href="index.html">Washington Irving</a>
     </li>
</ul>
```

上述代码在 iPhone Safari 下的运行效果如图 7-60 所示。

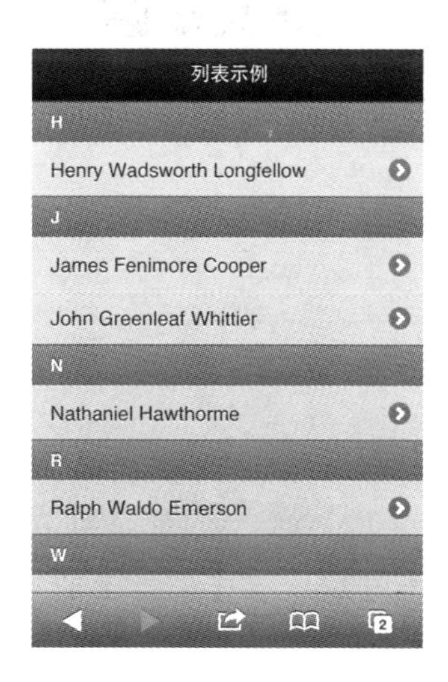


图 7-60 分组列表示例效果图

### 7.9.8 列表搜索过滤器

jQuery Mobile 提供一种方案用于过滤含有大量列表项的列表。

当在列表中设置 data-filter 属性值为 true 时，程序会根据列表中设置的该属性值，判断是否启用实时过滤功能。如果 data-filter 为 true，列表上方会动态地增加一个搜索文本框，只要用户在搜索框中输入内容就可以对列表进行实时搜索过滤。但是，这种搜索过滤模式，只是搜索当前的列表数据项。如果需要搜索后端数据并显示在页面上，需要自行编写实现逻辑。

示例代码如下：

```
<ul data-role="listview" data-filter="true" data-theme="g">
    <li><a href="index.html">Acura</a></li>
    <li><a href="index.html">Audi</a></li>
    <li><a href="index.html">BMW</a></li>
    <li><a href="index.html">Cadillac</a></li>
    <li><a href="index.html">Chrysler</a></li>
    <li><a href="index.html">Dodge</a></li>
    <li><a href="index.html">Ferrari</a></li>
    <li><a href="index.html">Ford</a></li>
    <li><a href="index.html">GMC</a></li>
    <li><a href="index.html">Honda</a></li>
    <li><a href="index.html">Hyundai</a></li>
    <li><a href="index.html">Infiniti</a></li>
    <li><a href="index.html">Jeep</a></li>
    <li><a href="index.html">Kia</a></li>
    <li><a href="index.html">Lexus</a></li>
</ul>
```

代码在 iPhone Safari 下的运行效果如图 7-61 所示。

当在搜索输入框中输入字符“g”时，程序就会实时地过滤列表数据，过滤效果如图 7-62 所示。

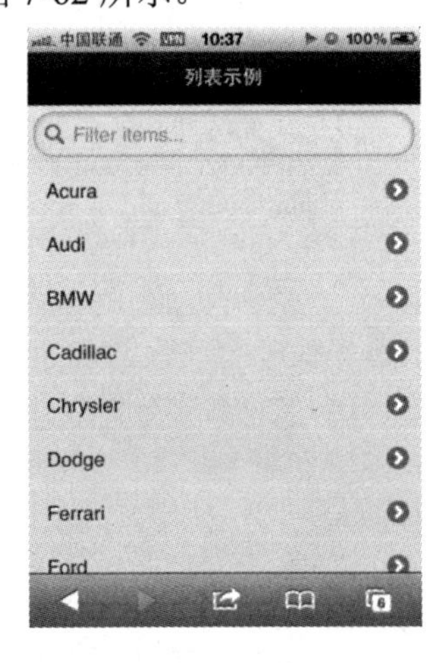


图 7-61　带搜索过滤器的列表效果图

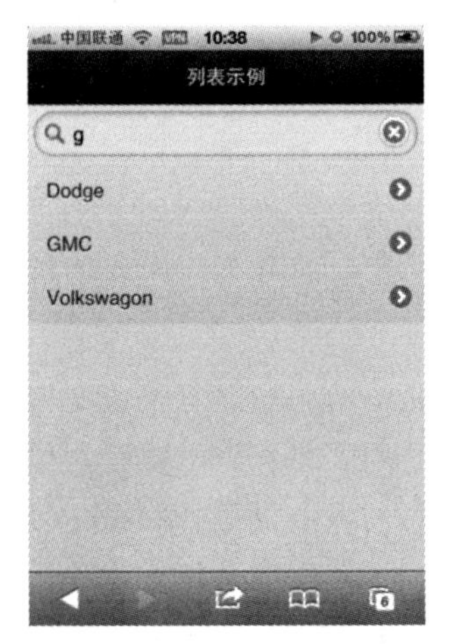


图 7-62　实时搜索的列表效果图

## 7.9.9　含有气泡式计数的列表

jQuery Mobile 实现了一种列表效果，就是在列表每一个数据项的右侧，会显示一个含数字的气泡。这种列表一般用于对该列表数据项的数据统计。其实现方法是：只要在每个 li 元素内定义一个 span 元素并指定 class 属性值为 ui-li-count，就可以在列表项的右侧增加一个含数字的气泡。

示例代码如下：

```
<ul data-role="listview" data-theme="g">
    <li>
        <a href="#">乔布斯传</a>
        <span class="ui-li-count">33</span>
    </li>
    <li>
        <a href="#">深思录</a>
        <span class="ui-li-count">1</span>
    </li>
    <li>
        <a href="#">福布斯说资本主义真相</a>
        <span class="ui-li-count">101</span>
    </li>
    <li>
        <a href="#">易经</a>
        <span class="ui-li-count">6</span>
    </li>
    <li>
        <a href="#">Winter</a>
        <span class="ui-li-count">21</span>
    </li>
</ul>
```

代码在 iPhone Safari 下的运行效果如图 7-63 所示。

图 7-63　计数气泡的列表示例效果图

## 7.9.10　显示列表项右侧文本格式的列表

在列表组件当中，除了能够实现含数字气泡的列表类型以外，也可以实现在每个列表项右侧显示一段文本格式的内容。

其实现方法是：在 li 元素中对 p 元素设置 class 属性值为 ui-li-aside，就可以在列表项右侧添加一段文本。

示例代码如下：

```
<ul data-role="listview" data-theme="g">
```

```
    <li>
        <a href="#">安装状态</a>
        <p class="ui-li-aside">已安装</p>
    </li>
    <li>
        <a href="#">安装状态</a>
        <p class="ui-li-aside">已卸载</p>
    </li>
    <li>
        <a href="#">姓名</a>
        <p class="ui-li-aside">sankyu</p>
    </li>
    <li>
        <a href="#">性别</a>
        <p class="ui-li-aside">男</p>
    </li>
    <li>
        <a href="#">生日</a>
        <p class="ui-li-aside">1990-1-1</p>
    </li>
</ul>
```

代码在 iPhone Safari 下的运行效果如图 7-64 所示。

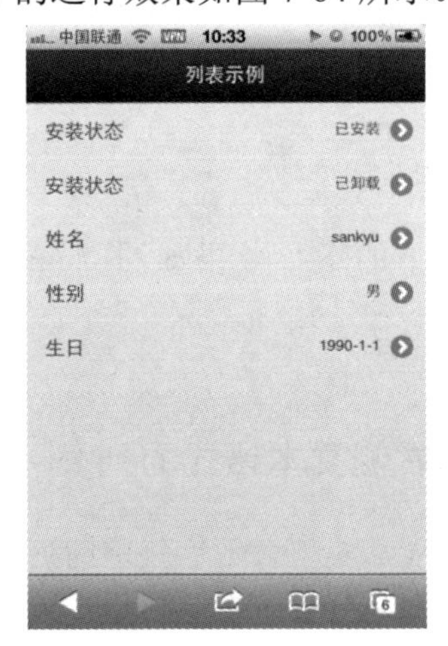


图 7-64　右侧文本的列表示例效果图

## 7.9.11　列表项含有图标的列表

含左侧小图标的列表类型实际上是在列表项的左侧显示一个 16×16 像素大小的图标。

这种类型的列表使用方法非常简单，只要在 li 元素内的第一个 img 元素中定义 class 属性值为 ul-li-icon，就可以实现含图标类型的列表。示例代码如下：

```
<ul data-role="listview">
    <li>
        <img src="gf.png" alt="France" class="ui-li-icon">
        <a href="index.html">France</a>
        <span class="ui-li-count">4</span>
    </li>
    <li>
        <img src="de.png" alt="Germany" class="ui-li-icon">
        <a href="index.html">Germany</a>
        <span class="ui-li-count">4</span>
    </li>
    <li>
        <img src="gb.png" alt="Great Britain" class="ui-li-icon">
        <a href="index.html">Great Britain</a>
        <span class="ui-li-count">0</span>
    </li>
    <li>
        <img src="fi.png" alt="Japan" class="ui-li-icon">
        <a href="index.html">Japan</a>
        <span class="ui-li-count">12</span>
    </li>
    <li>
        <img src="sj.png" alt="Sweden" class="ui-li-icon">
        <a href="index.html">Sweden</a>
        <span class="ui-li-count">328</span>
    </li>
    <li>
        <img src="us.png" alt="United States" class="ui-li-icon">
        <a href="index.html">United States</a>
        <span class="ui-li-count">62</span>
    </li>
</ul>
```

在上述代码中，一共定义了 5 个数据列表项，每个列表项都包含有一个 img 元素图片、一个超链接、一个计数提示。而 img 元素设置了 class 属性值为 ul-li-icon，说明这个图片显示的是一个 16×16 像素大小的图标。

该示例代码在 iPhone Safari 下的效果如图 7-65 所示。

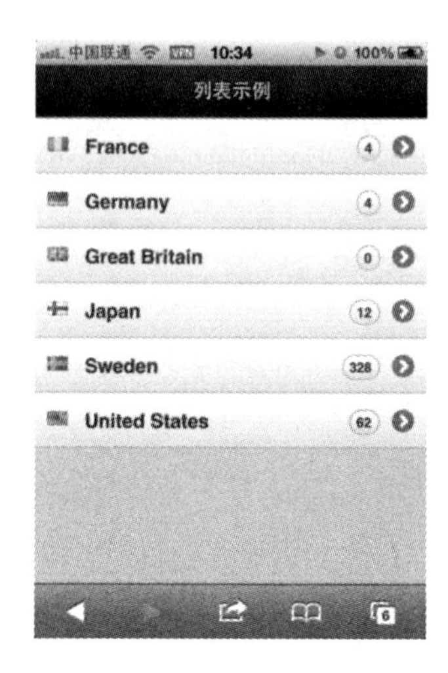


图 7-65 列表项含图标的列表效果图

### 7.9.12 数据项含有图片的列表

数据项含图片的列表和含小图标的列表两者的实现效果非常类似，唯一的区别是列表项内的图片不需要设置 class 属性。

含图片的列表类型必须对 li 元素内的第一个元素定义 img 类型图片，程序会自动识别该图片类型并将图片的大小调整为 80×80 像素大小。

示例代码如下：

```
<ul data-role="listview" data-theme="g">
    <li>
        <img src="book1.jpg" />
        <h3><a href="index.html">乔布斯传</a></h3>
        <p>传记</p>
    </li>
    <li>
        <img src="book2.jpg" />
        <h3><a href="index.html">沉思录</a></h3>
        <p>哲学</p>
    </li>
    <li>
        <img src="book3.jpg" />
        <h3><a href="index.html">福布斯说资本主义真相</a></h3>
        <p>经济</p>
    </li>
    <li>
        <img src="book4.jpg" />
```

```
            <h3><a href="index.html">易经</a></h3>
            <p>古典</p>
        </li>
        <li>
            <img src="book5.jpg" />
            <h3><a href="index.html">Winter</a></h3>
            <p>杂志</p>
        </li>
    </ul>
```

该示例代码在 iPhone Safari 下的运行效果如图 7-66 所示。

图 7-66　列表项含图片的列表效果图

### 7.9.13　内嵌列表

使用内嵌列表类型，能够把多个列表组件同时存在于同一个视图页面中。

被定义的内嵌列表，其样式和其他类型列表会有些区别，内嵌列表会以圆角和四个边缘留空白的块并显示出来，同时每一个列表块的下边框会带有阴影效果。

其实现方法是：对列表的 ul 或 ol 元素定义 data-inset 属性值为 ture 就可以实现内嵌列表。

示例代码如下。

```
    <div data-role="content">
        <ul data-role="listview" data-theme="g" data-inset="true">
            <li><a  href="#"> 乔 布 斯 传 </a><span  class="ui-li-count">
33</span></li>
            <li><a  href="#"> 沉 思 录 </a><span  class="ui-li-count">
1</span></li>
```

```
            <li><a href="#">福布斯说资本主义真相</a><span class="ui-li-count">
101</span></li>
        </ul>
        <ol data-role="listview" data-theme="g" data-inset="true">
            <li><a href="#">乔布斯传</a></li>
            <li><a href="#">沉思录</a></li>
            <li><a href="#">福布斯说资本主义真相</a></li>
        </ol>
        <ul data-role="listview" data-theme="g" data-inset="true">
            <li><a href="#">乔布斯传</a></li>
            <li><a href="#">沉思录</a></li>
            <li><a href="#">福布斯说资本主义真相</a></li>
        </ul>
    </div>
```

图 7-67 内嵌多个类型列表的效果图

在上述示例代码中，一共定义了三个不同类型的内嵌列表。第一个实现了含数字气泡类型的列表，第二个实现了有序列表，第三个实现了一个普通类型的列表。

该示例代码在 iPhone Safari 下的运行效果如图 7-67 所示。

### 7.9.14 列表的性能问题

jQuery Mobile 虽然提供了非常丰富的列表类型，但大部分类型都是针对不同的需求而实现的内容格式列表。

实际上，jQuery Mobile 并没有对实现列表的分页的功能，当数据量非常大时，需要有一种机制实现具有分页功能的列表。在前面的章节中提到，jQuery Mobile 提供一种可搜索过滤列表类型的列表，虽然该列表是针对当前列表数据项进行筛选过滤的，但它存在一种缺陷，就是这些需要过滤的列表项必须是一次性加载到页面的。因此这种搜索过滤列表，无法和后台实现实时过滤，只能需要自己编写逻辑代码实现该功能。

至于列表性能效果，读者可以使用移动设备访问官方 jQuery Mobile 开发文档中的一个列表示例，该列表提供了一个具有 500 个数据项的列表用于性能上的测试，目前该测试地址的实现是 基于 1.0b3 版本的，正式版本可以通过在线开发文档找到。具体地址如下：

http://jquerymobile.com/demos/1.0b3/docs/lists/lists-performance.html

该例子一次性加载了 500 个数据项列表，并提供一个可搜索的文本框。如果在桌面端使用 Chrome 浏览器测试其滚动效果以及实时搜索功能，其性能方面不存在任何问题。但是使用 iPhone 等移动设备时，其性能方面就稍逊一筹，每当输入一个字符时，浏览器都会假死一段时间才会出现搜索结果。同时，触摸滚动列表的效果也没有原生应用的滚动效果流畅。

从上述情况来看，jQuery Mobile 提供的列表组件功能，在处理大规模数据时会显得非常吃力，甚至严重影响用户的浏览体验。因此，在实际项目中使用列表组件时就需要考虑列表的数据量以及每个数据项界面的定制。

## 7.10　本章小结

本章主要介绍了如何使用 jQuery Mobile 开发移动 Web 应用程序。首先我们介绍了基于 HTML5 的新特性：data 属性驱动的页面组件功能，包括视图、按钮、工具栏、文本内容、表单、列表等常用组件。在每个组件章节中，我们都通过简单示例介绍各个组件的基本用法。

最后，根据官方提供的开发文档，我们还介绍和分析了由 jQuery Mobile 提供的各种配置选项参数和函数工具的用法。同时也介绍了由 jQuery Mobile 提供的各种内置事件的使用方法。

# 第 8 章

Chapter 8

# 重量级富框架 Sencha Touch 入门

本章主要介绍 Sencha Touch 封装的各种用户界面库的基本用法，如何使用 HTML5 特性，以及 MVC 开发模式。

# 8.1 Sencha Touch 概述

Sencha Touch 是世界上第一款基于 HTML5 的 Mobile Web App 应用框架，由著名的 JavaScript 框架 ExtJS 将现有 ExtJS 整合 JQTouch 和 Raphaël 库，推出适用于最前沿 Touch Web 的 Sencha Touch 框架，如图 8-1 所示。

图 8-1 Sencha Touch 框架的结构

通过 Sencha Touch 框架，我们可以开发一套基于移动设备的 Web App 应用程序，并且界面风格看上去非常像由 iPhone 或 Android 等开发的 Native App。其用户界面组件和数据的管理全部是基于 HTML5 和 CSS 构建的，完全兼容 Android 和 Apple iOS 两种平台。

## 8.1.1 功能特点

Sencha Touch 的功能非常强大，由于是基于 ExtJS 框架的，因此其语法和 ExtJS 相同。Sencha Touch 的特点如下。

- 基于最新的 Web 标准。它是基于 HTML5、CSS3 以及 JavaScript 语言构建的富框架，并提供丰富的 API 接口。
- 支持目前世界上最好的手机操作系统。
- 非常丰富的触屏事件。该框架不仅提供 touchstart 和 touchend 等标准触屏框架，还增加了非常多的自定义事件，例如 tap、double tap、swipe、tap and hold、pinch、rotate 等。
- 提供强大的数据集成。开发人员可以很容易地通过 Ajax、JSONP 或 YQL 等方式将数据绑定到各个组件模块中，或通过本地存储保存各种数据。

同时，Sencha Touch 还支持 HTML5 的各种标准规范并对其进行封装，例如本地存储、地理定位及音频视频等。

## 8.1.2　官方套件包

Sencha Touch 官方网址为：http://www.sencha.com/products/touch/。如图 8-2 所示为官方网站首页。

图 8-2　Sencha Touch 官方网站截图

开发者可以通过官方网站了解 Sencha Touch 的最新版本信息及特性。同时，Sencha Touch 还提供了丰富的 demo 示例。在示例页面底部还介绍了目前有哪些应用使用了 Sencha Touch 这个框架。

通过官方网站下载 Sencha Touch 套件包，该套件包包括类库及各种组件库，同时还包含丰富的实例。套件包目录如图 8-3 所示。

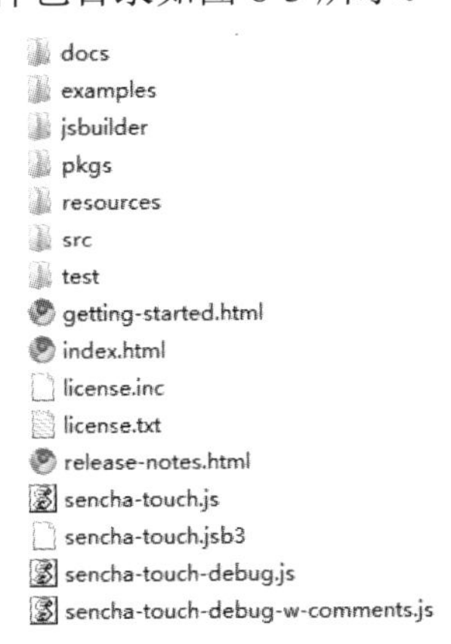


图 8-3　Sencha Touch 套件包目录

- docs 目录是 Sencha Touch 开发文档 API。开发人员可以通过该开发文档找到各种组件的 API 接口。可惜的是，Sencha Touch 开发文档 API 接口仍然不是很完善，有部分 API 接口没有出现在开发文档中。
- examples 目录是 Sencha Touch 的 demos 实例，该目录包含非常丰富的各种组件的例子，并附带几个综合的实例。
- jsbuilder 是 Sencha Touch 项目的工程文件。
- resources 目录包含一些资源文件，比如样式文件、主题等。
- src 目录是 Sencha Touch 各类组件库源文件，里面包含全部组件的 JavaScript 文件库。
- sencha-touch.js 是 Sencha Touch 最小化类库包，发布产品时用。
- sencha-touch-debug.js 是 Sencha Touch 开发时使用的类库包，可用于调试。
- Sencha-touch-debug-w-comments.js 用于研究 Sencha Touch 源码库。该文件内包含非常多的注释供开发人员阅读。

## 8.2 入门示例 Hello World

初学者在学习 Sencha Touch 时，首先最关心的就是 Hello World 入门范例。现在，我们以 Hello World 实例开始进入 Sencha Touch 的学习之旅。

### 8.2.1 部署文件

首先，在开发环境中新建一个 helloworld 目录，然后在如图 8-3 所示的套件包中将 sencha-touch-debug.js 类库文件复制到 helloworld 目录中。接着从套件包的目录下将\resources\css\sencha-touch.css 样式文件复制到 helloworld 目录中。目录效果如图 8-4 所示。

图 8-4 helloworld 示例目录

### 8.2.2　开始编码

现在，我们在 helloworld 目录下新建一个 helloworld.html 文件，将以下代码复制到这个文件中，如代码 8-1 所示。

代码 8-1　helloworld.html 代码

```
<!DOCTYPE HTML>
<html>
    <head>
        <meta charset="UTF-8">
        <title>Hello World</title>
        <link rel="stylesheet" type="text/css" href="sencha-touch.css" />
        <script type="text/javascript" src="sencha-touch-debug.js">
</script>
    </head>
    <body>
    </body>
</html>
```

现在我们已经将 sencha Touch 类库和样式文件加载到了 helloworld.html 文件中。接下来新建一个文件 helloworld.js，该文件用于编写 hello world 程序，如代码 8-2 所示。

代码 8-2　helloworld.js 代码

```
Ext.setup({
    icon: 'icon.png',
    glossOnIcon: false,
    tabletStartupScreen: 'tablet_startup.png',
    phoneStartupScreen: 'phone_startup.png',
    onReady: function() {
        var panel = new Ext.Panel({
            fullscreen:true,
            html:'Hello World'
        });
        panel.show();
    }
});
```

然后将以下代码加入 helloworld.html 的 head 标签之中。

```
<script type="text/javascript" src="helloworld.js"></script>
```

这样就实现了一个基于 Sencha Touch 的 Hello World 应用程序。代码运行后效果如图 8-5 所示。

图 8-5 Hello World 入门示例效果图

在 helloworld.js 代码中，我们在 onReady 函数内定义一个 Panel 组件，并在 Panel 组件中添加一段 html 代码，最后调用 panel 实例对象的 show 方法将组件显示在 Web 页面上。

### 8.2.3 调试环境

我们在开发 Sencha Touch 应用程序时，经常需要辅助工具提高开发效率。特别是调试过程，往往需要花费开发者的大部分时间。而且，使用 JavaScript 这种解释性脚本语言，调试过程非常困难。

由于 Sencha Touch 是基于 HTML5 和 CSS3 构建而成的，同时很多特性都必须在基于 WebKit 的浏览器下才能达到最优的效果。由于 Google Chrome 浏览器和 Apple Safari 浏览器都是基于 Webkit 内核实现的，因此作者推荐在开发 Sencha Touch 应用程序时使用 Chrome 浏览器开发人员工具（见图 8-6）或 Safari 浏览器开发工具（见图 8-7）作为调试 JavaScript 工具。

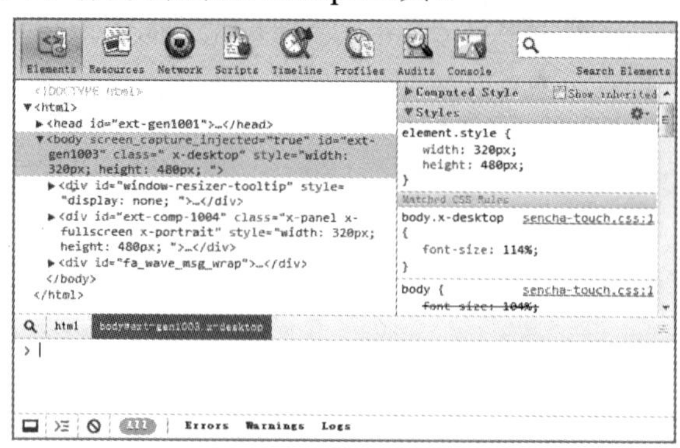


图 8-6 Google Chrome 浏览器开发人员工具界面效果图

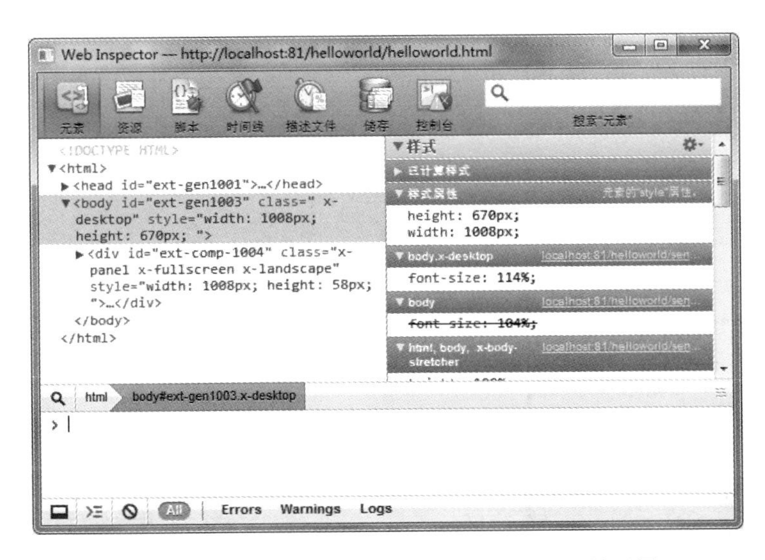


图 8-7　Apple Safari 浏览器开发人员工具界面效果图

## 8.2.4　页面调整

我们所开发的移动 Web 应用程序一般是在智能手机上访问的，对于这类 Web 应用程序我们简称为 Mobile Web App。相对于传统的 Web 网站，Mobile Web App 的最大问题就是屏幕小。开发人员在开发移动 Web 应用程序时，如何在桌面浏览器中调试 Web 页面大小的准确性呢？

对于这种情况，作者推荐一款基于 Chrome 浏览器的插件：Window Resizer。它可以调整当前浏览器的分辨率大小。同时，该插件允许调整 iPhone 或 Andorid 设备的分辨率大小为 320×480。这款插件不仅可以调整以适应移动设备的界面大小，还可以自定义各种界面大小。

Window Resizer 插件可通过 Chrome 扩展程序页面中找到。其官方地址是：

https://chrome.google.com/webstore/detail/kkelicaakdanhinjdeammmilcgefonfh

安装插件后，可在 Chrome 浏览器右上角中选择浏览器分辨率大小，效果如图 8-8 所示。

根据刚才的 Hello World 例子，在桌面浏览器上调整分辨率大小后的效果如图 8-9 所示。

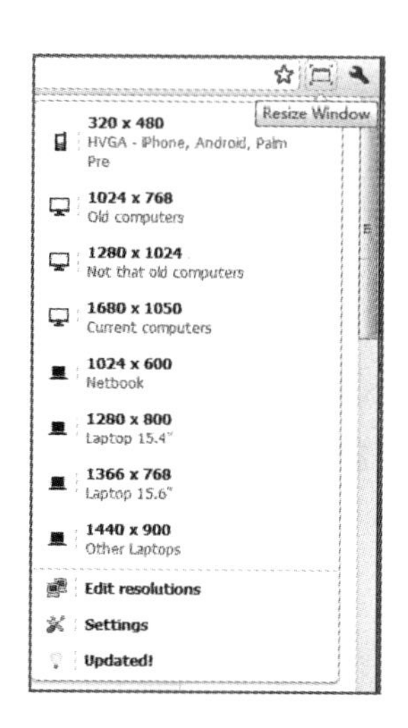

图 8-8 Window Resizer 插件效果图

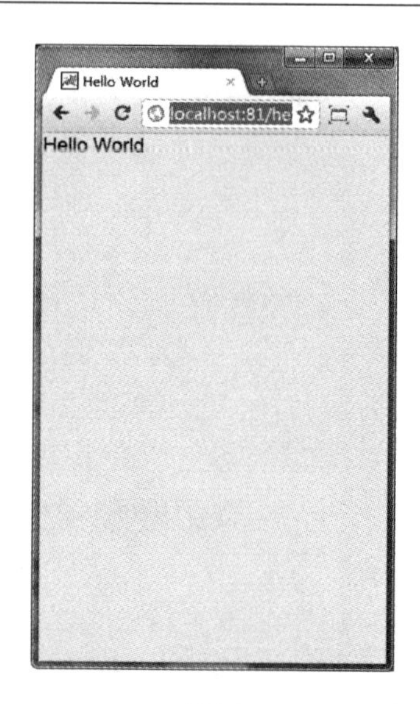


图 8-9 Hello World 示例在 Chrome 下的效果图

# 8.3 事件管理

前面提到，Sencha Touch 整个应用程序框架都是基于 ExtJS 而构建的，因此，Sencha Touch 的事件机制和 ExtJS 基本相同，同时 Sencha Touch 还根据触屏设备的特性提供丰富的 touch 事件。现在，我们来了解一下 Sencha touch 的事件机制是如何工作的。

## 8.3.1 自定义事件

Ext.util.Observable 是 Ext 事件模型中最基础的抽象基类，它为事件机制的管理提供一个公共接口。Ext.util.Observable 是所有组件的父类，它的一切子类都可以获得自定义新事件的能力。

下面通过继承 Ext.util.Observable 来实现一个支持事件的类，如代码 8-3 所示。

代码 8-3 定义具有事件的 Employee 类

```
Employee = Ext.extend(Ext.util.Observable, {
    constructor: function(config){
        this.name = config.name;
        this.addEvents({
            "fired" : true,
```

```
            "quit" : true
        });
        //添加接口中的所有监听器事件
        this.listeners = config.listeners;
        //调用父类构造函数声明
        Employee.superclass.constructor.call(this, config)
    }
});
```

通过 Ext.extend 方法继承了 Ext.util.Observable 的 Employee 类具有 fired 和 quit 两个自定义的事件，同时也具有 Ext.util.Observable 的所有事件方法。

上述代码通过继承的方式声明了类 Employee，我们可以通过这个类实例化一个对象，效果如代码 8-4 所示。

**代码 8-4　实例化 Employee 类**

```
var newEmployee = new Employee({
    name: employeeName,
    listeners: {
        quit: function() {
            alert(this.name + " has quit!");
        }
    }
});
```

Ext.util.Observable 事件基类包含非常丰富的属性参数、方法。它们的大部分属性和方法在所有的子类对象中都能得到应用。

## 8.3.2　初始化事件

Ext.setup()方法的功能是在移动设备的 Web 浏览器中建立一个页面程序，通常用于页面初始化时配合 Ext. onReady()方法加载各种组件元素。

在本章的入门示例中已经使用过 Ext.setup()方法，其中使用到了 icon、glossOnIcon、tabletStartupScreen、phoneStartupScreen 四个参数。

接下来介绍 Ext.setup()方法中可以配置的参数列表，如表 8-1 所示。

**表 8-1　Ext.setup()配置属性参数表**

| 参 数 名 | 参 数 类 型 | 说　明 |
| --- | --- | --- |
| fullscreen | 布尔值 | 创建 meta 标签作用于苹果设备（iPhone、iPad）的全屏模式 |
| tabletStartupScreen | 字符串 | 主要用于 iPad 设备开始屏幕的图片。图片必须是 768×1004 像素大小 |
| phoneStartupScreen | 字符串 | 主要用于 iPhone 手机开始屏幕的图片。图片必须是 320×460 像素大小 |

续表

| 参数名 | 参数类型 | 说明 |
| --- | --- | --- |
| icon | 字符串 | 默认使用 icon 值。该 icon 会自动应用于平板电脑或智能手机上，它的像素大小规定为 72×72 |
| tableIcon | 字符串 | 只用于平板电脑的 Icon 图标 |
| phoneIcon | 字符串 | 只用于智能手机的 Icon 图标 |
| glossOnIcon | 布尔值 | 是否加亮显示 Icon 图标，其功能主要作用于苹果设备，如 iPhone、iPad、iPod Touch 等 |
| statusBarStyle | 字符串 | 设置 iPhone 全屏幕 Web 页面时状态栏风格。它的值包括 default、black、black-translucent 等 |
| onReady | 函数 | 其功能是页面加载完毕后运行该函数 |
| scope | 作用域 | 定义 onReady 函数内部的作用域 |

### 8.3.3 Touch 触控事件

Sencha Touch 提供非常多的触摸事件，同时它还支持 W3C 标准的触摸事件，分别如下。

- touchstart：手指放在一个 DOM 元素上不放时触发事件。
- touchmove：手指拖曳一个 DOM 元素时触发事件。
- touchend：手指从一个 DOM 元素中移开时触发事件。

除了上述的标准触摸事件外，SenchaTouch 还自定义了非常多的事件，分别如下。

- touchdown：手机触摸屏幕时触发事件。
- dragstart：拖曳 DOM 元素前触发事件。
- drag：拖曳 DOM 元素时触发事件。
- dragend：拖曳 DOM 元素后触发事件。
- singletap：和 tap 事件类似。
- tap：手指触摸屏幕并迅速地离开屏幕。
- doubletap：手指连续两次放在 DOM 元素上后触发事件。
- taphold：触摸并保持一段时间后触发事件。
- tapcancel：触摸中断事件。
- swipe：滑动时触发事件。
- pinch：手指按捏一个 DOM 元素时触发事件。
- pinchstart：手指按捏一个 DOM 元素之前触发事件。
- pinchend：手指按捏一个 DOM 元素之后触发事件。

如果要实现上述各种事件，可通过代码 8-5 所示的示例对事件进行监听。

代码 8-5 定义一个触发触摸事件的组件

```
var touchEventDemo = Ext.extend(Ext.Component,{
    id:"touchEventDemo",
    initComponent:function(){
        touchEventDemo.superclass.initComponent.call(this);
    },
    afterRender:function(){
        touchEventDemo.superclass.initComponent.call(this);
        this.mon(this.el,"tap",function(){
            console.log("touchEventDemo tap");
        });
    }
});
```

### 8.3.4 事件管理器 Ext.EventManager

Ext.EventManager 作为事件管理器，定义了一系列事件相关的处理函数。接下来，我们将简单介绍 Ext.EventManager 几个常用的方法。

1．onDocumentReady

Ext.EventManager.onDocumentReady()方法就是之前提到过的 Ext.onReady()方法。它的作用是当页面文档渲染完成后触发该函数。

其语法如下：

```
onDocumentReady(Function fn,[Object scope,[Boolean options]])
```

从语法中可以看到，方法一共可以传递三个参数。其中参数 fn 是必需的，它是一个函数；scope 参数是可选的，表示作用域对象，默认为 window 对象；options 参数是一个布尔值参数。

2．onWindowResize

Ext.EventManager.onWindowResize()方法注册一个事件，当移动设备的浏览器窗口大小发生变化时触发该事件。其语法如下：

```
onWIndowResize(Function fn,Object scope,Boolean options)
```

方法一共可以传递三个必选参数。其中 fn 参数为触发该事件后运行的函数；scope 是作用域对象，默认 window 对象；options 表示是否选择传递自定义监听的事件。

### 3．addListener 和 removeListener

这两个方法主要用来增加和移除事件监听器，其语法如下：

```
addListener(String/HTMLElement el, String eventName, Function handler,
            [Object scope], [Object options])
removeListener(String/HTMLElement el,String eventName,Function fn,
            Object scope)
```

其中，第一个参数 el 既可以用字符串作为参数表示 ID 值，也可以使用 Element 节点对象作为参数，表示对哪个元素新增或移除监听器。第二个参数是传递一个字符串，表示事件名称。第三个参数为函数，其作用是触发该事件后运行该函数。

第四个参数为 scope，它表示为方法内的作用域对象参数，在 addListener 方法中是可选参数，默认为当前 Element 节点元素，而在 removeListener 中则为必选参数。

第五个可选参数 options，该参数为注册事件监听器的属性配置参数，一般传入的参数都是 Object 对象。

两个监听器方法中的 fn 函数参数，可以传入三个不同类型的参数，例如：

```
function(evt,t,o){ }
```

其中参数 evt 为 EventObject 对象；t 为节点元素对象；o 为 options 配置参数表。

### 4．on 和 un

两个方法是 addListener 和 removeListener 方法的简写，其功能和用法完全相同。

对某个元素或对象实现事件的监听非常容易，而且方法很多，无论采用哪一种方式都可以实现。如下代码显示了采用三种不同的方式实现相同的事件监听。

```
var myDiv = Ext.get("panel");
myDiv.on("click",function(e,t){});
Ext.EventManager.on("panel", 'tap', function(e,t){});
Ext.EventManager.addListener("panel", 'tap', function(e,t){});
```

## 8.4 核心组件库

Sencha Touch 的所有组件库提供了统一的编程模型，并封装了浏览器事件及对浏览器 DOM 的依赖。每个组件都有其自身的特性和生命周期，同时每个组件都有着良好的扩展性和易用性。

一般情况下，通过组件的属性、方法、事件等来实现对组件的操作。组件的方法是通过调用来获得组件的功能或操作。组件的事件是通过传入回调函数到组件中来实现特定的功能或操作。

### 8.4.1　Ext.lib.Component

Ext.lib.Component 是 Sencha Touch 所有组件库的父类，所有组件都继承于它，它的所有子类都具有 Ext.lib.Component 的所有属性、方法及事件。

Ext.lib.Component 的每一个子组件都有一个默认 xtype 类型，我们可以直接使用 xtype 类型来使用 Sencha Touch 的组件。当然，我们也可以重构 Sencha Touch 提供的默认组件，并自定义 xtype 类型。

Sencha Touch 组件库大约可以分为两类：基本组件库（见表 8-2）和表单组件库（见表 8-3）。

表 8-2　基本组件库一览表

| xtype | 组　件　类 | 说　　明 |
|---|---|---|
| button | Ext.Button | 按钮组件 |
| component | Ext.Component | 组件 |
| container | Ext.Container | 容器 |
| dataview | Ext.DataView | 数据视图 |
| panel | Ext.Panel | 面板 |
| slider | Ext.form.Slider | 滑块 |
| toolbar | Ext.Toolbar | 工具栏 |
| spacer | Ext.Spacer | 占位符 |
| tabpanel | Ext.TabPanel | 选项面板 |

表 8-3　表单组件库

| xtype | 组　件　类 | 说　　明 |
|---|---|---|
| formpanel | Ext.form.FormPanel | 表单面板 |
| checkboxfield | Ext.form.CheckBox | 复选框 |
| selectfield | Ext.form.Select | 下拉选择框 |
| field | Ext.form.Field | 输入框 |
| fieldset | Ext.form.FieldSet | 输入框组 |
| hiddenfield | Ext.form.Hidden | 隐藏域文本框 |
| numberfield | Ext.form.Number | 数字文本框 |
| radiofield | Ext.form.Radio | 单选按钮 |
| textareafield | Ext.form.TextArea | 区域文本框 |
| textfield | Ext.form.Text | 普通文本框 |
| togglefield | Ext.form.Toggle | 切换域 |

## 8.4.2 属性、方法、事件

Ext.lib.Component 提供了丰富的可配置参数，在初始化任何子类组件时都可以通过各种参数配置组件的属性。这些配置参数可以分为基本组件参数、内容参数、布局参数、样式参数、模板参数。

基本组件参数主要配置组件的基本属性，也是非常重要的属性参数。表 8-4 列出了该核心组件参数的简要说明。

表 8-4 基本组件参数

| 属性名 | 类型 | 说明 |
|---|---|---|
| disabled | Boolean | 组件是否可用，默认为 false |
| draggable | Boolean | 是否允许触屏事件中的拖曳动作 |
| floating | Boolean | 是否允许组件页面浮动，默认为 false |
| hidden | Boolean | 组件是否隐藏，默认为 false |
| listeners | Object | 初始化组件的事件监听。当组件被添加后，将会注册已经定义好的事件 |
| plugins | Object/Array | 组件的自定义插件功能。用户可以通过自定义插件嵌入到组件当中 |

在大部分 Sencha Touch 的组件中，最常用的属性就是 listeners 参数。我们可以在定义组件时通过 listeners 参数绑定各种事件，如代码 8-6 所示。

代码 8-6 定义 Panel 事件示例

```
new Ext.Panel({
    width: 400,
    height: 200,
    listeners: {
        click: {
            element: 'el',
            fn: function(){
                console.log('click el');
            }
        },
        dblclick: {
            element: 'body',
            fn: function(){
                console.log('dblclick body');
            }
        }
    }
});
```

在代码中，我们实例化一个 Ext.Panel 对象，并注册两个事件 click 和 dblclick。其中 click 事件绑定当前节点元素，dblclick 事件绑定页面 body 元素。

### 1．页面布局参数

在所有继承 Ext.lib.Component 对象的组件中都具有这些布局参数。这些布局参数主要定义组件的类型、高度、宽度、边框及边距等参数。表 8-5 列出了布局参数相关的属性描述。

表 8-5　布局相关参数表

| 属性名 | 类　型 | 说　明 |
|---|---|---|
| componentLayout | String/Object | 定义组件的布局方式，包括大小和位置 |
| border | Number/String | 定义组件的边框宽度。该属性有两种类型，其中 Number 类型可以通过直接设置数值为组件的边框设置宽度，如 border:1；String 类型则可以设置不同边框不同宽度，如 border: “2 2 3 1” |
| height | Number | 定义组件的高度 |
| margin | Number/String | 定义组件的 margin 值。用法和 border 相同 |
| maxHeight | Number | 定义组件的最大高度 |
| maxWidth | Number | 定义组件的最大宽度 |
| minHeight | Number | 定义组件的最小高度 |
| minWidth | Number | 定义组件的最小宽度 |
| padding | Number/String | 定义组件的 padding 值。用法和 border 相同 |
| width | Number | 定义组件的宽度 |

在实际的应用开发过程中，componentLayout、height、width 都是最常用的布局参数属性。height 和 width 属性参数用来设置当前组件的高和宽。componentLayout 主要设置组件的布局方式，若在组件的初始化参数中没有设置该属性参数，组件在初始化时会通过布局管理器初始化组件。

### 2．组件内容参数

这部分组件的属性参数主要是定义组件的内容区域和数据视图。表 8-6 是组件内容区域属性参数。

表 8-6　内容相关参数表

| 属性名 | 类　型 | 说　明 |
|---|---|---|
| contentEl | String | 对已定义 ID 值的组件对应的 HTML 节点元素渲染内容 |
| data | Mixed | 定义一组数据。该数据主要配合 tpl 参数属性，更新 tpl 模板并渲染到组件内容区域 |
| html | String/Object | 定义 HTML 代码片段，默认为空值。当组件被渲染到页面后，该 HTML 代码片段会自动被添加到组件内容区域中。因此在页面渲染后不会包含 HTML 代码片段。需要注意的是，contentEl 属性的渲染过程优先于 HTML 代码片段的渲染 |

### 3. 样式参数

这部分属性参数主要是自定义组件的样式，用户可以根据这类属性定制各种界面样式。表 8-7 是样式参数表。

表 8-7 样式参数表

| 属性名 | 类型 | 说明 |
|---|---|---|
| baseCls | String | 重定义组件的 CSS 基类 |
| cls | String | 允许用户向组件内容区域追加 CSS 类 |
| componentCls | String | 允许用户向组件父元素追加 CSS 类 |
| disabledCls | String | 组件被禁用时 CSS 类，默认为“x-item-disabled” |
| style | String | 自定义 CSS 样式 |
| styleHtmlCls | String | 指定目标内容区域的 CSS 样式，默认为“x-html”。只有当 styleHtmlContent 的值为 true 时才生效 |
| styleHtmlContent | Boolean | 默认为 false。当参数值为 true 时，参数对应的组件内的 HTML 代码会识别出样式代码并应用到整个页面中 |
| ui | String | 定义 UI 风格的组件。大部分组件都支持默认的“light”和“dark”两种风格的 UI |

Sencha Touch 和 ExtJS 一样提供了非常多的自定义样式属性配置，但是它们之间的关系如何呢？现在我们通过示例来详细解释这些样式应该如何应用，如代码 8-7 所示。

代码 8-7 定义只有 cls 样式属性的 Panel 组件示例代码

```
    <!DOCTYPE HTML>
    <html>
        <head>
            <meta charset="UTF-8">
            <title>Ext.lib.Component 实例</title>
            <link rel="stylesheet" type="text/css"
href="../sencha-touch.css" />
          <style type="text/css">
              .panel_cls{
                  font-size:2em;
              }
          </style>
          <script type="text/javascript" src="../sencha-touch-debug.js">
</script>
          <script type="text/javascript">
              Ext.setup({
                  icon: 'icon.png',
                  glossOnIcon: false,
                  tabletStartupScreen: 'tablet_startup.png',
```

```
                phoneStartupScreen: 'phone_startup.png',
                onReady: function() {
                    var panel = new Ext.Panel({
                        id: 'panel',
                        fullscreen:true,
                        html:'cls 属性参数',
                        cls:"panel_cls"
                    });
                }
            });
        </script>
    </head>
    <body>
    </body>
</html>
```

在代码 8-7 中定义了一个 cls 属性，并指定属性值为 panel_cls，该值就是一个类别样式：.panel_cls。在样式中，我们对 panel 组件内的所有字体定义 2em 的字体大小。代码 8-7 在 iPhone Safari 下的运行效果如图 8-10 所示。

图 8-10　使用 cls 样式属性在 iPhone Safari 下的页面效果

从图 8-11 所示的 Chrome 浏览器控制台可以看出，我们在代码中定义的 cls 样式值被追加到组件对应最外层 div 元素的 class 属性。cls 样式值在 class 属性值中是排列在 x-panel 样式之后的。那么，我们定义的 CSS 样式将会覆盖 x-panel 中同类的 CSS 样式。

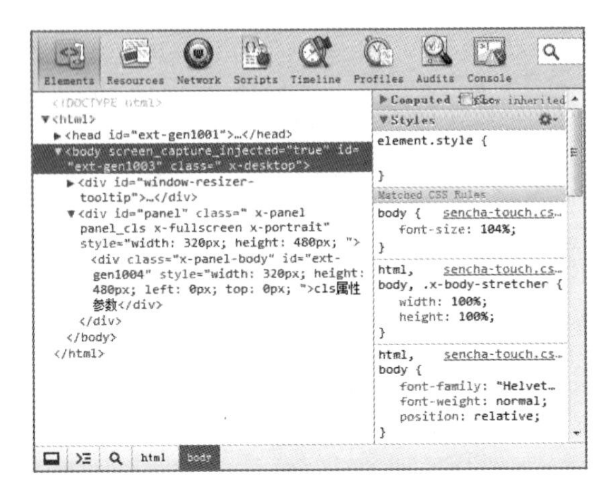


图 8-11 使用 cls 样式属性在 Panel 组件中的位置

接下来我们在此代码基础上稍作修改，在 Panel 组件上增加 ComponentCls 属性参数，如下代码所示：

```
var panel = new Ext.Panel({
    id: 'panel',
    fullscreen:true,
    html:'cls 属性参数',
    cls:"panel_cls",
    componentCls:"panel_componentCls"
});
```

同时，并在 HTML 页面中添加如下 CSS 样式：

```
.panel_componentCls{
    background-color:#666;
    font-size:3em;
}
```

代码修改后，其效果在 iPhone Safari 下如图 8-12 所示。从图中可以观察到，字体被放大到 3em，同时背景色变成了#666。从图 8-13 所示的 Chrome 浏览器控制台可以看到，componentCls 属性和 cls 属性一样都被追加到组件对应最外层 div 元素的 class 属性上。从 class 属性上定义样式名称的位置可以看到 componentCls 位于 cls 之前，因此 cls 和 componentCls 都同时定义样式时，cls 的样式会被 componentCls 中的样式覆盖。然而优先级最高的样式并不是 componentCls 样式，而是组件的默认样式 x-panel。因此有部分样式无法通过 componentCls 自定义。

在实际项目中，Sencha Touch 提供的组件 UI 样式风格通常都不能满足项目的需求，常常需要大量修改 UI 样式风格。baseCls 属性就是为此而生的样式属性配置选项。

图 8-12　增加 componentCls 属性后的页面效果

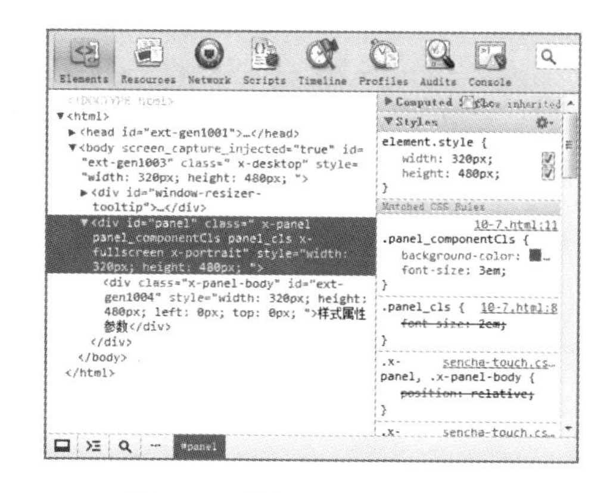


图 8-13　增加 componentCls 属性后属性所在的位置

baseCls 属性是对组件的默认样式进行重置。包括组件对应的子元素默认样式都会被重置，例如 x-panel-body 等。在刚才的代码上增加 baseCls 属性参数，看看发生了什么，如代码 8-8 所示。

**代码 8-8　baseCls 属性参数示例代码**

```
    <!DOCTYPE HTML>
    <html>
        <head>
            <meta charset="UTF-8">
            <title>Ext.lib.Component 实例</title>
            <link rel="stylesheet" type="text/css"
href="../sencha-touch.css" />
           <style type="text/css">
              .panel_cls{
                 font-size:2em;
              }
              .panel_componentCls{
                 background-color:#666;
                 font-size:3em;
              }
           </style>
            <script type="text/javascript" src="../sencha-touch-debug.js">
</script>
           <script type="text/javascript">
              Ext.setup({
                 icon: 'icon.png',
                 glossOnIcon: false,
                 tabletStartupScreen: 'tablet_startup.png',
```

```
                phoneStartupScreen: 'phone_startup.png',
                onReady: function() {
                    var panel = new Ext.Panel({
                        id: 'panel',
                        fullscreen:true,
                        html:'样式属性参数',
                        baseCls:'panel_baseCls',
                        cls:"panel_cls",
                        componentCls:"panel_componentCls"
                    });
                }
            });
        </script>
    </head>
    <body>
    </body>
</html>
```

代码 8-8 执行后效果变化不大，和图 8-12 所示的效果基本类似。该示例虽然对组件样式进行了重置，但仅限于重置 Panel 组件，大部分 UI 组件都定义了非常多的 CSS 样式。被重置后页面会产生非常大的变化甚至影响页面布局。

虽然Panel组件样式被重置，但Sencha Touch生成的代码出现了比较大的变化，效果如图 8-14 所示。

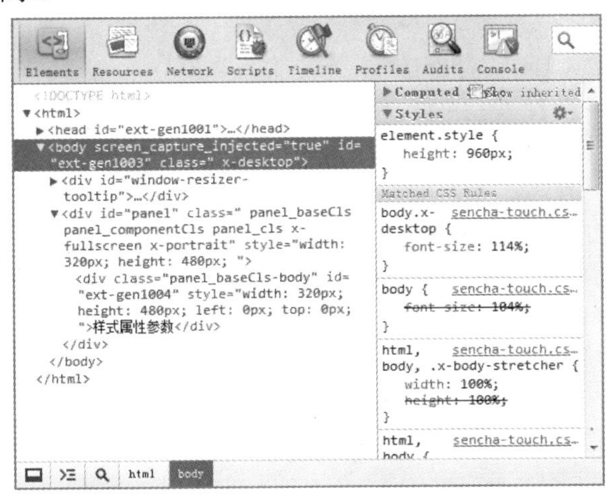


图 8-14 被重置 baseCls 样式的 Panel 组件源代码

从图 8-14 所示的 Chrome 浏览器调试控制台中可以看到，定义了 baseCls 属性参数后，其原来 x-panel 和 x-panel-body 样式名称被更改为自定义的样式名称 panel_baseCls 和 panel_baseCls-body。这些新的样式名称，Sencha Touch 并不会自动提供其样式内容，这就需要开发人员自定义其样式内容。

#### 4．模板参数

模板参数用于指定组件内如何动态渲染内容，包括指定渲染节点、模板及渲染方式等。如表 8-8 所示是模板参数表。

表 8-8　模板参数表

| 属性名 | 类型 | 说明 |
|---|---|---|
| renderSelectors | Object | 指定渲染节点元素位置 |
| renderTo | Mixed | 渲染到一个含有 ID 值的元素或一个 DOM 元素或一个已经存在的元素 |
| renderTpl | Mixed | 指定渲染模板 |
| tpl | Mixed | 定义模板内容 |
| tplWriteMode | String | 定义模板被更新时的方式。默认为"overwrite"覆盖方式 |

#### 5．常用方法

（1）add 方法

add 方法的主要功能是为组件添加子组件，它的返回值是被添加的子组件。

示例代码如下：

```
var tb = new Ext.Toolbar();
//工具栏被渲染到页面中
tb.render(document.body);
//添加 button 按钮子组件
tb.add({text:"Add button"});
tb.add({text:"del button"});
tb.doLayout();
```

（2）doComponentLayout 方法

当组件中涉及页面布局的某些属性动态更新时，需要调用 doComponentLayout 方法才能生效。其中涉及到更新组件包括如添加、显示或隐藏 Panel 组件的 Docked Item，或者改变表单域 label 等。

（3）doLayout 方法

doLayout 方法和 doComponentLayout 方法非常相似。但 doLayout 方法使用的场景是子组件的页面大小和位置动态更新，又或者新增一个已被渲染到页面的组件对象等。在一般情况下 Sencha Touch 推荐使用 doComponentLayout 方法。

（4）getComponent 方法

getComponent 方法的作用是读取组件容器中 items 的属性或子组件容器。该方法必须传入一个参数以便寻找组件对象，参数可以为字符串或数值。当参数为数值时，表示包含 items 属性或组件的索引位置，当参数为字符串时，表示为子组件中定义的 itemId 或 id 的值。

（5）update 方法

update 方法主要用于更新组件容器中的内容区域。该方法一共可以传递三个参数，其语法如下：

```
update(Mixed htmlOrData,[Boolean loadScripts],[Function callback]);
```

其中第一个参数为必选参数，这个参数既可以包含 HTML 代码片段，也可以包含一些数据，比如数组等，此参数一般需要配合 tpl 属性定义的模板进行数据的更新操作；第二个参数是一个布尔值，其主要功能是决定当第一个参数 htmlOrData 是一段由 HTML 和 JavaScript 结合的代码时，是否运行该 JavaScript 代码，如参数为 true 则运行。第三个参数是可选参数，该参数允许传入的是一个回调函数，当 update 方法运行成功后，将调用回调函数。

**6. 常用事件**

Sencha Touch 为各种界面组件提供了非常丰富的事件，使我们在使用各种组件的时候，可以根据不同事件处理实际业务逻辑。

下面我们以 afterrender 事件为例，介绍如何使用 Sencha Touch 组件的事件基本用法。

首先，我们解释一下 afterrender 事件的含义， afterrender 事件就是当组件渲染到页面完毕后触发的。其语法如下：

```
afterrender(Ext.Component this);
```

其中 afterrender 事件函数中的参数 this 是触发该事件的当前组件对象。

绑定组件事件的方法如下代码所示：

```
new Ext.Panel({
    id:"test afterrender",
    fullscreen:true,
    listeners:{
        afterrender:function(){
            console.log("Panel 组件已经被渲染到页面。");
        }
    }
});
```

## 8.5 Toolbar 工具栏

在上一节我们介绍了 Sencha Touch 的父类组件 Ext.lib.Component 的基本用法，同时还针对该组件的属性、方法以及事件作了简单的介绍。下面我们将结合例子，介绍如何使用 Sencha Touch 其中一个重要 UI 组件：Toolbar 工具栏。

## 8.5.1　创建一个只有标题的工具栏例子

在编写 Sencha Touch 应用程序时，定义 Toolbar 工具栏组件非常简单。首先，我们先来看看如何定义只有标题的工具栏，如代码 8-9 所示。

**代码 8-9　定义只有标题的工具栏**

```
<!DOCTYPE HTML>
<html>
    <head>
        <meta charset="UTF-8">
        <title>工具栏实例</title>
        <link rel="stylesheet" type="text/css"
href="../sencha-touch.css" />
        <script type="text/javascript" src="../sencha-touch-debug.js">
</script>
        <script type="text/javascript">
            Ext.setup({
                icon: 'icon.png',
                glossOnIcon: false,
                tabletStartupScreen: 'tablet_startup.png',
                phoneStartupScreen: 'phone_startup.png',
                onReady: function() {
                    var panel = new Ext.Panel({
                        id: 'toolbar_demo1',
                        fullscreen:true,
                        html:'工具栏 Toolbars demo 实例 1',
                        dockedItems:[{
                            xtype:"toolbar",
                            dock:"bottom",
                            title:"工具栏实例"
                        }]
                    });
                }
            });
        </script>
    </head>
    <body>
    </body>
</html>
```

在代码中，我们在 Panel 组件上增加一个属性 dockedItems，该属性允许添加一个或多个工具栏组件。其效果如图 8-15 所示。实际上一个页面中的工具栏不仅可以放在顶部，也可以放在底部，只需要将属性 dock 的值更改为 bottom，就能实现如图 8-16 所示的底部工具栏效果。

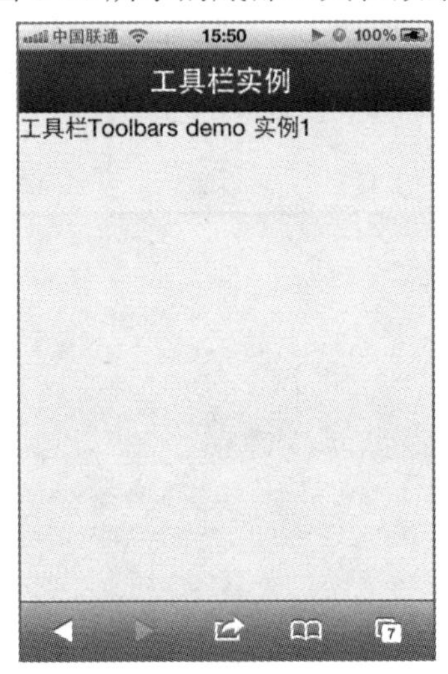


图 8-15 顶部工具栏效果图

图 8-16 底部工具栏效果图

## 8.5.2 模拟前进返回按钮的工具栏例子

Toolbar 工具栏除了可以设置标题外，还可以在标题两边定义不同种类的按钮。下面，我们实现一种模拟前进和返回按钮风格的工具栏效果，如代码 8-10 所示。

**代码 8-10 模拟前进、返回按钮的工具栏**

```
    <!DOCTYPE HTML>
    <html>
        <head>
            <meta charset="UTF-8">
            <title>工具栏实例</title>
            <link rel="stylesheet" type="text/css"
href="../sencha-touch.css" />
           <script type="text/javascript" src="../sencha-touch-debug.js">
</script>
          <script type="text/javascript">
              Ext.setup({
                  icon: 'icon.png',
                  glossOnIcon: false,
                  tabletStartupScreen: 'tablet_startup.png',
```

```
            phoneStartupScreen: 'phone_startup.png',
            onReady: function() {
                var panel = new Ext.Panel({
                    id: 'toolbar_demo1',
                    fullscreen:true,
                    html:'工具栏 Toolbars 实例 2 -- 前进返回按钮',
                    dockedItems:[{
                        xtype:"toolbar",
                        dock:"top",
                        title:"工具栏实例",
                        items:[
                            {
                                text: '返回',
                                ui: 'back',
                                hander:function(){
                                    //单击或触摸按钮时触发事件
                                }
                            },{
                                xtype:"spacer"
                            },{
                                text: '下一步',
                                ui: 'forward',
                                hander:function(){
                                    //单击或触摸按钮时触发事件
                                }
                            }
                        ]
                    }]
                });
            }
        });
    </script>
  </head>
  <body>
  </body>
</html>
```

上述代码运行后，在 iPhone Safari 浏览器下的效果如图 8-17 所示。

其中，代码 xtype:spacer 的含义是占位符，用于间隔前后按钮之间的位置。ui 属性是指定按钮的样式，当 ui 为 back 时，按钮的样式具有向左箭头的风格，当 ui 为 forward 时，按钮的样式具有向右的箭头风格。最后，我们通过定义 handler 函数，让这些按钮具有手指轻触按钮或鼠标点击事件。

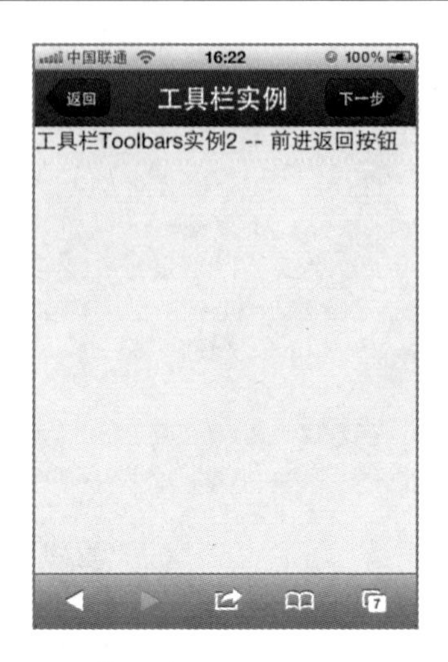


图 8-17 模拟前进、返回按钮的工具栏

### 8.5.3 具有图标效果按钮的工具栏例子

在上一节，我们利用工具栏组件的 ui 属性定义了两个不同效果的工具栏按钮。在实际应用中，有些按钮可能没有文字描述，它仅仅依靠一种有含义的图标来当作按钮效果。Toolbar 工具栏提供了一种 CSS 方式可以让开发者定义只有图标的工具栏按钮，如代码 8-11 所示。

**代码 8-11 图片按钮效果的工具栏**

```
    <!DOCTYPE HTML>
    <html>
        <head>
            <meta charset="UTF-8">
            <title>工具栏实例</title>
            <link rel="stylesheet" type="text/css"
href="../sencha-touch.css" />
           <script type="text/javascript" src="../sencha-touch-debug.js">
</script>
          <script type="text/javascript">
             Ext.setup({
                icon: 'icon.png',
                glossOnIcon: false,
                tabletStartupScreen: 'tablet_startup.png',
                phoneStartupScreen: 'phone_startup.png',
                onReady: function() {
                   var panel = new Ext.Panel({
                      id: 'toolbar_demo1',
```

```
                    fullscreen:true,
                    html:'工具栏 Toolbars 实例 3 -- 图片按钮',
                    dockedItems:[{
                        xtype:"toolbar",
                        dock:"top",
                        title:"工具栏实例",
                        items:[{
                            ui:'plain',
                            iconMask:true,
                            iconCls:'compose',
                            hander:function(){
                                //单击或触摸按钮时触发事件
                            }
                        },{xtype:"spacer"},{
                            ui:'plain',
                            iconMask:true,
                            iconCls:'refresh',
                            hander:function(){
                                //单击或触摸按钮时触发事件
                            }
                        }]
                    }]
                });
            }
        });
    </script>
  </head>
  <body>
  </body>
</html>
```

代码运行后的效果如图 8-18 所示。我们利用 ui、iconMark、iconCls 三个组件属性来实现图标按钮样式。实际上，图标并非是真正的图片，它只是一个被转换成 Base64 编码格式的图片字符串，并放在 CSS 文件中。

图 8-18　图片效果按钮的工具栏

采用 Base64 编码格式存储图片的方式，有其自身的优点和缺点。优点就是它能减少图片的数量以及请求数等，缺点就是无形中增加 CSS 文件大小，并影响到 CSS 文件的下载时间和维护的难度，毕竟将一张图片转换成 base64 格式代码后，其字符串非常长，不利于维护开发。

### 8.5.4 按钮组的工具栏

通常有些应用需要在工具栏上排列成具有分组功能的按钮，按钮分组组件就是具有这种分组状态，而且只有其中一个按钮是选中状态。虽然这种按钮分组并不是只有Toolbar工具栏才能使用，但它也能够在其他组件中定义这种类型的按钮。按钮分组实际上是按钮组件的一个子组件，它被定义为 SegmentedButton 类型，其使用方法如代码 8-12 所示。

**代码 8-12 具有按钮分组功能的工具栏**

```
    <!DOCTYPE HTML>
    <html>
        <head>
            <meta charset="UTF-8">
            <title>工具栏实例</title>
            <link rel="stylesheet" type="text/css"
href="../sencha-touch.css" />
            <script type="text/javascript" src="../sencha-touch-debug.js">
</script>
            <script type="text/javascript">
              Ext.setup({
                  icon: 'icon.png',
                  glossOnIcon: false,
                  tabletStartupScreen: 'tablet_startup.png',
                  phoneStartupScreen: 'phone_startup.png',
                  onReady: function() {
                      var panel = new Ext.Panel({
                          id: 'toolbar_demo1',
                          fullscreen:true,
                          html:'工具栏 Toolbars 实例 4 - 按钮组',
                          dockedItems:[{
                              xtype:"toolbar",
                              dock:"top",
                              items:[{
                                  xtype:'spacer'
                              },{
                                  xtype: 'segmentedbutton',
                                  allowMultiple: false,
                                  items: [{
                                      text: '评论',
                                      handler: function(){}
                                  }, {
                                      text: '转发',
```

```
                                    pressed : true,
                                    handler: function(){}
                                }, {
                                    text: '私信',
                                    handler: function(){}
                                }],
                                listeners: {
                                    toggle: function(container, button,
pressed){
                                        console.log("User toggled the '"
                                        +button.text+"' button: "+
                                         (pressed?'on':'off'));
                                    }
                                }
                            },{
                                xtype:'spacer'
                            }]
                        }]
                    });
                }
            });
        </script>
    </head>
    <body>
    </body>
</html>
```

从上述代码来看，我们使用 xtype 属性创建按钮分组组件对象，并定义了三个按钮，同时使用 pressed 属性指定哪个按钮为默认选中状态。然后，把 allowMultiple 属性设置为 false，说明该按钮分组不能多选，只能单选。最后，通过占位符 spacer 类型将按钮分组布局到工具栏中间位置。上述代码执行后的效果如图 8-19 所示。

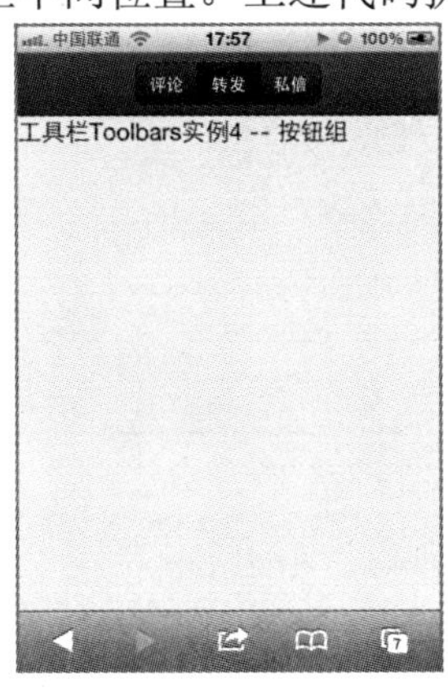


图 8-19　按钮组工具栏页面效果

# 8.6 Tabs选项卡

Tab选项卡组件也是Sencha Touch的重要界面组件库之一。接下来，我们通过两个例子详细解释如何使用Tab选项卡组件。

## 8.6.1 使用TabPanel组件定义Tab页面

首先，我们先看代码8-13。

代码8-13 使用TabPanel组件的示例代码

```
Ext.setup({
    icon: 'icon.png',
    glossOnIcon: false,
    tabletStartupScreen: 'tablet_startup.png',
    phoneStartupScreen: 'phone_startup.png',
    onReady: function() {
        new Ext.TabPanel({
            fullscreen: true,
            type: 'dark',
            sortable: true,
            items: [{
                title: 'Tab1 按钮',
                html: 'Tab1 标签页面',
            }, {
                title: 'Tab2 按钮',
                html: 'Tab2 标签页面',
            }, {
                title: 'Tab3 按钮',
                html: 'Tab3 标签页面',
            }]
        });
    }
});
```

上述代码使用Ext.Panel组件的一个子类组件Ext.TabPanel，同时通过定义其组件的items属性来设置该组件有多少个tab选项卡。代码运行后的效果如图8-20所示。

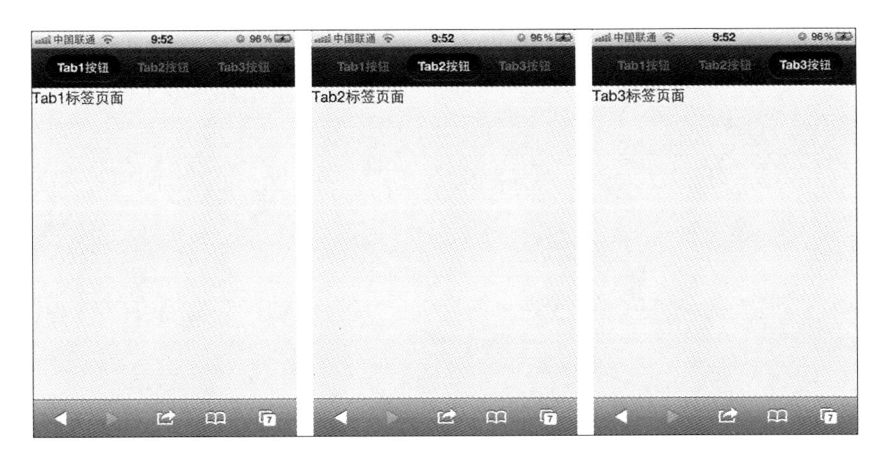


图 8-20 TabPanel 组件的三个 Tab 页面

TabPanel 组件是 Sencha Touch 应用程序中最常用的组件之一，常常用来实现标签页或选项卡等功能。下面是该组件中最常用的属性。

- ui 属性，组件的风格 ui 属性，默认值是 dark。
- tabBarDock 属性，主要作用是设置 TabPanel 组件的位置，属性值设置为“top”和“bottom”。
- cardSwitchAnimation 属性，主要作用是设置各个选项卡切换的动画效果。此属性的可选值包括 fade、slide、flip、cube、pop、wipe 等，默认值是 slide。
- sortable 属性表示是否允许 tab 选项卡拖动排序。

## 8.6.2 选项卡功能

在上一节，我们介绍了 TabPanel 组件，并简单实现基本的选项卡组件效果，但是该组件还能实现出另外一种选项卡功能，如代码 8-14 所示。

代码 8-14 实现选项卡功能的 JavaScript 代码

```
Ext.setup({
    icon: 'icon.png',
    glossOnIcon: false,
    tabletStartupScreen: 'tablet_startup.png',
    phoneStartupScreen: 'phone_startup.png',
    onReady: function() {
        new Ext.TabPanel({
            fullscreen: true,
            cardSwitchAnimation:{
                type: 'slide',
                cover: true
```

```
            },
            tabBar:{
                dock: 'bottom',
                layout: {
                    pack: 'center'
                }
            },
            items:[{
                title:"书签",
                iconCls:"bookmarks",
                html:"书签页面"
            },{
                title:"收藏",
                iconCls:"favorites",
                html:"收藏页面"
            },{
                title:"下载",
                iconCls:"download",
                html:"下载页面"
            },{
                title:"个人资料",
                iconCls:"user",
                html:"个人资料页面"
            },{
                title:"设置",
                iconCls:"settings",
                html:"设置页面"
            }]
        });
    }
});
```

上述代码运行后，在 iPhone Safari 下的效果如图 8-21 所示。需要注意的是，在采用 TabPanel 组件的选项卡功能时，每个选项卡都有一个类似图标的背景，这些背景是通过设置 iconCls 而生成的。

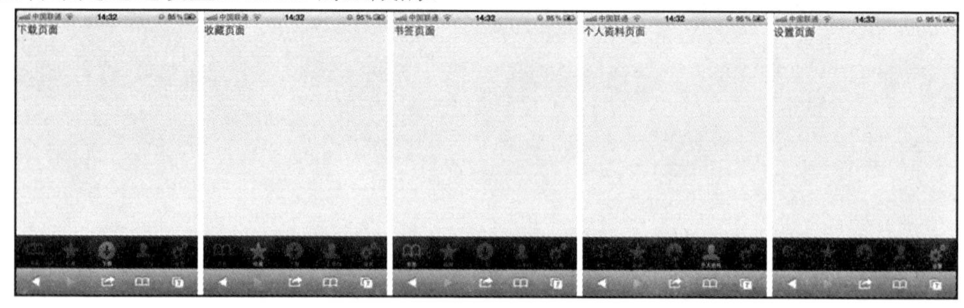


图 8-21 选项卡功能的 5 个页面效果图

iconCls 是 TabPanel 组件专有的属性，它的值在 Sencha Touch 的官方 CSS 文件中定义几种不同图片，例如书签（bookmarks）、收藏（favorites）、下载（download）、用户（user）、设置（settings）、信息（info）、更多（more）、搜索（search）、团队（team）、事件（time）等。

## 8.7　Carousel

Sencha Touch 为开发者提供一种 UI 组件，它能够实现多个页面之间通过屏幕触摸向左、向右或向上、向下滑动进行切换，这种组件叫做 Carousel。Carousel 有点类似于 TabPanel 的选项卡功能，只不过 Carousel 的页面切换是通过触屏事件而不是按钮事件触发的。

Carousel 组件的示例如代码 8-15 所示。

代码 8-15　Carousel 组件的示例代码

```
Ext.setup({
    icon: 'icon.png',
    glossOnIcon: false,
    tabletStartupScreen: 'tablet_startup.png',
    phoneStartupScreen: 'phone_startup.png',
    onReady: function() {
        new Ext.Carousel({
            fullscreen: true,
            items:[{
                html:"第一个 Carousel 页面"
            },{
                html:"第二个 Carousel 页面"
            },{
                html:"第三个 Carousel 页面"
            }]
        });
    }
});
```

执行代码后在 iPhone Safari 下的效果如图 8-22 所示。

Carousel 组件中的 direction 属性参数用于设置页面切换的方式，direction 属性支持两种切换方式，一种是 vertical（垂直方式），另一种是 horizontal（水平方式）。默认值是 horizontal（水平方式）。

增加 direction 属性并设置为 vertical 后的运行效果如图 8-23 所示。

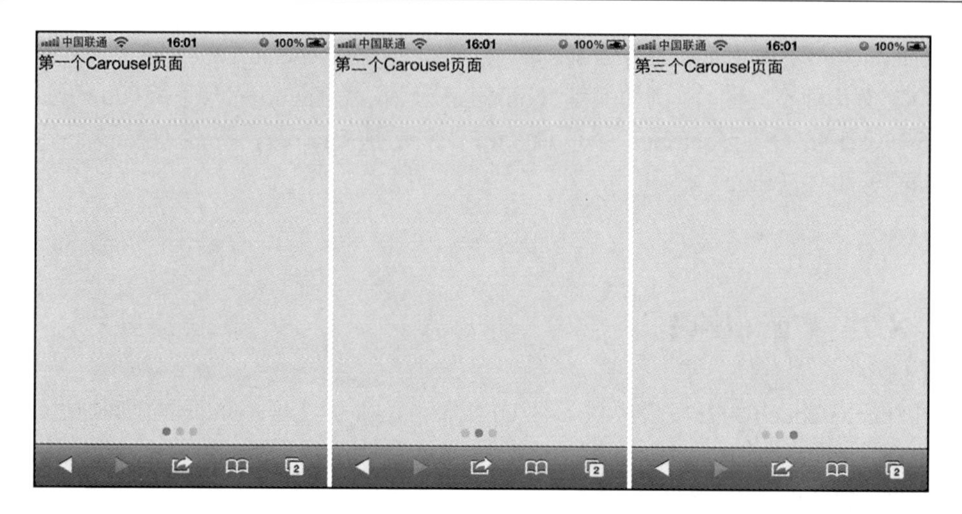


图 8-22 使用 Carousel 组件的效果图

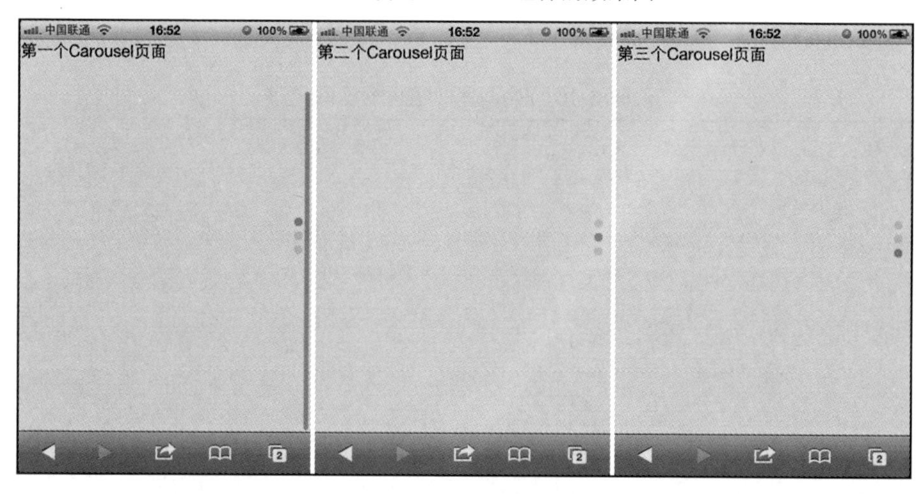


图 8-23 dircetion 属性值为 vertical 的 Carousel 组件效果图

Carousel 默认是通过触摸方式对每个 card 页面进行切换，但也可以通过组件提供的方法实现对组件页面的切换。例如 next 方法能实现去到下一个 card 页面，prev 方法则是去到上一个 card 页面。除了 next 方法和 prev 方法可以实现翻页的功能外，Carousel 同时还提供 setActiveItem 方法激活显示指定的 card 页面。

## 8.8 Overlays 遮罩层

在 Sencha Touch 的界面组件库还提供了一套比较特殊的组件，它就是允许单独存在于整个应用程序之中，它以浮动遮罩层的形式显示在屏幕上，因此这类组件能够直接调用。

### 8.8.1　Alert 提示信息类型

Alert 类型的遮罩层通常用于提醒信息的确认，代码如下：

```
Ext.Msg.alert("Overlay 遮罩层","Alert 示例");
```

代码运行效果如图 8-24 所示。

图 8-24　Alert 类型的提示框

alert 方法提供 4 个参数，其中第一个参数是提示框的标题，第二个参数是提示框的内容，这两个参数都是必需传入。最后两个参数都是可选的，包括一个回调函数和一个作用域对象。

### 8.8.2　Confirm 确认提示框类型

Sencha Touch 同样也提供了 Confirm 类型的确认信息提示框。例如以下代码：

```
Ext.Msg.confirm("Overlay 遮罩层","confirm 示例，确认退出",
Ext.emptyFn());
```

代码运行的效果如图 8-25 所示。

图 8-25 Confirm 类型信息确认提示框

## 8.8.3 Prompt 提示输入类型

Prompt 类型的提示框提供一个文本框允许用户输入信息并允许用户选择确定或取消操作。如以下代码：

```
Ext.Msg.confirm("Overlay 遮罩层","confirm 示例，确认退出",
Ext.emptyFn());
```

代码运行效果如图 8-26 所示。prompt 方法需要参数传入的参数和 Alert 方法类似。其语法是：

```
prompt(String title,String msg,[Function fn],[Object scope],
    [Boolean/Number multiLine],[String value],Object promptConfig )
```

其中第一个和第二个参数是提示框的标题和内容。

第二个和第三个参数和 Alert 类型、Confirm 类型基本一样，提供回调函数和作用域参数。

第三个参数的作用是指定可输入的文本框是否允许多行显示或指定行数。

第四个参数传递一个文本框默认值。

第五个参数传递的是一个对象，该参数主要用于配置文本框的各个属性，它允许设置 focus、placeholder、autocapitalize、autocorrect、autocomplete、maxlength、type 等属性。

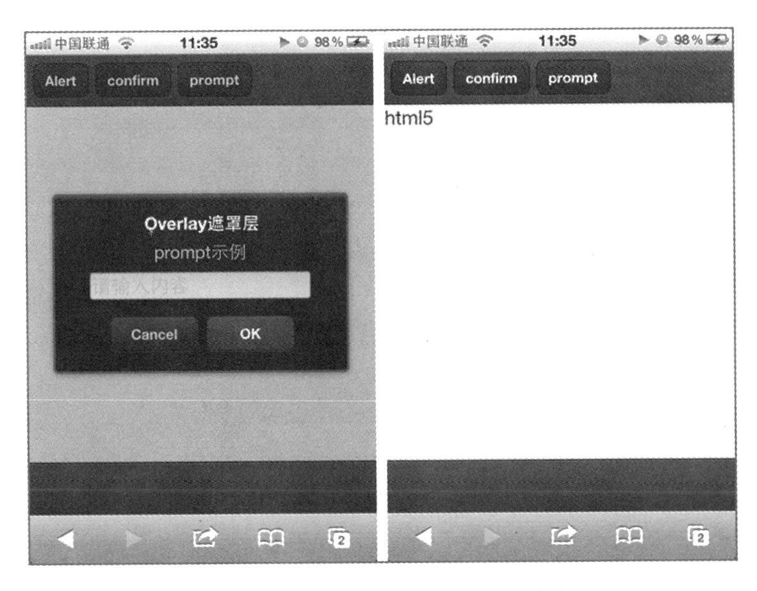


图 8-26　prompt 类型示例的效果图

## 8.8.4　ActionSheet 选择器类型

ActionSheet 组件的显示方式通常会从界面底端出现，并且浮在页面上。Action Sheet通常包含不少于两个按钮，允许用户选择其中一个按钮以便完成他们的任务。当用户单击按钮时，会触发按钮点击事件，并且 ActionSheet 会以动画向下移动的方式消失在界面上。示例代码如下：

```
new Ext.ActionSheet({
    items:[{
        text:"删除",
        ui:"decline"
    },{
        text:"确定",
        ui:"confirm"
    },{
        text:"取消"
    }]
});
```

代码运行后的效果如图 8-27 所示。

图 8-27　ActionSheet 类型效果图

### 8.8.5　Overlay 浮动层显示框类型

Ext.Panel 同样也能实现类似 Overlay 类型的组件。其实现方式比其他类型要复杂一些。如以下代码所示：

```
new Ext.Panel({
    floating:true,
    modal:true,
    centered:true,
    width:300,
    height:200,
    styleHtmlContent:true,
    scroll:'vertical',
    html:'<p>这是一个 overlay 的示例</p>',
    dockedItems:[{
        dock:"top",
        xtype:"toolbar",
        title:"overlay 例子"
    }]
})
```

代码运行效果如图 8-28 所示。至此，我们已经通过 5 个简单的示例分别讲述了 5 种不同类型的 Overlays 遮罩层组件的简单用法。

图 8-28　Ext.Panel 实现 Overlay 效果图

## 8.9　Picker 选择器

Ext.Picker 选择器组件是 Sencha Touch 界面组件库的另一个特殊组件。该组件的界面和 ActionSheet 类型的遮罩层非常相似。原因是 Ext.Picker 和 Ext.ActionSheet 都继承于 Ext.sheet 对象。下面我们将通过两个例子来介绍如何使用 Picker 选择器。

### 8.9.1　创建单列的选择器例子

使用 Ext.Picker 对象实现的选择器非常简单，如代码 8-16 所示。

代码 8-16　单列 Picker 选择器代码

```
Ext.setup({
    icon: 'icon.png',
    glossOnIcon: false,
    tabletStartupScreen: 'tablet_startup.png',
    phoneStartupScreen: 'phone_startup.png',
    onReady: function() {
        var picker = new Ext.Picker({
            slots: [{
                    name:'browser',
```

```
                    title:'Speed',
                    data:[
                        {text:'Chrome 浏览器',value:1},
                        {text:'IE 浏览器',value:2},
                        {text:'Firefox 浏览器',value:3},
                        {text:'Safari 浏览器',value:4},
                        {text:'Opera 浏览器',value:5}
                    ]
                }],
                listeners:{
                    pick:function(o,t,s){
                        var selectedText = o.slots[0].
data[s.selectedIndex].text;
                        panel.update("当前选择的是：" + selectedText + ", 值是"+
                        t["browser"]);
                    }
                }
            });
            var panel = new Ext.Panel({
                fullscreen:true,
                dockedItems:[{
                    xtype:"toolbar",
                    title:"Picker 选择器示例",
                    items:[{
                        xtype:"button",
                        text:"picker",
                        handler:function(){
                            picker.show();
                        }
                    }]
                }]
            });
            panel.show();
        }
    });
```

如以上代码所示，首先初始化一个 Picker 对象，并使用 slots 属性初始化一组数据源，同时还增加一个 pick 事件监听器，当选择器中的数据被选中时就触发 pick 事件，并将选中的数据输出到 panel 内容区域。代码运行效果如图 8-29 所示。

图 8-29　Picker 选择器效果图

### 8.9.2　创建允许选择日期的选择器例子

Sencha Touch 还提供了一种时间选择器 DatePicker，它继承自 Ext.Picker 对象，因此它具有 Ext.Picker 类的所有特性。时间选择器允许用户自定义年份的范围，是一种多数据关联的选择器。实现 DatePicker 也是非常简单，如代码 8-17 所示。

代码 8-17　DatePicker 示例代码

```
Ext.setup({
    icon: 'icon.png',
    glossOnIcon: false,
    tabletStartupScreen: 'tablet_startup.png',
    phoneStartupScreen: 'phone_startup.png',
    onReady: function() {
        Date.monthNames = ["1 月","2 月","3 月","4 月","5 月","6 月","7
月","8 月","9 月","10 月","11 月","12 月"];
        var picker = new Ext.DatePicker({
            yearFrom:2000,
            yearTo:2012,
            listeners:{
                pick:function(o,t,s){
                    panel.update("当前选择的日期是：" + t);
                }
            }
        });
        var panel = new Ext.Panel({
            fullscreen:true,
```

```
            dockedItems:[{
                xtype:"toolbar",
                title:"DatePicker 示例",
                items:[{
                    xtype:"button",
                    text:"picker",
                    handler:function(){
                        picker.show();
                    }
                }]
            }]
        });
        panel.show();
    }
});
```

通过实例化 Ext.DatePicker 对象就能实现时间选择器，其中参数 yearFrom 和 yearTo 参数是指定年份之间选择的范围，并将选择后的结果输出到 Panel 内容区域中。代码运行效果如图 8-30 所示。

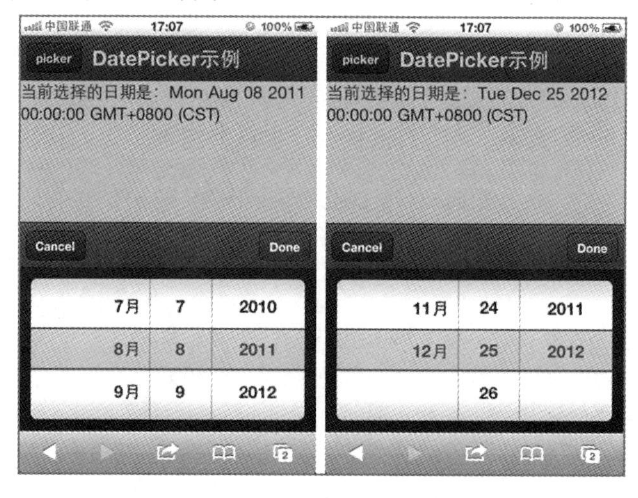


图 8-30 DatePicker 示例运行后的效果图

## 8.10 List 列表

Sencha Touch 最重要的界面组件库就是 Ext.List 组件，该组件是一个列表组件，它允许开发者根据不同列表类型实现不同的列表效果。接下来，我们将通过例子为读者介绍 Ext.List 组件的基本用法。

### 8.10.1　创建基本的列表例子

创建一个最基本的列表功能要准备三个条件，分别是 Model、Store 以及 List 组件，如代码 8-18 所示。

代码 8-18　Ext.List 组件示例

```
    Ext.setup({
        icon: 'icon.png',
        glossOnIcon: false,
        tabletStartupScreen: 'tablet_startup.png',
        phoneStartupScreen: 'phone_startup.png',
        onReady: function() {
            Ext.regModel('City',{
                fields:['cityName']
            });

            var store = new Ext.data.JsonStore({
                model:"City",
                data:[
                    {cityName:"beijing"},
                    {cityName:"shanghai"},
                    {cityName:"guangzhou"},
                    {cityName:"shenzhen"},
                    {cityName:"hangzhou"},
                    {cityName:"nanjing"},
                    {cityName:"chengdu"}
                ]
            })
            var list = new Ext.List({
                fullscreen:true,
                itemTpl:"{cityName}",
                store:store,
                onItemDisclosure:function(record,btn,index){
                    Ext.Msg.alert("list","已选中：" + record.get("cityName"),
Ext.emptyFn());
                }
            });
            list.show();
        }
    });
```

代码运行效果如图 8-31 所示，左图为页面加载后生成的列表，列表中的每个数据项右侧有一个图标，触摸图标就会触发 onItemDisclosure 事件并 alert 输出选中项的内容。

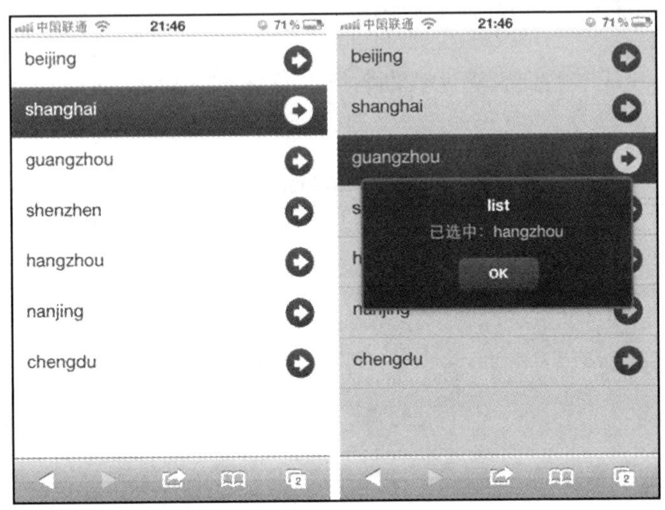


图 8-31　Ext.List 示例效果图

通过上述例子可以看到，要完成一个 List 功能，必须具备三个条件：第一个是 Model 类对象，用于提供数据的实体模型，指定数据字段；第二个是 Store 对象，其作用是和后端进行数据交互。上述例子使用的是 Ext.data.JsonStore 对象，该对象默认返回 JSON 格式数据；第三个就是用于显示数据视图的 List 对象。

三个条件之间相互牵连。Store 对象初始化时必须指定 Model 属性，List 对象则必须指定数据来源，上述例子就使用继承自 Store 的 JsonStore 对象提供数据。

在 List 对象中，itemTpl 属性的功能是定义被渲染到数据项列表的模板。该属性通常用于自定义 List 列表项页面，模板的介绍将会在后续章节中介绍。

onItemDisclosure 属性则提供一种默认列表右侧图标按钮事件触发的功能。该属性既可以是布尔值和 Object 对象，又可以是函数对象。

当 onItemDisclosure 属性设置成 true 时，List 列表中的每一项右侧都会显示一个图标按钮，但并不会触发任何事件。当 onItemDisclosure 属性被定义为函数对象时，List 组件会在初始化时注册每个数据项右侧图标按钮的 tap 事件。

### 8.10.2　改进的分组列表例子

在上一个示例中我们介绍了如何使用一个 List 组件。但 List 组件远远不止这些功能，它提供的功能非常多。

本节将介绍一种能模仿 iPhone 原生程序中具备自动分组排序功能的列表功

能。具体示例如代码 8-19 所示。

代码 8-19　分组列表示例代码

```
Ext.setup({
    icon: 'icon.png',
    glossOnIcon: false,
    tabletStartupScreen: 'tablet_startup.png',
    phoneStartupScreen: 'phone_startup.png',
    onReady: function() {
        Ext.regModel('City',{
            fields:['cityName']
        });

        var store = new Ext.data.JsonStore({
            model:"City",
            sorters:"cityName",
            getGroupString : function(record){
                return record.get("cityName")[0];
            },
            data:[
                {cityName:"beijing"},
                {cityName:"shanghai"},
                {cityName:"guangzhou"},
                {cityName:"shenzhen"},
                {cityName:"hangzhou"},
                {cityName:"nanjing"},
                {cityName:"chengdu"},
                {cityName:"tianjing"},
                {cityName:"shenyang"},
                {cityName:"dalian"},
                {cityName:"changchun"},
                {cityName:"xiamen"},
                {cityName:"qingdao"},
                {cityName:"luoyang"},
                {cityName:"wuhan"},
                {cityName:"changsha"},
                {cityName:"zhuhai"},
                {cityName:"chongqing"}
            ]
        })
        var list = new Ext.List({
            fullscreen:true,
            itemTpl:"{cityName}",
            store:store,
            grouped:true,
```

```
            indexBar:true
        });
        list.show();
    }
});
```

代码运行效果如图 8-32 所示。

图 8-32　分组列表示例效果图

其中，Store 对象和 List 对象增加几个属性参数，实现列表的分组排序功能。

在 Store 对象中，通过 sorters 属性，设置需要排序的字段名（Model 类中定义的字段），同时设置 getGroupString 函数指定字段名中的第一个字符作为分组标识。

设置完这些属性后，仍然无法实现分组排序功能。因为 List 对象并没指明开启列表分组功能，因此还需要在 List 对象中设置 grouped 属性为 true，开启列表分组排序，然后再设置 indexBar 属性为 true，开启索引栏以使用户能通过索引栏快速定位分组类别。

### 8.10.3　使用 Ajax 异步请求的列表

从前面两个实例可以看到，列表组件的数据源都是直接嵌入 List 组件内的，但在实际项目开发中，数据通常是来自服务器返回的数据。

List 组件对数据源的支持非常广泛，其中包括 Ajax 请求的数据、JSONP 格式数据以及 YQL 查询语言。

接下来，我们通过示例介绍如何使用 List 组件功能通过 Ajax 请求 JSON 数据。

首先新建一个 json 文件 citys.json，如代码 8-20 所示。

代码 8-20　city.json 数据源代码

```
{
    "citys":[
        {"cityName":"beijing"},
        {"cityName":"shanghai"},
        {"cityName":"guangzhou"},
        {"cityName":"shenzhen"},
        {"cityName":"hangzhou"},
        {"cityName":"nanjing"},
        {"cityName":"chengdu"},
        {"cityName":"tianjing"},
        {"cityName":"shenyang"},
        {"cityName":"dalian"},
        {"cityName":"changchun"},
        {"cityName":"xiamen"},
        {"cityName":"qingdao"},
        {"cityName":"luoyang"},
        {"cityName":"wuhan"},
        {"cityName":"changsha"},
        {"cityName":"zhuhai"},
        {"cityName":"chongqing"}
    ]
}
```

Ajax 异步请求的示例如代码 8-21 所示。

代码 8-21　Ajax 请求 JSON 数据的 List 组件代码

```
Ext.setup({
    icon: 'icon.png',
    glossOnIcon: false,
    tabletStartupScreen: 'tablet_startup.png',
    phoneStartupScreen: 'phone_startup.png',
    onReady: function() {
        Ext.regModel('City',{
            fields:[{name:'cityName',type:'string'}]
        });

        var store = new Ext.data.Store({
            model:"City",
            autoLoad:true,
            proxy:{
                type:'ajax',
                url:'citys.json',
```

```
                reader:{
                    type:"json",
                    root:"citys"
                }
            }
        })
        var list = new Ext.List({
            fullscreen:true,
            itemTpl:"{cityName}",
            store:store,
            onItemDisclosure:function(record,btn,index){
                Ext.Msg.alert("list","已选中：" + record.get("cityName"),
Ext. emptyFn());
            }
        });
        list.show();
    }
});
```

代码 8-21 运行效果如图 8-33 所示。

图 8-33　采用 Ajax 异步请求的列表效果图

我们在代码 8-19 的基础上稍作修改，将原来 List 组件中的 data 数据单独分离到 json 文件，最后形成代码 8-20。

接着，我们继续对代码 8-19 进行调整，为 store 对象增加 proxy 属性，代码如下：

```
proxy:{
    type:'ajax',
    url:'citys.json',
    reader:{
        type:"json",
```

```
            root:"citys"
        }
    }
```

其中 type 属性指定 store 通过 ajax 异步请求数据；url 属性指定请求的路径；reader 属性指定读取的数据类型为 json 格式数据以及返回的数据在 json 的 citys 对象中。

autoLoad 属性指定当 List 组件被渲染后，List 对应的 Store 自动请求加载数据。

代码 8-19 调整后就形成了如代码 8-21 所示的示例。

# 8.11 对 HTML5 的支持和封装

经过前一章节对常用组件库的介绍，读者基本上了解到如何使用 Sencha Touch 开发各种界面组件库。接下来，本章节将为读者探讨 Sencha Touch 如何封装及应用 HTML5 各种标准。

## 8.11.1 封装 HTML5 新表单元素

Sencha Touch 的表单组件除了支持各种常用的表单元素外，还对 HTML5 标准中定义的新表单功能进行了封装，同时它还继承于 Ext.lib.Component 组件，因此我们依然能够使用 Ext.lib.Component 组件的大部分属性、方法和事件。

Sencha Touch 目前支持的 HTML5 新元素类型包括 Email 类型、URL 类型、Number 类型、Search 类型等表单元素，同时还支持 HTML5 标准中的 required 和 placeHolder 等属性。

除了常用的表单元素和 HTML5 新元素外，Sencha Touch 还封装了非常丰富的组件，例如 DatePicker 时间选择器、Slider 滑块、Spinner、Toggle 切换按钮。

表单组件的使用方法非常简单，我们只需要在各种组件的 items 属性中配置 xtype 类型、name 名称、label 名称及 placeHolder 等就能实现表单组件。例如 email 输入框示例代码所示：

```
xtype:"emailfield",
name:"email",
label:"电子邮件",
placeholder:"请输入正确的电子邮件地址。"
```

该代码运行效果类似于第 4 章的图 4-3。

### 8.11.2 HTML5 表单应用例子

本节我们将通过示例讲述如何使用 Sencha Touch 的表单组件。该示例将使用 HTML5 的新元素来编写一套手机表单页面，如代码 8-22 所示。

代码 8-22 Sencha Touch 表单示例代码

```
Ext.setup({
    icon: 'icon.png',
    glossOnIcon: false,
    tabletStartupScreen: 'tablet_startup.png',
    phoneStartupScreen: 'phone_startup.png',
    onReady: function() {
        var formElement = [{
            xtype:"emailfield",
            name:"email",
            label:"电子邮件",
            placeHolder:"请输入正确的电子邮件"
        },{
            xtype:"urlfield",
            name:"url",
            label:"网址",
            placeHolder:"请输入正确的网址"
        },{
            xtype:"numberfield",
            name:"age",
            label:"年龄",
            placeHolder:"请输入年龄",
            minValue:1,
            maxValue:99
        },{
            xtype:"sliderfield",
            label:"Volume",
            value:5,
            minValue:1,
            maxValue:10
        },{
            xtype:"spinnerfield",
            minValue:0,
            maxValue:100,
            incrementValue:2,
        },{
            xtype:"togglefield",
```

```
                name:"toggle",
                value:1
            }];
            var formPanel = new Ext.form.FormPanel({
                id:"formPanel",
                fullscreen:true,
                dockedItems:[{
                    xtype:"toolbar",
                    dock:"top",
                    title:"Sencha Touch 表单示例"
                }],
                items:[formElement]
            })
            formPanel.show();
        }
    });
```

代码运行效果如图 8-34 所示。

图 8-34　Sencha Touch 表单示例效果图

在代码 8-21 的示例中，定义了一个 FormPanel 组件，并添加了一个头部 Toolbar 工具栏。然后定义了一个数组变量 formElement 用于记录各种表单元素组件，同时将变量 formElement 赋到 formPanel 的 items 中。

在 Email 和 URL 两种表单类型中，都各自定义了 name 名称和 label 名称，并使用 placeHolder 属性设置了 input 的占位符作为输入提示。

在年龄表单类型中，我们定义了 number 类型的 Input 元素，同时把 minValue 和 maxValue 属性设置成最小和最大允许值。

sliderfield 类型是一个滑动器，通过设置 minValue 和 maxValue 属性给滑动器定义左侧最小值和右侧最大值，以及默认值。

表单中的 spinnerfield 类型和 sliderfield 类型在功能上非常相似。唯一不同的是操作方式不一样，spinnerfield 通过加号和减号设置数值，同时还允许通过属性 incrementValue 的设置，以指定加减数值的跨度。

togglefield 类型是一种开关器，常常用于是和否、真和假值的判断。我们把 value 值设置为 1，指定默认是开启状态。

### 8.11.3 封装 GeoLocation 地理定位功能

HTML5 标准中对 GeoLocation API 的定义非常简单，主要的功能是实时对当前用户访问的页面进行位置的定位。

Sencha Touch 在对原有的 API 功能进行封装的同时，也继承了 Sencha Touch 中的事件观察类。因此 Ext.Util.GeoLocation 类不仅具有 GeoLocation API 功能，也具有监听 Sencha Touch 事件的功能。

Ext.Util.GeoLocation 的属性配置中主要提供 GeoLocation API 中的几项属性。

（1）allowHighAccuracy

它对应 GeoLocation API 中的 enableHighAccuracy 属性，传入的参数是布尔值。主要功能是是否要求高精度的地理定位信息。默认值是 false。

（2）autoUpdate

主要的功能是是否允许自动更新地理定位信息。

（3）maximumAge

它对应 GeoLocation API 中的 maximunAge 属性，传入的参数是数值。主要功能是设置地理定位信息的缓存有效时间。默认值是 0。

（4）timeout

它对应 GeoLocation API 中的 timeout 属性，传入的参数是数值。主要功能是设置获取地理定位信息的超时限制。默认值是 Infinity，即不限制。

Ext.Util.GeoLocation 同样封装了 GeoLocation API 中读取到地理定位信息后的对象属性，它们都属于只读属性。

（1）accuracy

它对应 GeoLocation API 中 position 对象的 accuracy 属性，返回值是数值类型。主要功能是获取纬度或经度的精度。

（2）altitude

它对应 GeoLocation API 中 position 对象的 alititude 属性，返回值是数值类型，不能获取时为 null 值。主要功能是获取当前地理位置的海拔高度。

（3）altitudeAccuracy

它对应 GeoLocation API 中 position 对象的 alititudeAccuracy 属性，返回值是数值类型。主要功能是获取海拔高度的精度。

（4）heading

它对应 GeoLocation API 中 position 对象的 heading 属性，返回值是数值类型。主要功能是读取移动设备的移动方向。该值返回 0 至 359 之间，若计数为顺时针则相对于设备方向向北。

（5）latitude

它对应 GeoLocation API 中 position 对象的 latitude 属性，返回值是数值类型。主要功能是获取当前地理位置的纬度。

（6）longitude

它对应 GeoLocation API 中 position 对象的 longitude 属性，返回值是数值类型。主要功能是获取当前地理位置的精度。

（7）speed

它对应 GeoLocation API 中 position 对象的 speed 属性，返回值是数值类型。主要功能是获取移动设备的移动速度。

（8）timestamp

它对应 GeoLocation API 中 position 对象的 timestamp 属性，返回值是数值类型。该属性值是读取当前地理位置信息时的时间。

由于 Ext.Util.GeoLocation 继承自 Ext.util.Observable 类，因此它具有非常多的事件相关的方法，例如增加监听器 addListener 和移除监听器 removeListener。同时 Ext.Util.GeoLocation 还对原生 API 进行封装并提供 updateLocation 方法用于更新当前的地理位置信息。语法如以下代码所示：

```
geo.updateLocation(function(geo){
    alert("Latitude:" + (geo !=null ? geo.latitude : "failed"));
});
```

Ext.Util.GeoLocation 的事件机制对其封装了两种事件：

第一种是 locationupdate 事件，当地理位置更新后触发该事件。第二种是 locationerror 事件，在地理位置获取失败后触发该事件。

现在我们以一个简单的例子来总结刚才介绍的 GeoLocation 在 Sencha Touch 应用程序下的基本用法，如代码 8-23 所示。

**代码 8-23　Ext.Util.GeoLocation 的用法示例代码**

```
Ext.setup({
    icon: 'icon.png',
    glossOnIcon: false,
```

```
    tabletStartupScreen: 'tablet_startup.png',
    phoneStartupScreen: 'phone_startup.png',
    onReady: function() {
        var geo = new Ext.util.GeoLocation({
            autoUpdate: false,
            listeners: {
                locationupdate: function (geo) {
                    alert('New latitude: ' + geo.latitude);
                },
                locationerror: function (geo,bTimeout,
                bPermissionDenied,bLocationUnavailable,message) {
                    if(bTimeout){
                        alert('Timeout occurred.');
                    }
                    else{
                        alert('Error occurred.');
                    }
                }
            }
        });
        geo.updateLocation();
    }
});
```

### 8.11.4 本地存储的支持

Sencha Touch 对 HTML5 标准的 Session Storage 和 Local Storage 进行了二次封装，并可通过 Proxy 代理方式对本地存储进行数据操作。

Sencha Touch 提供 Ext.data.SessionStorageProxy 和 Ext.data.LocalStorageProxy 两个类进行本地存储的操作，它们之间的继承关系如图 8-35 所示。

Ext.data.SessionStorageProxy 封装 HTML5 的 SessionStorage 作为数据的存储和检索的类对象。Ext.data.LocalStorageProxy 封装 HTML5 的 LocalStorage 作为数据的本地存储和检索的类对象。它们都继承于 Ext.util.Observable 事件类，因此它们都具备 Observable 所有的属性、方法和事件。

当用户在使用 Sencha Touch 提供的 Storage 类对象时，如果当前浏览器不支持本地存储，构造函数将会抛出一个错误。

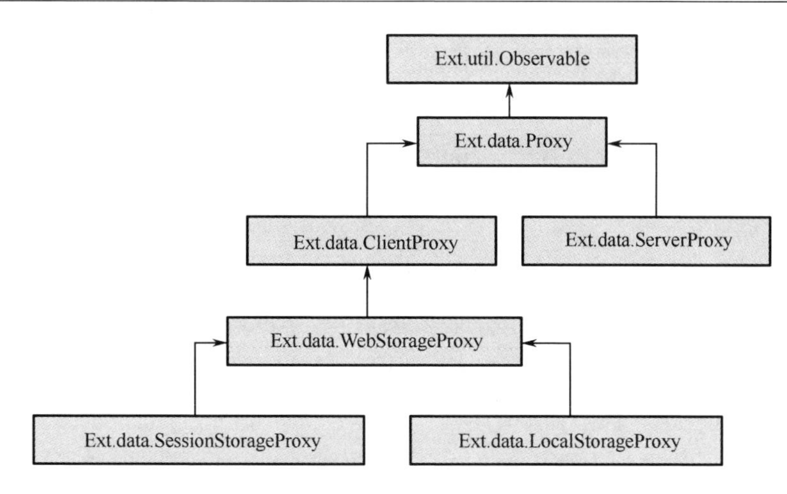


图 8-35　Sencha Touch 封装本地存储类关系图

### 1．Ext.data.SessionStorageProxy

创建 SessionStorageProxy 的代码如下：

```
new Ext.SessionStorageProxy({
    id:'mySessionStorage'
})
```

SessionStorageProxy 在 Sencha Touch 中允许通过 Store 的代理方式直接存储和检索，代码如下：

```
new Ext.data.Store({
    proxy:{
        type:'sessionstorage',
        id:'mySessionStorage'
    }
});
```

### 2．Ext.data.LocalStorageProxy

如何创建一个 LocalStorageProxy 对象呢？现在以 Store 代理的方式创建一个记录搜索关键词的简单示例。

首先，先建立一个 model 类，代码如下：

```
Ext.regModel('search',{
    fields:['id','query'],
    proxy:{
        type:'localstorage',
        id:'example-search'
    }
});
```

初始化完 model 类实体后，接着定义 Store 对象，并把该对象的 model 属性设置为 model 类实体名称“search”。代码如下：

```
var store = new Ext.data.Store({
    model:'search'
});
```

现在我们可以通过下面的代码加载 localStorage 中的数据。

```
store.load();
```

如何添加数据到 localStorage 呢？可通过 Store 对象提供的 add 方法将数据添加到 localStorage 中。代码如下：

```
store.add({query:'HTML5'});
store.add({query:'Sencha'});
store.sync();
```

最后通过 sync 方法，将 add 方法添加的所有数据都保存到 localStorage。

### 8.11.5 多媒体的支持

Sencha Touch 对 HTML5 的视频标准和音频标准进行了二次封装，使得开发者可以在 Web 应用程序中嵌入音频和视频功能。

Ext.Video 对象封装了 HTML5 的视频原生 API，Ext.Audio 对象封装了 HTML5 的音频原生 API。

Ext.Media 是 Ext.video 和 Ext.Audio 的父类，它提供了一些新的属性和方法。其中 url 属性提供给子类对象播放视频或音频的路径，方法 pause 和 play 都提供视频或音频的播放或暂停的功能。

Ext.Audio 音频功能的示例代码如下：

```
var audioPanel = new Ext.Panel({
    fullscreen:true,
    items:[{
        xtype:'audio',
        url:'audio.mp3'
    }]
});
```

Ext.Video 视频功能的示例代码如下：

```
var videoPanel = new Ext.Panel({
    fullscreen:true,
    items:[{
```

```
            xtype:'video',
            width:160,
            height:240,
            url:'video.mov',
        }]
    });
```

## 8.12　MVC 开发模式

上一节，我们为读者介绍了 Sencha Touch 如何封装 HTML5 标准以及通过简单的例子来展示如何应用到 Sencha Touch 应用程序。下面我们将为读者介绍在开发 Sencha Touch 应用程序时非常重要的模式：MVC 模式。

### 8.12.1　MVC 介绍

MVC 的英文是 Model-View-Controller，翻译成中文就是模型、视图、控制器。一个完整的 MVC 应用程序是由这三部分组成的，并将整个应用程序的输入、输出及逻辑处理等各种职责进行分离。

这三部分的职责究竟是什么呢？我们来简单地解释一下这三部分的功能。

（1）模型

模型是指在整个业务流程中的处理及业务规则的规约。在 Web 应用程序中，模型主要是提供实体对象的数据模型。

（2）视图

视图主要代表用户交互界面。它主要是在视图上提供数据的采集和处理用户的请求操作，对于业务流程的处理，视图不参与。

（3）控制器

控制器主要打通视图和模型之间的通道，将两者连接在一起，共同完成用户的各种请求。实际上，它主要处理各种业务流程。

在 Sencha Touch 框架中，它提供了一套基于 MVC 的 JavaScript 开发模式，该模式能使开发人员可以随意地将界面和业务逻辑分离，使得代码之间的维护成本更加低廉。

对于 MVC 模式，Sencha Touch 对于模型的概念，主要是定位于提供处理各种业务流程的实体类，即类似于 J2EE 开发模式的 Model 实体类。而视图的主要作用是定义和显示各种 UI 界面组件，并提供可操作的请求接口。控制器则主要处理视图的数据业务逻辑及视图之间的交互操作等。

现在，我们就马上揭开 Sencha Touch 的 MVC 开发模式。

### 8.12.2 创建 application 应用程序

创建一个 Sencha Touch 的 MVC 应用程序，需要一个初始化事件函数。我们在介绍事件管理的时候介绍过 Ext.setup()方法可以作为页面的初始化函数来初始化各种组件。

Sencha Touch 基于对 MVC 的开发模式，提供了另外一种页面初始化函数，语法如下：

```
new Ext.Application({
    name: 'MyApp',
    launch: function(){
    }
});
```

上述代码表示实例化一个 Application 对象，并在参数内定义 launch 函数，该函数的作用就是创建一个 application 应用程序，并使用 launch 函数作为初始化事件入口。

在 launch 函数内，它提供一个 viewpoint 属性，用于设置这个 applicaition 应用程序初始组件对象，并且作为 application 应用程序组件树结构的根组件。后续的其余组件的位置深度，都是基于这个组件对象，相当于叶子组件节点的含义。

viewport 属性的应用示例代码如下：

```
launch: function() {
    this.viewport = new Ext.Panel({
        fullscreen: true,
        id: 'mainPanel',
        layout: 'card',
        items : [{
            html: 'Welcome to My App!'
        }]
    });
}
```

从上面的代码可以看到，我们在 launch 函数内实例化一个 Panel 组件对象，并将实例对象赋值给 this.viewport 属性。上述 application 应用程序的代码等价于以下代码：

```
Ext.setup({
    onReady: function() {
```

```
            var panel = new Ext.Panel({
                fullscreen: true,
                id: 'mainPanel',
                layout: 'card',
                items : [{
                    html: 'Welcome to My App!'
                }]
            });
            panel.show();
        }
    });
```

每一个 Sencha Touch 的 UI 组件库，都提供一个 items 属性，该属性允许设置指定叶子组件，因此，我们可以理解成树结构的子节点。图 8-36 所示为一个 application 应用程序的组件树结构示例图。

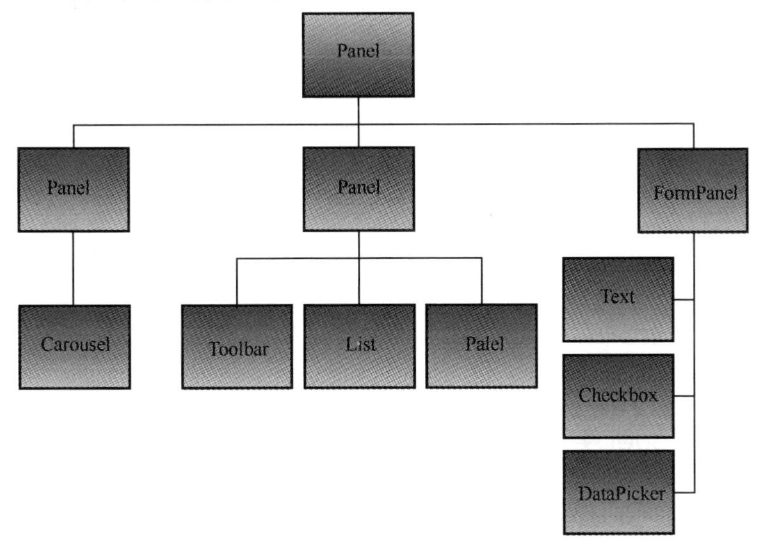


图 8-36　Sencha Touch 组件树结构图

从 application 对象的示例代码中可以看到，application 对象还设置了 name 属性。该属性主要用于定义 application 应用程序的名称，同时也作为命名空间的变量名称。

当创建一个 Application 对象实例并设置 name 属性时，Application 对象内部会在实例化时创建一组命名空间变量，它们分别是：

- MyApp
- MyApp.models
- MyApp.views

● MyApp.stores
● MyApp.controllers

这些命名空间变量的主要作用是为我们在实现 MVC 应用程序时，Sencha Touch 为我们提供默认的命名空间，其优点是避免变量的冲突。虽然 Sencha Touch 提供了上述的几个命名空间变量，但有时候也需要根据项目实际情况自定义其他命名空间变量。Sencha Touch 为我们提供了 namespace 方法自定义命名空间变量，方法示例如下：

```
Ext.namespace("MyApp.templates");
```

由于 Sencha Touch 内部已经定义了一系列的命名空间变量名，因此我们在编写应用程序的时候只需要直接使用即可，例如以下代码：

```
MyApp.panelDemo = new Ext.Panel({
    id:'panel',
    fullscreen:true
});
```

从上面的示例代码可以看到，首先实例化 Panel 对象，并将实例对象赋值到 MyApp 的命名空间 panelDemo 变量中。当需要调用该对象时，只需要调用 MyApp.panelDemo 变量。这种方式相当于通过直接使用 var 创建一个变量方式。不过使用 var 创建的变量容易产生名字冲突以及变量的作用域限制等问题，因此，在开发 Sencha Touch MVC 应用程序时，建议使用其提供的默认命名空间变量存储各种组件对象或实例对象。

### 8.12.3 Model 实体对象

采用 MVC 模式创建 Sencha TOuch 应用程序的同时它还会自动创建一系列命名空间变量。现在，我们就分析一下这些命名空间变量的用法，首先我们创建一个 Model 实体对象。

如以下示例代码：

```
MyApp.models.User = Ext.regModel('User', {
    fields: [
        {name:'name',type:'string'},
        {name:'age',type:'int'},
        {name:'phone',type:'string'},
        {name:'alive',type:'boolean',defaultValue:true}
    ]
});
```

从上面的代码可以看到，我们在代码中使用 Ext 对象的 regModel 方法注册一个 Model 实例对象，并指定该对象名称为“User”。同时，在其配置参数中设置 fields 属性，该属性是定义对象的各种变量，如 name、age、phone、alive 等。最后把 regModel 方法创建 User 实例对象保存到命名空间变量 MyApp.models.User 中。

### 1．可用的数据类型

Model 实体对象支持的变量类型非常多，基本上都能满足各种应用需求。除了上述示例代码的 string、int 及 boolean 三种基本类型外，它还支持 Object 对象类型。例如如下示例：

```
Ext.regModel('User',{
        fields: ['id','age','phone','alive']
});
```

代码在 fields 中定义一个字符串数组，该字符串变量类型就变成 Object 类型。

Model 对象除了可以指定了变量的类型外，还可以设置 defaultValue 默认值属性。基于这几种不同类型的变量，可以同时存在，例如以下代码：

```
MyApp.models.User = Ext.regModel('User',{
    fields:[
        {name:'name',type:'string'},
        {name:'age',type:'int'},
        {name:'alive',type:'boolean',defaultValue:true},
        'addresses','education'
    ]
});
```

### 2．数据验证

Model 实体对象除了提供变量的名称、类型、默认值外，它还提供对数据类型的校验功能。目前 Model 对象支持的数据校验类型包括长度校验、列表匹配校验、正则表达式校验等三种。

如以下示例：

```
Ext.regModel('User',{
    fields:[
        {name:'name',type:'string'},
        {name:'age',type:'int'},
        {name:'phone',type:'string'},
        {name:'gender',type:'string'},
        {name:'username',type:'string'}
    ],
    validations:[
        {type:'presence',field:'age'},
        {type:'length',field:'name',min:2,max:10},
        {type:'inclusion',field:'gender',list:['男','女']},
        {type:'exclusion',field:'username',list:['管理员','版主']},
```

```
        {type:'format',field:'username',matcher:/([a-z]+)[0-9]{2,3}/}
    ]
});
```

从上面的代码可以看到， validations 属性的作用就是定义数据校验规则。接下来我们解释一下上述各种数据校验规则。

第一种校验类型是 presence。其中 type 类型是 presence，field 是 age，说明字段属性 age 使用 presence 校验类型，该类型的含义是指 age 属性必须存在值。如代码：

```
{type:'presence',field:'age'}
```

第二种校验类型是 length。Length 校验类型是指字段的最小长度或最大长度。最小长度通过 min 属性指定，最大长度通过 max 属性指定。如代码：

```
{type:'length',field:'name',min:2,max:10}
```

第三种校验类型是 inclusion。inclusion 校验类型是指字段属性的值必须在 list 属性指定的数组范围内。如代码：

```
{type:'inclusion',field:'gender',list:['男','女']}
```

第四种校验类型是 exclusion。这种类型和 inclusion 有些类似，唯一不同的是指定的字段属性值不能包含在由 List 属性指定的数组范围内。如代码：

```
{type:'exclusion',field:'username',list:['管理员','版主']}
```

第五种校验类型是 format。这种校验类型主要是针对字符串或数值类型字段匹配正则表达式。如代码：

```
{type:'format',field:'username',matcher:/([a-z]+)[0-9]{2,3}/}
```

虽然 Sencha Touch 为 Model 提供了数据校验的最基本功能。然而，我们如何操作这些数据校验？校验数据成功或失败时又是如何返回提示信息？现在我们继续看以下代码：

```
var user = Ext.ModelMgr.create({
    name: 'Sankyu',
    gender: '女',
    username: '普通用户'
}, 'User');
var errors = user.validate();
```

代码使用了 Ext.ModelMgr.create()方法创建一个 User 实例对象，然后使用该对象调用 validate 方法验证数据，并返回一个数组对象，同时该数组对象记录着验证失败时对应属性字段的错误提示信息。例如 inclusion 类型的默认错误提示信息是“is not included in the list of acceptable values”。

### 3. Model 从属关系

Model 对象另外一个非常强大的特性是支持多个 Model 之间的从属关系，既可以是 1 对 1 关系，又可以是 1 对 *N* 的关系。

通过设置 belongsTo 属性表示 1 对 1 的主从关系，设置 hasMany 表示 1 对 *N* 的关系。

下面以一个论坛帖子的例子讲解如何使用这些关系。以下代码定义了三个不同的 Model 实体类型。

```
Ext.regModel('Post',{
        fields:['id','user_id']
});
Ext.regModel('Comment',{
    fields:['id','user_id','post_id']
});
Ext.regModel('User',{
    fields:['id']
});
```

其中 User 实体对象表示用户，Post 实体对象表示帖子主体，Comment 实体对象表示评论主题。

根据这三者的关系，User 对象允许有多个 Post 实体对象，而一个 Post 对象只能允许一个 User 创建。因此，可以对 User 对象和 Post 对象增加如下代码以实现两者之间的关系。

```
Ext.regModel('Post',{
    fields:['id','user_id'],
    belongsTo:'User'
});
Ext.regModel('User',{
    fields:['id'],
    hasMany:['Post']
});
```

代码实现了 User 对象和 Post 对象之间的关系后，我们再来分析一下 User 对象和 Comment 对象之间的关系，一个 Comment 评论帖只能允许一个用户评论，一般不会存在多用户评论同一个帖子的可能，但是会存在一个用户拥有多个评论帖子，因此 User 对象和 Comment 对象是一种 1 对 *N* 的关系。因此，User 对象代码更新如下：

```
Ext.regModel('User',{
    fields:['id'],
    hasMany:[
        'Post',
```

```
        {model: 'Comment', name: 'comments'}
    ]
});
```

现在，再来分析 Post 对象和 Comment 对象之间的关系。从一个论坛的概念来分析，一个帖子允许多个评论，而评论的主体是属于 Post 对象的。因此可以得出以下代码：

```
Ext.regModel('Post',{
    fields:['id','user_id'],
    belongsTo:'User',
    hasMany:{model:'Comment',name:'comments'}
});
Ext.regModel('Comment',{
    fields:['id','user_id','post_id'],
    belongsTo:'Post'
});
```

#### 4．采用 Store 对象代理

一般情况下，我们需要在各种界面中读取和显示 Model 实例对象的数据，因此我们可以在创建 Store 实例对象时，指定 Model 实体对象名称。如以下代码：

```
var store = new Ext.data.Store({
    model:'User'
});
store.load();
```

### 8.12.4 View 视图类

View 视图类作为 MVC 模式中的 View 模型，其主要作用是提供各种界面元素或功能。在 Sencha Touch 框架中，View 视图更多的是承担定义和显示应用程序界面的任务。

如以下示例代码：

```
MyApp.views.panel = Ext.extend(Ext.Panel,{
    id : 'myAppPanel',
    layout : 'card',
    indicator : false,
    fullscreen :true,
    initComponent : function(){
        MyApp.views.panel.superclass.initComponent.apply(this,
arguments);
    }
});
Ext.reg("myAppPanel",MyApp.views.panel);
```

该示例使用 Ext.extend 方法继承 Ext.Panel 组件创建一个新的组件类型，并将组件对象存储到 MyApp.views.panel 命名空间变量中。

在代码的最后一行，我们使用 Ext.reg 方法为 MyApp.views.panel 组件注册一个 xtype 类型组件。

实际上，上面的代码只是创建一个新组件对象，而不是实例化一个组件。如果实例化一个组件，就不需要采用 Ext.extend 和 Ext.reg，只需要简单地新建（new）一个对象即可，如以下代码：

```
    MyApp.views.panel = new Ext.Panel({
        id : 'myAppPanel',
        layout : 'card',
        indicator : false,
        fullscreen :true
    });
```

此时，MyApp.views.panel 所存储的是一个实例对象，而不是组件对象。

如何创建组件与组件之间的从属关系。

我们在介绍 application 应用程序的时候提到，各个组件之间都可以通过 items 属性来设置子组件。现在，我们使用 items 属性来实现第二个新的 Panel 组件对象，代码如下：

```
    MyApp.views.subPanel = Ext.extend(Ext.Panel,{
        id : 'myAppSubPanel',
        indicator : false,
        fullscreen :true,
        initComponent : function(){
            MyApp.views.subPanel.superclass.initComponent.apply(this,
arguments);
        }
    });
    Ext.reg("myAppSubPanel",MyApp.views.subPanel);
```

上面的代码重新定义一个继承 Panel 组件的对象，并将 id 和 xtype 名称更改为 myAppSubPanel。

现在就来结合 myAppPanel 对象和 myAppSubPanel 对象组合成具有父子关系的树形组件结构。myAppSubPanel 将作为 myAppPanel 的子组件。因此，myAppPanel 需要设置 items 属性并指定 myAppSubPanel 组件的 xtype 类型。代码如下：

```
    MyApp.views.panel = Ext.extend(Ext.Panel,{
        id : 'myAppPanel',
        layout : 'card',
        indicator : false,
        fullscreen :true,
```

```
        items:['myAppSubPanel'],
        initComponent : function(){
            MyApp.views.panel.superclass.initComponent.apply(this,
arguments);
        }
    });
```

同样，如果 myAppPanel 对象需要设置两个或更多的子组件，则代码如下：

```
    items:['myAppSubPanel','myAppSubPanel']
```

### 8.12.5 setActiveItem 使用方法

实际上，每个继承 Component 对象的组件，包括各种界面组件库，都有两个方法用于控制组件的显示和隐藏，分别是：

```
    //显示 panel 实例对象
    panel.show();
    //隐藏 panel 实例对象
    panel.hide();
```

当然，我们可以使用 show 和 hide 两个方法来控制组件的显示和隐藏。但是当页面组件元素非常多的时候，这些组件的控制往往变得非常烦琐，这就导致在很多业务逻辑中包含了非业务性质的代码。

我们在前面介绍组件之间的关系时，每个组件之间都存在一种树形结构关系。Sencha Touch 为此树形结构关系提供了一个方法：setActiveItem。它允许在当前的组件下激活子组件的状态，也就是说它能间接地控制组件之间的显示和隐藏功能。

下面，我们以一个简单的示例讲解如何使用 setActiveItem 方法。

首先，我们用代码定义三个继承 Panel 对象的新组件对象。我们把该三个组件的关系定义为 myAppPanel 包含两个子组件 myAppSubPanel 和 myAppSubPanel2。

```
    MyApp.views.panel = Ext.extend(Ext.Panel,{
        id:'myAppPanel',
        layout:'card',
        indicator:false,
        fullscreen:true,
        items:['myAppSubPanel','myAppSubPanel2'],
        initComponent : function(){
            MyApp.views.panel.superclass.initComponent.apply(this,
arguments);
        }
    });
    Ext.reg("myAppPanel",MyApp.views.panel);
```

```
    MyApp.views.subPanel = Ext.extend(Ext.Panel,{
        id : 'myAppSubPanel',
        initComponent : function(){
            MyApp.views.subPanel.superclass.initComponent.apply(this,
arguments);
        }
    });
    Ext.reg("myAppSubPanel",MyApp.views.subPanel);
    MyApp.views.subPanel2 = Ext.extend(Ext.Panel,{
        id : 'myAppSubPanel2',
        initComponent : function(){
           MyApp.views.subPanel2.superclass.initComponent.apply(this,
arguments);
        }
    });
    Ext.reg("myAppSubPanel2",MyApp.views.subPanel2);
```

在 myAppPanel 组件中定义了 layout 属性值为 card。因此该 Panel 的所有子组件默认只会显示第一个子组件，其余组件会被设置为隐藏状态。

此时当前的 myAppSubPanel 组件是显示状态，myAppSubPanel2 组件是隐藏状态。如果我们需要切换两个子组件之间的状态，可以使用刚才介绍的 show 和 hide 方法，代码如下：

```
    Ext.getCmp('myAppSubPanel').hide();
    Ext.getCmp('myAppSubPanel2').show();
```

如果使用 setActiveItem 方法又会如何呢？代码如下：

```
    Ext.getCmp('myAppPanel').setActiveItem('myAppSubPanel2');
```

只需要简单一行代码即可实现第二个子组件的切换。不过，setActiveItem 方法调用父元素组件的 setActiveItem 设置哪一个子组件是激活状态，即显示状态。

需要注意的是， setActiveItem 方法允许改变切换组件时采用的动画效果，代码如下：

```
    Ext.get('myAppPanel').setActiveItem('myAppSubPanel2',{
        type:'slide',
        direction:'right'
    });
```

上面的示例讲述了如何使用 setActiveItem 方法控制显示不同的组件。因此，我们在开发 Sencha Touch 应用程序的时候，setActiveItem 方法是使用最多也是最重要的方法之一。

### 8.12.6 Controller 业务逻辑类

Controller 类作为 Sencha Touch 应用程序的业务逻辑类，其主要功能是封装各种业务函数或API接口。Controller的作用有些类似于J2EE中的Action类，如Struts。

那么，如何定义一个具有 Controller 业务逻辑控制类的对象呢？

Ext 对象提供一个方法用于注册 Controller 类型的对象，示例代码如下：

```
MyApp.controllers.demoAction = Ext.regController('demoAction',{
    //业务逻辑函数
});
```

Ext.regController 方法的作用是注册一个 Controller 类型对象，并指定该对象的名称为 demoAction。然后，我们就可以在第二个参数编写各种函数接口业务。

Controller 封装视图组件切换业务逻辑。

下面我们根据之前介绍的切换两个视图组件的方法，将切换功能放到 Controller 业务逻辑类内，如以下代码：

```
MyApp.controllers.demoAction = Ext.regController('demoAction',{
    showSubPanel2:function(){
        Ext.get('myAppPanel').setActiveItem('myAppSubPanel2',{
            type:'slide',
            direction:'right'
        });
    }
});
```

从上述代码中可以看到，在该类中定义了一个函数 showSubPanel2，并将 setActiveItem 功能代码复制到该函数内，这样就实现了封装一个业务逻辑代码功能块。

业务逻辑函数已经实现了，那么我们该如何调用这个业务逻辑函数呢？实际上，只需要按照如下语法便可以调用该函数。

```
MyApp.controllers.demoAction.showSubPanel2();
```

现在根据之前定义的视图对象稍做修改，增加一个 toolbar 工具栏和一个按钮，并为按钮添加触摸事件，在该事件内指向这个业务逻辑函数。代码如下：

```
MyApp.views.panel = Ext.extend(Ext.Panel,{
    id : 'myAppPanel',
    layout : 'card',
    indicator : false,
    fullscreen :true,
```

```
        dockedItems:[{
            xtype:'toolbar',
            dock : 'top',
            title:'标题',
            items:[{
                xtype:'button',
                text : '刷新',
                handler : function(){
                    MyApp.controllers.demoAction.showSubPanel2();
                }
            }]
        }],
        items:['myAppSubPanel',myAppSubPanel2],
        initComponent : function(){
            MyApp.views.panel.superclass.initComponent.apply(this,
arguments);
        }
    });
    Ext.reg("myAppPanel",MyApp.views.panel);
```

## 8.13　本章小结

Sencha Touch 是目前一款比较成熟的基于 HTML5 标准的移动 Web 应用程序框架。SenchaTouch 框架的实现原理和 ExtJS 基本相同，因此其语法方面基本上一致。

由于上述这个原因，本章并没有针对 Sencha Touch 的实现原理及核心功能做详细的探讨，而是主要介绍了一些比较常用的界面组件库，例如工具栏、Tab、浮动层、选择器、列表等，以及一些在开发移动 Web 应用中比较重要的组件。然而，我们并没深入地探讨 Sencha Touch 的各种特性，而是通过大量示例代码来讲解各个组件库的使用方法。

在介绍完 UI 组件库后，我们还根据 Sencha Touch 对 HTML5 的支持情况进行了简单的分析并通过示例代码来讲述如何运用这些特性。

在本章的最后，我们还讨论了 Sencha Touch 的一项重要特性：MVC 模式的基本用法。并通过对 MVC 开发模式的入门介绍，让读者学到如何使用 Sencha Touch 开发真正的移动 Web 应用程序。

# 第 9 章

Chapter 9

# 跨平台的 PhoneGap 应用介绍

PhoneGap 是一个非常有趣的跨平台 Web 应用框架。本章我们将为读者介绍这款非常优秀的框架，并通过介绍其 API 接口让读者对 PhoneGap 有基本认识。

# 9.1 PhoneGap 概述

PhoneGap 是一款基于 HTML5 标准的跨平台开源手机 Web 应用开发框架。它允许用户通过 Web 技术访问移动设备的本地应用、API 接口及应用程序库等。

PhoneGap 将移动设备提供的 API 进行了抽象和简化，提供了丰富的 API 接口供开发者调用，开发者只要会编写 HTML 和 JavaScript 语言，就可以利用 PhoneGap 提供的 API 去调用移动设备内置的各种功能，开发者只需要开发一套 Web 应用程序，就能运行在多平台手机上。

PhoneGap 的官方网站是 http://www.phonegap.com，如图 9-1 所示。读者可以通过官方网站获取关于 PhoneGap 的最新信息、版本及 API 文档。

图 9-1 PhoneGap 官方网站

PhoneGap 是一套非常优秀的手机应用程序框架，它具有以下一些特性。

- 开源、免费。
- 跨平台框架，目前支持多种移动设备平台，包括：iOS、Android、BlackBerry、WebOS、Symbian、Windows Phone、Bada 等。
- 基于 HTML5 标准的手机应用框架，支持 HTML5、CSS3、JavaScript 等 Web 技术。
- Written once,run everywhere。真正实现了编写一次，云端运行。

PhoneGap 提供非常丰富的 API 接口，包括：加速度传感器（Accelerometer）、摄像头（Camera）、设备指向（Compass）、通讯录（Contacts）、设备信息（Device）、文件系统（File）、GPS 传感器、多媒体（Media）、网络（Network）、存储（Storage）及公告（Notification）等。

API 接口的具体用法将会在后续章节中详细介绍。

## 9.2　搭建 PhoneGap 开发环境

在介绍 PhoneGap 之前，我们首先了解一下如何在 Android 平台和 iOS 平台下搭建 PhoneGap 开发环境。

### 9.2.1　如何在 Android 平台下搭建 PhoneGap 开发环境

在搭建 Android 平台的 PhoneGap 开发环境前，首先我们要准备一些必备的工具和 SDK，包括：

- Eclipse 3.4 版本以上的开发环境。Eclipse 开发环境可以在其官方网站下载，下载地址是：http://www.eclipse.org/downloads/。
- Android SDK 包。该 SDK 包文件可以在 Android 官方网站下载，下载地址是：http://developer.android.com/sdk/index.html
- ADT Plugin for Eclipse 插件。
- PhoneGap 套件包。

由于本章重点不是讲述如何在 Eclipse 中部署 Android 开发环境，因此本节不会详细介绍部署 Android 开发环境，其重点是介绍如何使用 PhoneGap 框架 API 接口的基本用法。

#### 1. 创建项目

① 打开 Eclipse。

② 单击“new Android Project”，创建一个新的 Android 项目，效果如图 9-2 所示。

③ 然后在“Project name”中输入 Android 项目的名称，在“Build Target”下的列表中选择“Target name”名称为“Android 2.2”的选项。

④ 在“Package name”中自定义项目的类包路径，如 com.phonegap.helloworld。

⑤ 单击“Finish”按钮完成后项目工程创建完毕，我们现在可以开始项目的开发工作。

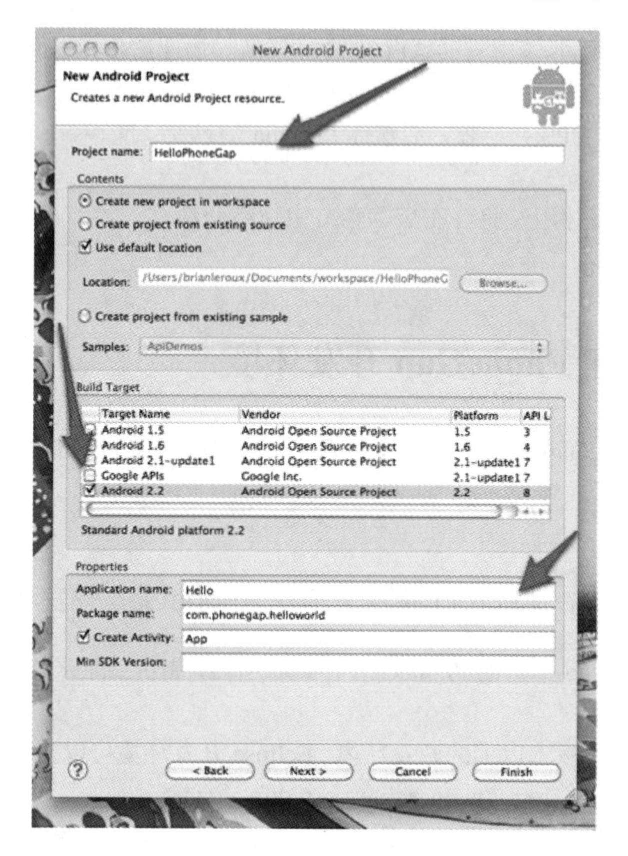


图 9-2　创建 Android 项目的界面（图片来源于官方网站）

## 2. 开发 PhoneGap 应用

① 首先在新建 Android 项目的根目录下创建两个新的文件目录：/libs 和/assets/www。

② 复制从网络上下载的 PhoneGap.js 文件到/assets/www 目录下。

③ 复制从网络上下载的 PhoneGap.jar 文件到/libs 目录下。

④ 在 com.phonegap.helloworld 类包下创建一个 j 文件 app.java。

⑤ 在 app.java 中将继承类 Activity 变更为 DroidGap，同时将 app.java 类内的 setContentView()方法替换成 super.loadUrl(“file:///android_asset/www/index.html”);

⑥ 最后将 phoneGap 类包导入，如“import com.phongap.*;”。同时删除“import android.app.Activity”的类包。效果如图 9-3 所示。

⑦ 如果在使用 phonegap.jar 类库包时发现 Java 中找不到类库，可以在项目的 build Paths 选项导入该类库。地址是在右击弹出的快捷菜单中选择“properties”→“Java Build Path”→“Libraries”，然后单击“Add JARs”并将项目的 libs 目录下的 phonegap.jar 导入。

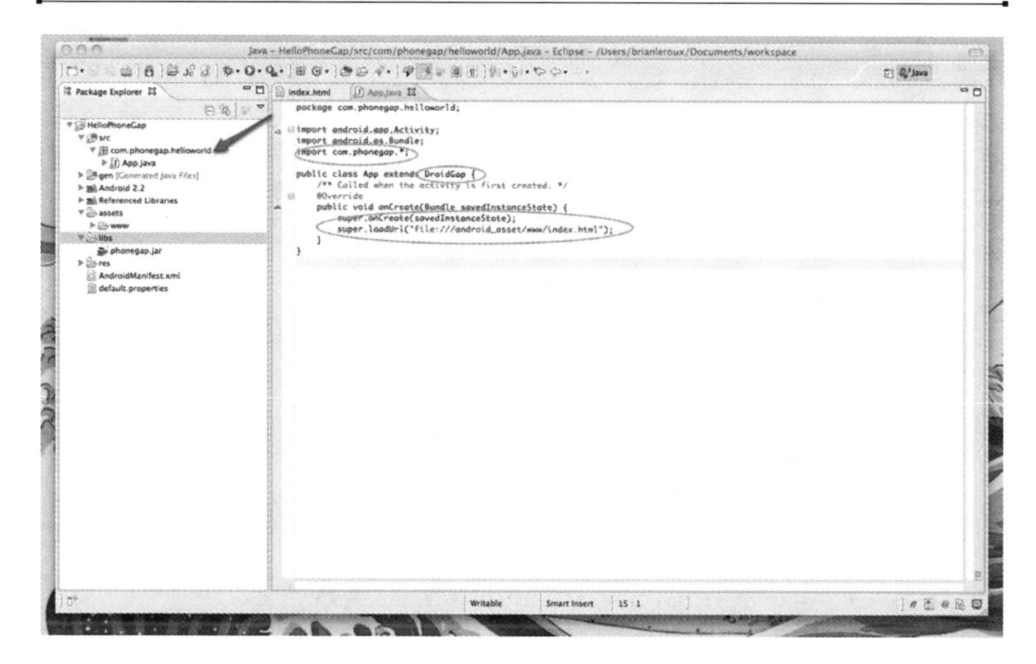


图 9-3 app.java 类文件图（图片来源于官方网站）

### 3. 修改配置

① 用文本方式打开项目根目录下的 AndroidManifest.xml。

② 将代码 9-1 复制到该 XML 文件中。

**代码 9-1 AndroidManifest.xml 部分代码**

```
<supports-screens
   android:largeScreens="true"
   android:normalScreens="true"
   android:smallScreens="true"
   android:resizeable="true"
   android:anyDensity="true"
/>
<uses-permission android:name="android.permission.CAMERA" />
<uses-permission android:name="android.permission.VIBRATE" />
<uses-permission
   android:name="android.permission.ACCESS_COARSE_LOCATION" />
<uses-permission
   android:name="android.permission.ACCESS_FINE_LOCATION" />
<uses-permission android:
   name="android.permission.ACCESS_LOCATION_EXTRA_COMMANDS" />
<uses-permission
   android:name="android.permission.READ_PHONE_STATE" />
<uses-permission android:name="android.permission.INTERNET" />
```

```
<uses-permission android:name="android.permission.RECEIVE_SMS" />
<uses-permission android:name="android.permission.RECORD_AUDIO" />
<uses-permission
   android:name="android.permission.MODIFY_AUDIO_SETTINGS" />
<uses-permission
   android:name="android.permission.READ_CONTACTS" />
<uses-permission
   android:name="android.permission.WRITE_CONTACTS" />
<uses-permission
   android:name="android.permission.WRITE_EXTERNAL_STORAGE" />
<uses-permission
   android:name="android.permission.ACCESS_NETWORK_STATE" />
<uses-permission android:name="android.permission.GET_ACCOUNTS" />
```

③ 接着增加一个 activity 配置文件代码，如代码 9-2 所示。

**代码 9-2 增加 activity 文件**

```
<activity android:name="com.phonegap.DroidGap"
       android:label="@string/app_name"
       android:configChanges="orientation|keyboardHidden">
    <intent-filter>
    </intent-filter>
</activity>
```

④ AndroidManifest.xml 的完整代码如代码 9-3 所示。

**代码 9-3 AndroidManifest.xml 配置文件代码**

```
<?xml version="1.0" encoding="utf-8"?>
<manifest
        xmlns:android="http://schemas.android.com/apk/res/android"
      package="com.phonegap.Sample"
        android:versionName="1.1"
        android:versionCode="1">
   <supports-screens
       android:largeScreens="true"
       android:normalScreens="true"
       android:smallScreens="true"
       android:resizeable="true"
       android:anyDensity="true"
   />
   <uses-permission android:name="android.permission.CAMERA" />
    <uses-permission
       android:name="android.permission.VIBRATE" />
    <uses-permission
       android:name="android.permission.ACCESS_COARSE_LOCATION" />
```

```
    <uses-permission
        android:name="android.permission.ACCESS_FINE_LOCATION" />
    <uses-permission
        android:name="android.permission
            .ACCESS_LOCATION_EXTRA_COMMANDS" />
    <uses-permission
        android:name="android.permission.READ_PHONE_STATE" />
   <uses-permission android:name="android.permission.INTERNET" />
    <uses-permission
        android:name="android.permission.RECEIVE_SMS" />
    <uses-permission
        android:name="android.permission.RECORD_AUDIO" />
    <uses-permission
        android:name="android.permission.MODIFY_AUDIO_SETTINGS" />
    <uses-permission
        android:name="android.permission.READ_CONTACTS" />
    <uses-permission
        android:name="android.permission.WRITE_CONTACTS" />
    <uses-permission
        android:name="android.permission.WRITE_EXTERNAL_STORAGE" />
    <uses-permission
        android:name="android.permission.ACCESS_NETWORK_STATE" />
    <application
        android:icon="@drawable/icon"
        android:label="@string/app_name"
        android:debuggable="true">
      <activity android:name=".Sample"
          android:label="@string/app_name"
              android:configChanges="orientation|keyboardHidden">
        <intent-filter>
              <action android:name="android.intent.action.MAIN" />
              <category
                  android:name="android.intent.category.LAUNCHER"/>
          </intent-filter>
      </activity>
   </application>
     <uses-sdk android:minSdkVersion="2" />
</manifest>
```

#### 4．Hello World 例子

在项目工程的 www 目录下新建 index.html 文件，如代码 9-4 所示。

代码 9-4　index.html 示例代码

```
<!DOCTYPE HTML>
<html>
```

```
    <head>
    <title>PhoneGap</title>
    <script type="text/javascript" charset="utf-8" src="phonegap. js">
</script>
    </head>
    <body>
    <h1>Hello World</h1>
    </body>
    </html>
```

### 5．部署应用

最后，用鼠标右键单击项目名称，在快捷菜单中选择“Run As”选项，然后再选择“Android Application”，项目工程便编译代码和启动 Android 模拟器运行 PhoneGap 应用程序。

## 9.2.2 如何在 iOS 平台下搭建 PhoneGap

要搭建 iOS 平台的 PhoneGap 应用程序，首先必须准备一台带 Mac OS 操作系统的 Apple 电脑作为程序开发环境。

然后建议最好有一台 Apple iOS 设备，如 iPod touch、iPhone、iPad 等。如果开发者开发的 iOS 应用程序需要部署安装到 iOS 设备上，也需要申请 Apple 开发者认证账号。

### 1．创建新项目

① 打开 Xcode 4 应用程序，在“File”菜单下选择“New”，然后选择“New Project”新建工程项目，如图 9-4 所示。

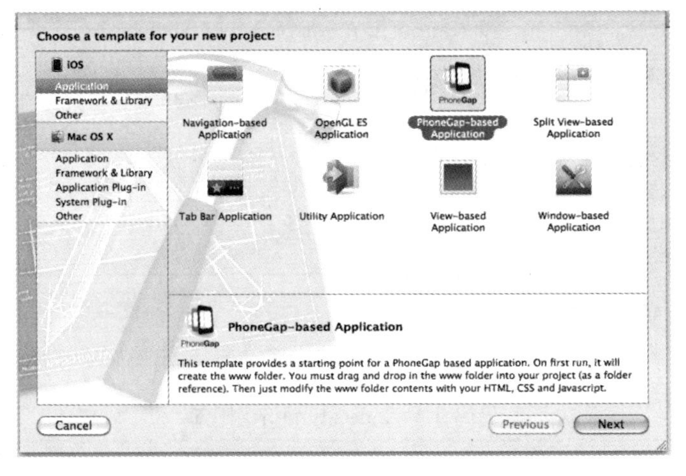


图 9-4 创建 iOS 工程项目界面（图片来源于官方网站）

② 在图 9-4 中，选择“Application”应用程序选项，然后在右侧选择“PhoneGap-based Application”模板，并单击“Next”按钮进入创建项目工程的选项界面，效果如图 9-5 所示。

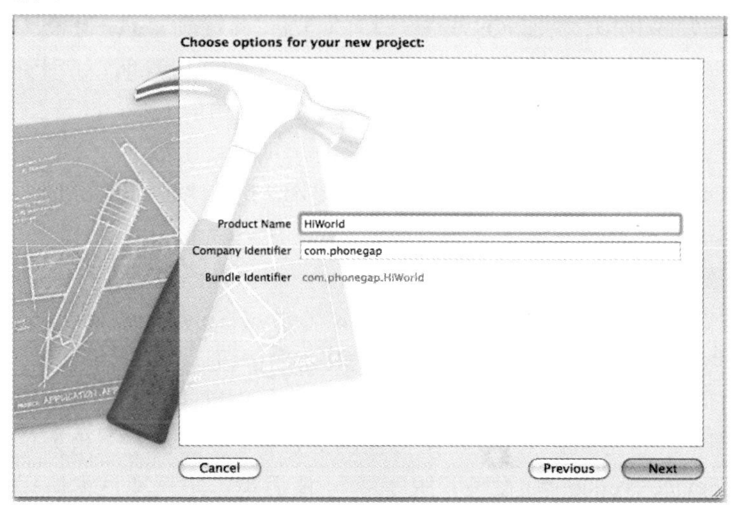


图 9-5 创建项目名称界面（图片来源于官方网站）

③ 输入项目工程的名称及公司标识符后，单击“Next”按钮。PhoneGap 项目工程已经创建完毕，下面我们开始编写一个简单的 helloworld 小程序。

### 2. 创建 PhoneGap 应用

① 图 9-6 是 Xcode 项目工程的目录结构。单击 Xcode 4 左上角的“Run”按钮编译代码并在模拟器里运行。

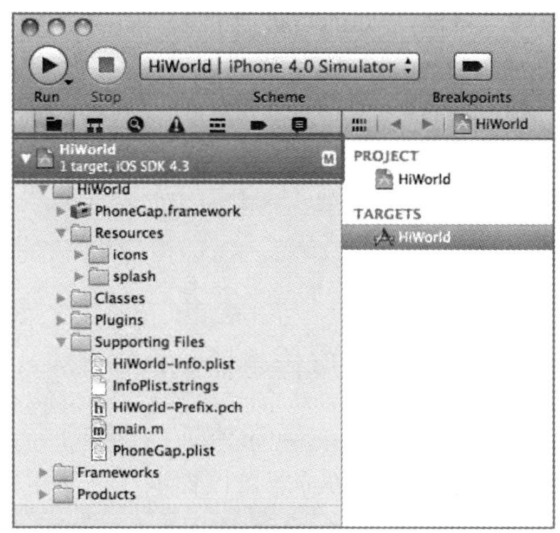


图 9-6 创建 www 目录效果图（图片来源于官方网站）

② 运行时，我们看到在模拟器中出现一个错误，而这个错误是告诉你项目工程内找不到 index.html 文件。

③ 现在我们只要解决这个问题就能正常运行项目。首先我们把下载的 PhoneGap 开发库包中，找到 iOS 开发环境的目录，并找到 www 目录，然后将 www 目录复制到项目。操作方法是用鼠标单击 Xcode 4 的左侧导航窗口上的项目名称，单击“show in finder”。在 Finder 中，会看到项目旁边的 www 目录。

④ 将 www 文件夹拖动到 Xcode 4 开发环境的项目工程下，效果如图 9-6 所示。

⑤ 拖动完毕后，会看到有几个选项的提示。选择“Create folder references for any added folders”选项后单击“Finish”按钮。

3. 部署和运行应用

① 确保将左上角菜单中的 Active SDK 修改成 Simulator+version#（模拟器和版本号），然后单击工程项目窗口标题的“Run”按钮运行，效果如图 9-6 所示。

② 如何部署到 iOS 设备？首先打开工程名称目录下的 Info.plist 文件，将 BundleIdentifier（包标识符）改成苹果提供的标识符。接着将左上角菜单中的 Active SDK 改成 Device+version#（设备和版本号）。最后单击工程项目窗口标题的“Run”按钮运行。

## 9.3 硬件设备接口

本节将介绍 PhoneGap 提供了哪些 API 接口以及如何使用 JavaScript 调用移动设备中的硬件设备属性。目前，PhoneGap 支持硬件相关的接口包括：

- 加速度传感器（Accelerometer）
- 指南针信息（Compass）
- 设备网络状态（Connection）
- 文件系统（File）
- 移动设备信息（Device）

### 9.3.1 Accelerometer 加速度传感器

现在的智能手机，特别是 Android 和 iOS 平台的手机，都内置提供基于硬件设备的加速度传感器。这种加速度传感器可以根据当前手机三维方向的位置变化而触发事件。

在 PhoneGap 框架中，它提供一套接口，可以获取当前移动设备相对于原来位置的移动情况，这种加速度传感器在智能手机中是三维全方向感知，即通过 *X*、*Y*、*Z* 值便可得知手机位置移动情况。

Accelerometer 加速度传感器支持的平台包括：

- Android
- iOS（iPhone、iPod、iPad）
- BlackBerry WebWorks (OS 5.0 and higher)

PhoneGap 提供如下三种方法获得 Accelerometer 加速度的信息。

- getCurrentAcceleration：第一次获取当前移动设备加速度传感器的位置。
- watchAcceleration：实时监控当前移动设备的加速度传感器的位置变化情况。
- clearWatch：取消由 watchAcceleration 创建的实时监控对象。

### 1．getCurrentAcceleration

语法如下：

```
    navigator.accelerometer.getCurrentAcceleration(accelerometerSuccess,
accelerometerError);
```

第一次获取当前移动设备 *X*、*Y*、*Z* 的值表示当前设备加速度传感器的位置信息。函数中的第一个参数为获取成功后的回调函数；第二个参数为获取失败后的回调函数。

下面我们来看一下这个方法的实际用法，如代码 9-5 所示。

**代码 9-5　读取加速计的示例代码**

```
    <!DOCTYPE html>
    <html>
      <head>
        <title>Acceleration Example 1</title>

        <script type="text/javascript" charset="utf-8" src="phonegap.js">
</script>
        <script type="text/javascript" charset="utf-8">

        document.addEventListener("deviceready", function(){
            navigator.accelerometer.getCurrentAcceleration(onSuccess,
onError);
        }, false);

        function onSuccess(acceleration) {
            alert('Acceleration X: ' + acceleration.x + '\n' +
                  'Acceleration Y: ' + acceleration.y + '\n' +
                  'Acceleration Z: ' + acceleration.z + '\n' +
                  'Timestamp: ' + acceleration.timestamp + '\n');
        }
```

```
    function onError() {
        alert('Acceleration onError!');
    }

    </script>
  </head>
  <body>
  </body>
</html>
```

2. watchAcceleration

以一定时间间隔监控当前移动设备的加速度传感器的位置变化。

3. clearWatch

取消当前移动设备移动传感器的监控对象。

在上一个示例中，我们使用了 getCurrentAcceleration 方法第一次获取当前设备的加速度传感器的位置信息，但是该方法在获取一次后就不会再根据当前设备的位置变化而重新获取。现在使用 watchAcceleration 和 clearWatch 两个方法来展示如何实时监控传感器的位置变化。

实时监控传感器位置变化的示例如代码 9-6 所示。

**代码 9-6 实时监控传感器位置变化的示例代码**

```
<!DOCTYPE html>
<html>
  <head>
    <title>Acceleration Example 2</title>

    <script type="text/javascript" charset="utf-8" src="phonegap.js">
</script>
    <script type="text/javascript" charset="utf-8">
    var watchID = null;
    document.addEventListener("deviceready", function(){
        startWatch();
    }, false);
    function startWatch() {
        //3s 更新一次 Accelerometer 对象
        var options = { frequency: 3000 };
        watchID = navigator.accelerometer.watchAcceleration (onSuccess,
onError, options);
    }
    function onSuccess(acceleration) {
        var element = document.getElementById('accelerometer');
        element.innerHTML='Acceleration X:'+acceleration.x+'<br />' +
```

```
                            'Acceleration Y:'+ acceleration.y +'<br/>'+
                            'Acceleration Z:'+ acceleration.z +'<br/>'+
                            'Timestamp:'+acceleration.timestamp+'<br/>';
        }
        function onError() {
            alert('Acceleration onError!');
        }
        //清除事件监听
        function stopWatch() {
            if (watchID) {
                navigator.accelerometer.clearWatch(watchID);
                watchID = null;
            }
        }
        </script>
    </head>
    <body>
        <div id="accelerometer"></div>
        <button onclick="stopWatch();">停止 Acceleration 事件监听</button>
    </body>
  </html>
```

### 9.3.2 Compass 对象获取指南针信息

现在的智能手机都配备有指南针功能，同时 Android 和 iOS 平台内部也开放 API 接口，允许开发者读取智能手机上的指南针信息。

在 PhoneGap 框架中，它针对智能手机指南针的功能特性，提供了一套接口用于读取手机指南针的信息。

目前 Compass 对象支持的平台包括：

- Android
- iOS（iPhone、iPod、iPad）

Compass 对象内置三种方法用于读取和监控指南针变化的情况。

- getCurrentHeading
- watchHeading
- clearWatch

1. getCurrentHeading

读取当前手机指南针信息。该方法是当第一次读取指南针信息时需要调用该方法。该方法可以传入三个参数：compassSuccess 参数是获取成功后的回调函数；compassError 参数是获取失败后的回调函数；compassOptions 是可选参数，主要是配置参数属性。具体语法如下：

```
    navigator.compass.getCurrentHeading(compassSuccess, compassError,
compassOptions);
```

下面我们来看一下 getCurrentHeading 方法的基本用法，如代码 9-7 所示。

代码 9-7 getCurrentHeading 方法示例代码

```
    <!DOCTYPE html>
    <html>
      <head>
        <title>Compass Example 1</title>
        <script type="text/javascript" charset="utf-8" src="phonegap.js">
</script>
        <script type="text/javascript" charset="utf-8">

          //监听设备初始化后读取 Compass 对象
          document.addEventListener("deviceready",function(){
              navigator.compass.getCurrentHeading(onSuccess, onError);
          }, false);

          //成功后回调函数
          function onSuccess(heading) {
              alert('Heading: ' + heading);
          }

          //失败后回调函数
          function onError() {
              alert('onError!');
          }
        </script>
      </head>
      <body>
      </body>
    </html>
```

2. watchHeading

以一定时间间隔监听移动设备上指南针的指向变化。该方法传入的参数和 getCurrentHeading 方法一样，语法如下：

```
    navigator.compass.watchHeading(compassSuccess, compassError,
compassOptions);
```

compassOptions 参数可以传递一个属性 frequency，该属性用于定义 watchHeading 方法间隔多长时间更新一次 Compass。单位是毫秒，默认值是 100。

### 3．clearWatch

取消监听移动设备指南针变化情况。

在上一个示例我们介绍了如何使用 getCurrentHeading 方法第一次获取当前手机的指南针信息，但是如何实现实时监控指南针的变化情况呢？现在，我们使用 watchHeading 和 clearWatch 两个方法实现一个简单例子，如代码 9-8 所示。

代码 9-8　watchHeading 和 clearWatch 方法的示例代码

```
    <!DOCTYPE html>
    <html>
      <head>
        <title>Compass Example 2</title>
        <script type="text/javascript" charset="utf-8" src="phonegap.js">
</script>
        <script type="text/javascript" charset="utf-8">

            //监视 ID
            var watchID = null;
            document.addEventListener("deviceready",function(){
                startWatch();
            }, false);

            //初始化监视器
            function startWatch() {

                //每 3s 更新一次 Compass
                var options = { frequency: 3000 };

                watchID = navigator.compass.watchHeading(onSuccess,
onError, options);
            }

            //停止监视
            function stopWatch() {
                if (watchID) {
                    navigator.compass.clearWatch(watchID);
                    watchID = null;
                }
            }

            //成功回调函数
            function onSuccess(heading) {
                alert("heading : " + heading);
            }

            //失败回调函数
```

```
        function onError() {
            alert('onError!');
        }

    </script>
  </head>
  <body>
  </body>
</html>
```

### 9.3.3 使用 connection 对象检测网络状态

目前大部分智能手机都具有连接无线网络的功能，再加上原有的 2G 或 3G 网络，智能手机几乎随时随地都可以访问互联网。

在 PhoneGap 框架中，connection 对象的作用是读取移动设备的蜂窝或无线网络的信息。

目前，connection 对象支持的平台包括：

- iOS（iPhone、iPod、iPad）
- Android
- BlackBerry WebWorks (OS 5.0 and higher)

connection 对象是通过 navigator.network.connection 获取的。它的属性 type 用于确定当前移动设备的网络连接状态和连接类型。如以下代码：

```
function checkConnection() {
    var networkState = navigator.network.connection.type;
    var states = {};
    states[Connection.UNKNOWN]  = 'Unknown connection';
    states[Connection.ETHERNET] = 'Ethernet connection';
    states[Connection.WIFI]     = 'WiFi connection';
    states[Connection.CELL_2G]  = 'Cell 2G connection';
    states[Connection.CELL_3G]  = 'Cell 3G connection';
    states[Connection.CELL_4G]  = 'Cell 4G connection';
    states[Connection.NONE]     = 'No network connection';
    alert('Connection type: ' + states[networkState]);
}
```

从上述代码中可以看到，connection 对象还内置如下一些常量。

- UNKNOW：找不到网络连接。
- ETHERNET：有线连接。
- WIFI：WIFI 联网。
- CELL_2G：2G 网络。

- CELL_3G：3G 网络。
- CELL_4G：4G 网络。
- NONE：找不到网络。

### 9.3.4　File 对象操作文件系统

PhoneGap 框架为开发者提供了一套 API 接口，用于读取、写入和浏览移动设备上的文件系统。

#### 1．目录对象

DirectoryEntry 对象表示文件系统中的一个目录。目前支持的平台包括：

- iOS（iPhone、iPod、iPad）
- Android
- BlackBerry

表 9-1 所示是 DirectoryEntry 对象可以使用的属性列表。

表 9-1　DirectoryEntry 对象的属性一览表

| 属 性 名 | 类 型 | 说 明 |
| --- | --- | --- |
| isFile | boolean | 总是 false |
| isDirectory | boolean | 总是 true |
| name | DOMString | 目录名称（不包含路径） |
| fullPath | DOMString | DirectoryEntry 目录对象的完整路径 |

表 9-2 所示是 DirectoryEntry 对象所提供的方法。

表 9-2　DirectoryEntry 对象的方法一览表

| 方 法 | 说 明 |
| --- | --- |
| getMetadata | 获取目录的元数据 |
| moveTo | 移动一个目录到文件系统中的不同位置 |
| copyTo | 复制一个目录到文件系统中的不同位置 |
| toURI | 返回一个可以定位目录的 URI |
| remove | 删除一个目录，被删除的目录必须是空目录的 |
| getParent | 查找父级目录 |
| createReader | 创建一个可以从目录中读取条目的新 DirectoryReader 对象 |
| getDirectory | 创建或查找一个目录 |
| getFile | 创建或查找一个文件 |
| removeRecursively | 删除一个目录和它的所有内容 |

（1）getMetadata 方法

获取目录的元数据。使用方法如下：

```
getMetadata(successCallback,errorCallback);
```

其中 successCallback 参数是获取元数据成功后的回调函数，回调函数会返回一个 Metadata 对象在函数内调用；errorCallback 参数是获取元数据失败时的回调函数，该回调函数也会返回一个 FileError 对象在函数内调用。简单示例代码如下：

```
entry.getMetadata(function(metadata){
    console.log("directory name is " + metadata.name);
},function(error){
    alert("getMetadata error code is " + error.code);
});
```

（2）moveTo 方法

移动一个目录到文件系统的不同位置。使用方法如下：

```
moveTo(parent,newName,successCallback,errorCallback);
```

其中 parent 参数是移动目标的父级目录，参数类型是 DirectoryEntry 对象；newName 参数是新目录的名称，如果没有指定，默认为当前名字；successCallback 参数是移动目录成功后的回调函数，回调函数会返回一个 Metadata 对象到函数内部；errorCallback 参数是移动目录失败时的回调函数，回调函数页会返回一个 FileError 对象到函数内部。

调用 moveTo 方法进行目录的移动，当出现以下情况时，方法会调用 errorCallback 回调函数。

- 移动目录到自身目录或其目录的所有子目录。
- 将一个目录移动到它的父目录时没有提供和当前目录不同的名称。
- 移动目录到一个文件所占用的路径。
- 移动目录到一个非空目录所占用的路径。

（3）copyTo 方法

复制一个目录到文件系统中不同位置。使用方法是：

```
copyTo(parent,newName,successCallback,errorCallback);
```

parent 参数是复制目录的目标父级目录，参数类型是 DirectoryEntry 对象；newName 参数是复制的新目录名称，如果没有指定，默认为当前名字；successCallback 参数是复制目录成功后的回调函数，回调函数会返回一个 Metadata 对象到函数内部；errorCallback 参数是移动目录失败时的回调函数，回调函数会返回一个 FileError 对象到函数内部。

目录的复制总是递归操作，也就是说会将目录内的所有内容一并复制。调用

copyTo 方法复制目录，当出现以下情况时，方法会调用 errorCallback 回调函数。

- 复制一个目录到其深度的子目录中。
- 将一个目录复制到它的父目录时没有提供和当前目录不同的名称。

（4）remove 方法

删除一个目录，被删除的目录必须是空的。使用方法如下：

```
remove(successCallback,errorCallback);
```

successCallback 参数是删除目录成功后的回调函数，该回调函数没有参数；errorCallback 参数是删除目录时发生错误的回调函数，该回调函数会返回一个 FileError 对象到函数内部。示例代码如下：

```
entry.remove(function(){
    console.log("remove success");
},function(error){
    alert("remove method error, code is " + error.code);
})
```

当目录发生删除错误或失败时，remove 方法会调用 errorCallback 回调函数。

- 删除一个非空的目录。
- 删除文件系统的根目录。

（5）getParent 方法

查找父级目录。使用方法如下：

```
getParent(successCallback,errorCallback);
```

successCallback 参数是查找父级目录成功后的回调函数，该回调函数返回一个父级目录 DirectoryEntry 对象的参数到函数内部；errorCallback 参数是查找父级目录发生错误时的回调函数，该回调函数会返回一个 FileError 对象到函数内部。示例代码如下：

```
entry.getParent(function(parentEntry){
    console.log("parent directory name is" + parentEntry.name);
},function(error){
    alert("failed getParent method,code is" + error.code);
});
```

（6）createReader 方法

创建一个可以从目录中读取条目的新 DirectoryReader 对象。示例代码如下：

```
var directoryReader = entry.createReader();
```

DirectoryReader 对象是包含目录中所有的文件和子目录的列表对象。DirectoryReader 对象含有一个方法 readEntries，该方法的作用是读取目录中的所有条目。

readEntries 方法的语法如下：

```
directoryReader.readEntries(successCallback,errorCallback);
```

successCallback 参数是读取条目成功时的回调函数，该函数返回一个参数，其参数是一个包括 FileEntry 和 DirectoryEntry 的对象数组。errorCallback 参数是读取错误时的回调函数，该函数返回一个 FileError 对象的参数。

（7）getDirectory 方法

创建或查找一个目录。使用方法如下：

```
getDirectory(path,options,successCallback,errorCallback);
```

path 参数是创建或查找的目录路径，它允许使用一个绝对路径或相对于当前 DirectoryEntry 对象的路径；options 参数是指定查找的目录不存在时是否创建新目录等选项，它传入的是一个 Flags 类型的 Object 对象；successCallback 参数是查找成功时的回调函数，该函数会返回一个创建或已查找到的目录 DirectoryEntry 对象到函数内部；errorCallback 参数为查找错误时的回调函数，并且函数返回一个 FileError 对象到函数内部。

（8）getFile 方法

创建或查找一个文件。使用方法和 getParent 一样，唯一的区别是创建或查找文件成功后的回调函数所传递的参数是一个 FileEntry 对象。

getFile 和 getDirectory 的 options 参数传入的是一个 Object 对象。该对象包含两个键值对的选项，它们的功能如下。

- create：指定当目录或文件不存在时是否创建该目录或文件。
- exclusive：默认值为 false，但实际上设置该参数并没有太多的效果。结合 create 参数，当要创建的目录或文件的路径已经存在时，它会导致文件或目录创建失败。也就是说当 exclusive 为 true 时，如果查找不到指定的文件或目录时，会自动创建一个新的文件或目录，然后返回该文件或目录的对象。

（9）removeRecursively 方法

删除一个目录和它的所有内容。使用方法如下：

```
removeRecursively(successCallback,errorCallback);
```

successCallback 参数是删除成功后的回调函数，该函数没有返回参数；errorCallback 参数是删除过程中发生错误时的回调函数，并返回一个 FileError 对象。

**2. 文件对象**

File 对象描述的是文件系统中的文件属性。我们通过 FileEntry 对象的 file 方法可以获得 File 对象实例。

File 对象的属性如表 9-3 所示。

表 9-3　File 对象的属性一览表

| 属性名 | 类　型 | 描　述 |
| --- | --- | --- |
| name | 字符串 | 名称 |
| fullPath | 字符串 | 完整路径 |
| type | 字符串 | mime 类型 |
| lastModifiedDate | 日期类型 | 最后修改时间 |
| size | 长整型 | 文件大小，以字节为单位 |

### 3. 文件系统对象

FileSystem 对象描述的是一个文件系统，该对象表示当前文件系统的信息。文件系统的名称在公开的文件系统列表中是唯一的。它的 root 属性包含一个当前文件系统根目录的 DirectoryEntry 对象。

FileSystem 对象的属性如表 9-4 所示。

表 9-4　FileSystem 对象的属性一览表

| 属性名 | 类　型 | 描　述 |
| --- | --- | --- |
| name | DOMString | 文件系统的名称 |
| root | DirectoryEntry | 文件系统根目录的 DirectoryEntry 对象 |

FileSystem 对象的使用方法如下代码所示：

```
window.requestFileSystem(LocalFileSystem.PERSISTENT,0,
    successCallback,null);
function successCallback(fileSystem){
    console.log("FileSystem name is " + fileSystem.name);
    console.log("root DirectoryEntry name is" + fileSystem. root. name);
}
```

### 4. 文件实体对象

FileEntry 对象描述的是文件系统中的一个文件对象。

该对象的属性如表 9-5 所示。

表 9-5　FileEntry 对象的属性一览表

| 属性名 | 类　型 | 描　述 |
| --- | --- | --- |
| isFile | boolean | 总是返回 true |
| isDirectory | boolean | 总是返回 false |
| name | DOMString | 文件的名称（不包含路径） |
| fullPath | DOMString | FileEntry 的完整绝对路径 |

FileEntry 对象提供的方法和 DirectoryEntry 对象相似，如表 9-6 所示。

表 9-6 FileEntry 对象的方法一览表

| 方 法 | 描 述 |
|---|---|
| getMetadata | 获取文件的元数据 |
| moveTo | 移动一个文件到文件系统中不同位置 |
| copyTo | 复制一个文件到文件系统中不同位置 |
| toURI | 返回一个可以定位文件的 URI |
| remove | 删除一个文件 |
| getParent | 查找父级目录 |
| createWriter | 创建一个可以写入新文件的 FileWriter 对象。FileWriter 对象的基本用法将会在后面的章节中详细说明 |
| file | 创建一个包含属性的 File 文件对象 |

FileEntry 对象的 getMetadata 方法、moveTo 方法、copyTo 方法、toURI 方法、remove 方法、getParent 方法的用法和 DirectoryEntry 对象对应的方法在前面已经介绍过，读者可以移步到介绍 DirectoryEntry 对象的小节了解这些方法的基本用法。

下面我们简单介绍一下 FileEntry 对象特有的一些方法。

（1）createWriter 方法

创建一个可以写入内容的 FileWriter 对象。使用方法如下：

```
entry.createWriter(function(w){
    w.writer("text")
},function(error){
    alert("createWriter method,code is"+error.code);
});
```

（2）file 方法

创建一个 File 文件对象。使用方法如下：

```
entry.file(function(file){
    console.log("file size is" + file.size);
},function(error){
    alert("file error,code is" + error.code);
})
```

## 5. 文件读取对象

FileReader 是用于读取文件的对象。该对象是读取文件系统文件的一种方式，从 FileReader 对象读取出来的数据，都是文本字符串或 Base64 编码的字符串等。

FileReader 对象的属性如表 9-7 所示。

表 9-7 FileReader 对象的属性一览表

| 属性名 | 类型 | 描述 |
| --- | --- | --- |
| readyState | | 获取当前读取器所处的状态。它返回三种可选状态：EMPTY、LOADING、DONE |
| result | DOMString | 已读取文件的内容 |
| error | FileError | 返回包含错误信息的 FileError 对象。FileError 对象的基本用法将会在后面的章节中详细说明 |
| onloadstart | Function | 读取启动时调用的回调函数 |
| onprogress | Function | 读取过程中调用的回调函数。目前并不支持该函数 |
| onload | Function | 读取成功后调用的回调函数 |
| onabort | Function | 读取时被中止后调用的回调函数 |
| onerror | Function | 读取失败后调用的回调函数 |
| onloadend | Function | 无论请求成功或失败，请求结束后调用的回调函数 |

FileReader 对象的方法如表 9-8 所示。

表 9-8 FileReader 对象的方法一览表

| 方法 | 描述 |
| --- | --- |
| abort | 中止读取文件 |
| readAsDataURL | 读取文件，并返回 Base64 编码的 data URL |
| readAsText | 读取文件，并返回文本字符串。该方法可以传递两个参数，第一个是文件对象；第二个参数是编码格式，默认值为 UTF-8。iOS 平台不支持第二个参数的设置 |

（1）readAsDataURL 和 readerAsText

两个方法的用法基本一样，唯一的区别就是读取文件成功后，返回的 result 值不同，示例如下：

```
entry.file(function(file){
    //创建 FileReader 对象
    var reader = new FileReader();
    //读取完成后调用的函数
    reader.onloadend = function(evt){
        console.log("reader success");
        console.log("file data = " + evt.target.result);
    }
    //读取 Base64 编码的文件
    reader.readAsDataURL(file);
},function(error){
    console.log("read file error,code is" + error.code);
})
```

（2）abort 方法

中止读取文件。示例如下：

```
entry.file(function(file){
    //创建一个 FileReader 对象
    var reader = new FileReader();
    //读取完成后调用的函数
    reader.onloadend = function(evt){
        console.log("reader success");
    }
    //被 abort 方法中止时调用的函数
    reader.onabort = function(){
        console.log("read abort");
    }
    //以文本数据方式读取文件
    reader.readAsText(file);
    //中止读取
    reader.abort();
},function(error){
    console.log("read file error,code is" + error.code);
})
```

### 6. 写文件对象

FileWriter 是用于写文件的对象，该对象是文件系统写入文件的一种方式。

一个 FileWriter 对象对应一个文件实体，并可以对该文件进行操作。FileWriter 对象维护文件的指针位置和长度属性，因此可以使用该对象对文件进行多次写入操作或在文件的任意地方进行查找或写入操作。

在默认情况下，FileWriter 将从文件的开始位置写入数据并覆盖现有的数据。我们可以通过设置 FileWriter 对象的构造函数的参数 append 值为 true，文件便会从文件末尾开始写入数据操作。

FileWriter 对象的属性如表 9-9 所示。

表 9-9　FileWriter 对象的属性一览表

| 属性名 | 类　型 | 描　述 |
|---|---|---|
| readyState | | 获取当前读取器所处的状态 |
| fileName | DOMString | 要写入文件的名称 |
| length | 长整型 | 要写入文件的长度 |
| position | 长整型 | 文件指针的当前位置 |
| error | FileError | 返回包含错误信息的 FileError 对象。FileError 对象的基本用法将会在后面的章节中详细说明 |
| onwritestart | Function | 写入操作启动时调用的回调函数 |

续表

| 属性名 | 类　型 | 描　述 |
|---|---|---|
| onprogress | Function | 写入过程中调用的回调函数。目前并不支持该函数 |
| onwrite | Function | 写入成功后调用的回调函数 |
| onabort | Function | 写入时被中止后调用的回调函数 |
| onerror | Function | 写入失败后调用的回调函数 |
| onwriteend | Function | 无论请求成功或失败，请求结束后调用的回调函数 |

FileWriter 对象的方法如表 9-10 所示。

表 9-10　FileWriter 对象的方法一览表

| 方　法 | 描　述 |
|---|---|
| abort | 中止写入文件 |
| seek | 移动文件指针到指定字节的位置 |
| truncate | 按指定长度截取文件内容 |
| write | 向文件写入数据 |

下面我们来介绍 FileWriter 对象其中几个方法的基本用法。

（1）seek 方法

移动文件指针到指定字节的位置。示例代码如下：

```
entry.createWriter(function(writer){
    //将文件指针移动到文件末尾位置
    writer.seek(writer.length);
    //将文件指针移动到文件开始位置
    writer.seek(0);
},function(error(){
    console.log("createWriter method error,code is " + error.code);
});
```

（2）truncate 方法

按指定长度截取文件内容。示例代码如下：

```
entry.createWriter(function(writer){
    //截取长度为 10 字节的文件内容
    writer.truncate(10);
},function(error(){
    console.log("createWriter method error,code is " + error.code);
});
```

（3）write 方法

向文件写入数据。结合 seek、truncate、write 三个方法通过实例说明如何使用 FileWriter 对象。

示例如代码 9-9 所示。

代码 9-9 FileWriter 示例

```
    <!DOCTYPE html>
    <html>
    <head>
        <title>FileWriter Object Example</title>
        <script type="text/javascript" charset="utf-8" src="phonegap.js">
</script>
        <script type="text/javascript" charset="utf-8">

          document.addEventListener("deviceready",function(){

          }, false);

          function gotFS(fileSystem) {
              //文件系统根目录下创建 readme.txt 文件
              fileSystem.root.getFile("readme.txt",  {create:  true},
gotFileEntry, fail);
          }

          function gotFileEntry(fileEntry){
              //创建 FileWriter 对象
              fileEntry.createWriter(gotFileWriter, fail);
          }

          function gotFileWriter(writer) {
              //成功写入文件操作后回调的函数
              writer.onwrite = function(evt) {
                  console.log("write success");
              };
              //在文件的开始位置写入'fileWriter writer text example'
              writer.write("fileWriter writer text example");
              //截取文件的长度，字符串为'fileWriter writer text'
              writer.truncate(22);
              //移动文件指针到'fileWriter'字符串的'r'字符后面
              writer.seek(10);
              //继续写入字符操作，结果是'fileWriter object writer text example'
              writer.write(" object ");
          }

          function fail(error) {
              console.log(error.code);
          }
```

```
    </script>
</head>
<body>
</body>
</html>
```

首先，该例子在文件系统根目录下创建 readme.txt 文件，然后在其返回的 gotFileEntry 函数中调用 createWriter 方法创建 FileWriter 对象，并在创建成功后的回调函数内执行文件操作。

接着，在 gotFileWriter 函数内部首先将一个空白的 readme.txt 文件写入"fileWriter writer text example"字符串，然后通过调用 truncate 方法，截取字符串前 22 个字符。

最后，调用 seek 方法将文件的指针指向第 10 个字符中，即字符'r'。最后在字符'r'的位置后面插入一段字符"Object"。最终，readme.txt 的字符串就是"fileWriter object writer text example"。

**7．文件错误对象**

FileError 对象是所有 File API 的错误回调函数的唯一参数对象。开发者可以通过该对象返回的错误代码，识别出各种错误类型。

该对象只有一个属性：code。该属性返回一个错误代码常量。根据这个错误代码就可以实现各种错误的提醒。

FileError 对象的常量非常多，如表 9-11 所示。

**表 9-11　FileError 对象的常量一览表**

| 方　法 | 描　述 |
|---|---|
| FileError.NOT_FOUND_ERR | 没有找到对应的文件或目录 |
| FileError.SECURITY_ERR | 安全错误。如当前文件在 Web 应用中被访问是不安全的 |
| FileError.ABORT_ERR | 中止错误 |
| FileError.NOT_READABLE_ERR | 不能读取文件或目录。如读取该文件时，已经被另一个应用获取该文件的引用并使用了并发锁 |
| FileError.ENCODING_ERR | 编码错误 |
| FileError.NO_MODIFICATION_ALLOWED_ERR | 拒绝修改。如当试图尝试修改一个文件系统状态时不能修改的文件或目录 |
| FileError.INVALID_STATE_ERR | 无效状态 |
| FileError.SYNTAX_ERR | 语法错误 |
| FileError.INVALID_MODIFICATION_ERR | 非法的修改请求。如移动文件或目录到其目录时没有提供和当前名称不同的名称 |
| FileError.QUOTA_EXCEEDED_ERR | 超过配额错误 |

续表

| 方　法 | 描　述 |
| --- | --- |
| FileError.TYPE_MISMATCH_ERR | 类型不匹配 |
| FileError.PATH_EXISTS_ERR | 路径已存在。如当尝试创建已经存在的文件或目录时 |

8. 文件上传对象

FileTransfer 是一个提供上传文件到服务器的对象。

它提供一种将文件上传到服务器的方法，通过 HTTP 的 post 请求（支持 HTTP 和 HTTPS 协议），同时上传方法 upload 可以传入一个 FileUploadOptions 对象用于指定文件上传格式或类型。当文件上传成功后，系统会调用返回成功的回调函数并返回一个 FileUploadResult 对象。当上传过程中出现错误时，系统会调用上传失败的回调函数并返回一个 FileTransferError 对象。

（1）FileUploadOptions

FileUploadOptions 对象是作为参数传递给 FileTransfer 对象的方法 upload，用于指定上传的属性参数。

它有以下 4 个属性。

- filekey：表单元素的 name 值。默认值是“file”。
- fileName：指定文件存储到服务器的文件名，默认值是“image.jpg”。
- mimeType：上传文件的 mime 类型，默认值是“image/jpg”。
- params：Object 类型，发送到服务器的参数，key/value 值对。

（2）FileUploadResult

FileUploadResult 对象在 FileTransfer 的 upload 方法执行成功后，通过成功回调函数将一个 FileUploadResult 对象返回到函数内。

FileUploadResult 对象包括以下 3 个属性。

- bytesSent：上传文件时向服务器所发送的字节数。
- responseCode：服务器返回的 HTTP 请求代码。
- response：服务器返回的 HTTP 响应。

在 iOS 平台下返回的 FileUploadResult 对象中不包含 bytesSent 和 responseCode 属性。

（3）FileTransferError

FileTransferError 对象是当 FileTransfer 对象的 upload 方法上传文件出现错误时失败回调函数所返回的参数对象。

FileTransferError 对象提供一个 code 属性，用于返回错误代码。同时，FileTransferError 对象还提供三个常量，用于判断返回的 code 属性值属于哪种类型。常量如下。

- FileTransferError.FILE_NOT_FOUND_ERR：文件未找到。

- FileTransferError.INVALID_URL_ERR：无效的 URL 地址。
- FileTransferError.CONNECTION_ERR：连接错误。

目前，FileTransfer、FileUploadOptions、FileUploadResult、FileTransferError 等对象都得到 iOS、Android、Black Berry 等平台的支持。

根据前面介绍的几个对象，现在我们以具体的示例介绍如何在移动设备上上传一张图片，如代码 9-10 所示。

**代码 9-10　FileTransfer 具体示例代码**

```
    <!DOCTYPE html>
    <html>
    <head>
        <title>FileWriter Object Example</title>
        <script type="text/javascript" charset="utf-8" src="phonegap.js">
</script>
        <script type="text/javascript" charset="utf-8">

            document.addEventListener("deviceready", function(){
                // 从指定来源检索图像文件位置
                navigator.camera.getPicture(uploadPhoto,
                    function(message){
                        alert('get picture failed');
                    },{
                        quality: 50,
                        destinationType:navigator.camera.DestinationType.
FILE_URI, sourceType:navigator.camera.PictureSourceType.
PHOTOLIBRARY }
                );
            }, false);

            function uploadPhoto(imageURI) {
                var options = new FileUploadOptions();
                options.fileKey="file";
                options.fileName=imageURI.substr(imageURI.lastIndexOf('/')+1);
                options.mimeType="image/jpeg";

                var params = new Object();
                params.value1 = "test";
                params.value2 = "param";

                options.params = params;

                var ft = new FileTransfer();
                ft.upload(imageURI, "http://file.server.com/upload.php",
successCallback, failCallback, options);
```

```
        }

        function successCallback(result) {
            console.log("Code = " + result.responseCode);
            console.log("Response = " + result.response);
            console.log("Sent = " + result.bytesSent);
        }

        function failCallback(error) {
            alert("An error has occurred: Code = " + error.code);
        }

    </script>
</head>
<body>
</body>
</html>
```

首先，我们在 deviceready 事件中通过 navigator.camera.getPicture 方法读取图像文件资源，并在传递一个函数 uploadPhoto 到 getPicture 方法中，用于当图像文件读取成功后执行该函数。

uploadPhoto 函数的作用是将图像上传到服务器。首先使用 new FileUploadOptions()新建一个参数对象并设置各种参数属性，如 fileKey、fileName 等。接着在函数内部创建一个 FileTransfer 对象，并通过 upload 方法上传到服务器。

upload 方法的第一个参数为从移动设备中读取图像的 URI 地址；第二个参数为上传到服务器的请求地址；第三个参数为上传成功后调用的回调函数；第四个参数为上传出错时调用的回调函数；最后一个参数为 FileUploadOptions 对象参数。

upload 方法上传文件成功后，successCallback 函数通过 console.log 输出对象的全部属性值，以便能够实时观察到这些属性值的变化。

**9. 获取根文件系统**

LocalFileSystem 对象的作用是获取根文件系统。该对象提供如下两个方法：

（1）requestFileSystem 方法

请求一个 FileSystem 对象。示例如下：

```
    window.requestFileSystem(LocalFileSystem.PERSISTENT,0,
function(fileSystem){
        console.log(fileSystem.name);
    },function(error){
        console.log(error.code);
    });
```

（2）resolveLocalFileSystemURI 方法

通过本地 URI 参数查找 DirectoryEntry 或 FileEntry 对象。示例如下：

```
    window.resolveLocalFileSystemURI("file:///example.txt",
function(fileSystem){
        console.log(fileSystem.name);
    },function(error){
        console.log(error.code);
    });
```

LocalFileSystem 对象还有如下两个常量，主要用于 requestFileSystem 方法内。

- LocalFileSystem.PERSISTENT：不经过应用程序或用户许可就无法通过用户代理移除的存储类型。
- LocalFileSystem.TEMPORARY：不需要保证持久化的存储类型。

#### 10. 文件或目录元数据

Metadata 对象提供一个文件或目录的状态信息。我们可以通过 DirectoryEntry 或 FileEntry 对象的 getMetadata 方法获得 Metadata 实例对象。

该对象只有一个属性：modificationTime。它的作用是返回文件或目录的最后修改时间。使用方法代码如下：

```
    entry.getMetadata(function(metadata){
        console.log("last modified is " + metadata.modificationTime);
    },null);
```

### 9.3.5 使用 Device 对象获取移动设备的信息

我们知道，移动设备都有其软硬件的基本信息，例如产品名称或代号、操作系统以及版本号等信息。对于这类信息，作为用户来说，它们并不关心移动设备的产品代号这类信息，它们只是产品的使用者。但对于开发者来说，这些都是非常有用的数据。因此，PhoneGap 为我们提供了获取软硬件信息相关的接口。

PhoneGap 的 Device 对象的作用是获取移动设备的软硬件基本信息。

目前 Device 对象支持的平台包括：

- iOS（iPhone、iPod、iPad）
- Android
- BlackBerry
- BlackBerry WebWorks (OS 5.0 and higher)。

Device 对象封装了以下 5 种属性。

#### 1. device.name

获取手机设备的型号或产品的名称。代码如下：

```
    var name = window.device.name;
```

这个名称是根据不同产品的不同版本而不同的，而且这个值是由设备制造商决定的。

iPhone 返回的是设备定制的名称而不是型号，如“sankyu's iphone”；Android 平台是获取产品的名称，如 Motorola Droid 手机返回的名称为“voles”；BlackBerry 平台的 Bold 8900 手机，返回的名称为“8900”。

### 2. device.phonegap

获取运行在移动设备上的 phonegap 版本信息。代码如下：

```
var version = window.device.phonegap;
```

### 3. device.platform

获取移动设备的操作系统名称。代码如下：

```
var platform = window.device.platform;
```

### 4. device.uuid

获取移动设备 UUID，该值是由设备生产商决定的。代码如下：

```
var deviceId = window.device.uuid;
```

iPhone 返回的是由多个硬件设备标识所生成的哈希值；Android 返回的是随机的 64 位整数；BlackBerry 返回的是一个九位数的唯一整数。

### 5. device.version

读取手机设备的操作系统版本信息。代码如下：

```
var version = window.device.version;
```

例如，iPhone iOS 3.2 返回的版本号是“3.2”；BlackBerry 平台使用 OS 4.6 的 Bold 9000 返回的是“4.6.0.282”；Android 平台的 Friyo 返回的版本号是“2.2”。

现在，我们通过一个完整的示例展示如何调用 device 对象，如代码 9-11 所示。

**代码 9-11 device 对象示例代码**

```
<!DOCTYPE html>
<html>
<head>
    <title>Device Example</title>
    <script type="text/javascript" charset="utf-8" src="phonegap.js">
</script>
    <script type="text/javascript" charset="utf-8">

        //等待加载 PhoneGap
        document.addEventListener("deviceready", onDeviceReady, false);

        //PhoneGap 加载完成
```

```
        function onDeviceReady() {
            var deviceinfo = 'Device Name: '+ device.name + ',
Device PhoneGap: ' + device.phonegap + ',Device Platform: ' +
device.platform +',Device UUID: ' + ',Device Version: ' + device.version;
            console.log(deviceinfo);
        }
    </script>
</head>
<body>
</body>
</html>
```

# 9.4 软件接口

本节我们将为读者介绍 PhoneGap 在移动设备上支持的软件类型 API 接口。目前，PhoneGap 支持软件类型的 API 接口包括：

- 照片资源（Camera）
- 多媒体资源采集（Capture）
- 通讯录（Contacts）
- 公告警示（Notification）
- 多媒体（Media）

## 9.4.1 Camera 对象获取照片资源

相机拍照及相册存取已经成为智能手机上最重要的功能之一。现在任何用户都会使用相机功能进行拍照，并同时在手机上浏览照片。在 Web 平台，由于其特殊性，一般的 Web 技术是不支持读取手机上的图片信息的，但 PhoneGap 为开发者提供了 Camera 对象用于实现获取智能手机的照片数据。

Camera 对象允许访问移动设备中相册的图片或者从摄像头拍摄的图片。

Camera 对象目前支持的平台包括：

- Android
- iOS（iPhone、iPod、iPad）
- BlackBerry WebWorks（OS 5.0 and higher）

camera.getPicture 允许通过配置不同的参数，访问由摄像头拍摄或从相册中读取的图片。通过该方法读取的照片既可以返回基于 base64 格式编码的字符串又可以是一个只有 URI 图片位置的字符串。

通过返回两种不同的图像格式，我们可以将图像应用到以下的场景。

- 通过 img 标签渲染当前页面的图像。
- 将 Base64 格式的图像存储到如 LocalStorage 本地存储中。
- 将图片提交到远程服务器。

其语法如下：

```
    navigator.camera.getPicture(cameraSuccess,cameraError,
[cameraOptions]);
```

其中，第一个参数是读取照片成功后的回调函数；第二个参数是读取照片失败时的回调函数；第三个参数为可选参数，用于传递各种配置属性。

如何读取返回 Base64 解码的图片呢？示例代码如下：

```
    navigator.camera.getPicture(onSuccess, onFail, { quality: 50 });
    function onSuccess(imageData) {
       var image = document.getElementById('myImage');
       image.src = "data:image/jpeg;base64," + imageData;
    }
    function onFail(message) {
       alert('Failed because: ' + message);
    }
```

在上述例子中，我们通过 imageData 返回的图像 base64 编码字符串，增加前缀字符串“data:image/jpeg;base64,”以表示该图片是采用 base64 编码的图片。

如果采用 URI 路径方式显示的图片，其代码用法和普通的 URI 地址基本一样，示例代码如下：

```
    navigator.camera.getPicture(onSuccess, onFail, { quality: 50,
        destinationType: Camera.DestinationType.FILE_URI });
        function onSuccess(imageURI) {
        var image = document.getElementById('myImage');
        image.src = imageURI;
    }
    function onFail(message) {
        alert('Failed because: ' + message);
    }
```

在上述例子中，我们在 getPicture 方法传入参数 camera.destinationType.FILE_URI 指定成功回调函数返回的参数采用 URI 地址字符串，然后只需要直接赋值到 image.src 中就能读取并显示该图片。

实际上，Camera 对象提供的配置参数非常多。参数如下：

#### 1. quality

图片的质量，值的范围是 0～100。

#### 2. destinationType

定义返回的图片格式，Base64 或 URI。

设置 Camera.DestinationType.DATA_URL 参数时，返回的格式是 Base64 格式字符串，DATA_URL 的实际值是 0；当设置 Camera.DestinationType.FILE_URI 参数时，返回的格式是 URI 路径，FILE_URI 的实际值是 1。如果没有指定该参数，默认为 DATA_URL。

#### 3. sourceType

指定图片的来源。当设置 Camera.PictureSourceType.PHOTOLIBRARY 时，指定从图像数据库获取；当设置 Camera.PictureSourceType.CAMERA 时，指定从相机中获取；当设置 Camera.PictureSourceType.SAVEDPHOTOALBUM 时，指定从相册中获取。

#### 4. allowEdit

在选中图片之前是否允许编辑图片。

#### 5. encodingType

返回的图像格式。当设置 Camera.EncodingType.JPEG 时，指定返回 JPEG 格式的图像；当设置 Camera.EncodingType.PNG 时，指定返回 PNG 格式的图像。

#### 6. targetWidth

图像的像素宽度。

#### 7. targetHeight

图像的像素高度。

### 9.4.2 Capture 对象采集多媒体资源

Capture 对象的主要功能是提供音频、视频、图像采集功能的访问。

目前 Capture 对象支持的平台包括：

- Android
- iOS（iPhone、iPod、iPad）
- BlackBerry WebWorks（OS 5.0 and higher）

通过 navigator.device.capture 可以获取 Capture 对象。我们可以利用 Capture 对象在手机上对音频、视频及图像等进行采集操作。

#### 1. 音频采集

captureAudio 方法允许通过移动设备的音频录制应用程序采集录制的音频数据。

该操作允许设备用户在一个会话中同时采集多个音频数据。

音频采集功能语法如下：

```
navigator.device.capture.captureAudio(CaptureCB captureSuccess,
CaptureErrorCB captureError,[CaptureAudioOptions options]);
```

captureSuccess 参数为音频采集结束后的回调函数；captureError 参数为音频采集过程中中断时的回调函数；CaptureAudioOptions 参数主要传递相关配置属性。

CaptureAudioOptions 参数的配置属性可以传入以下三个属性。

（1）limit

在一次采集过程中允许录制音频片段数量的最大值。该值必须大于或等于 1，默认值为 1。

（2）duration

允许录制音频片段的最长时间，单位为秒。该参数目前不支持 Android、iOS、Black Berry 平台。

（3）mode

选择音频的格式。

使用 captureAudio 方法采集音频片段时，这个模式必须设定为 capture.supportedAudioModes。该参数并不支持 Android、iOS、Black Berry 三个主流平台。但是在 Android 和 Black Berry 平台，它们默认使用 AMR 格式进行音频录制编码；iOS 平台则使用 WAV 格式进行音频录制编码。

如何使用 captureAudio 方法采集音频片段？示例如代码 9-12 所示。

**代码 9-12　captureAudio 示例**

```
<!DOCTYPE html>
<html>
  <head>
    <title>Capture Example 1</title>

    <script type="text/javascript" charset="utf-8" src="phonegap.js">
</script>
    <script type="text/javascript" charset="utf-8">
        navigator.device.capture.captureAudio(function(mediaFiles){
            var i, path, len;
            for (i = 0, len = mediaFiles.length; i < len; i += 1) {
                //获取文件的路径
                path = mediaFiles[i].fullPath;
                //在此处可以对文件进行任何操作
            }
        }, function(){
            alert('Capture Error');
```

```
        }, {limit:2});
      </script>
    </head>
    <body>
    </body>
  </html>
```

### 2. 图像采集

captureImage 方法允许通过移动设备的摄像头应用程序采集生成的图像文件信息。该方法允许设备用户在一个会话中同时采集多个图像。

captureImage 方法采集图像语法如下：

```
    navigator.device.capture.captureImage(CaptureCB captureSuccess,
CaptureErrorCB captureError,[CaptureImageOptions options]);
```

CaptureCB 参数为采集成功后的回调函数；CaptureErrorCB 参数为采集过程中中断时的回调函数；CaptureImageOptions 可选参数主要传递相关属性配置。

CaptureImageOptions 参数的配置属性允许传入以下两个属性。

（1）limit

在一个采集过程中允许选择图像数量的最大值。该值必须大于或等于 1，默认值是 1。目前只有 Android 和 Black Berry 平台支持该属性，而 iOS 平台只允许采集一幅图像。

（2）mode

选定的图像模式。当使用 captureImage 方法采集图像时，这个模式必须设定为 capture.supportedImageModes。

该模式目前不支持 Android、iOS、Black Berry 平台。不过移动设备允许用户修改图像的大小，默认保存的图像格式是 JPEG。

captureImage 方法的使用方法与 captureAudio 方法基本相同，如代码 9-13 所示。

代码 9-13　captureImage 示例代码

```
    <!DOCTYPE html>
    <html>
      <head>
        <title>Capture Example 2</title>
        <script type="text/javascript" charset="utf-8" src="phonegap.js">
</script>
        <script type="text/javascript" charset="utf-8">
          navigator.device.capture.captureImage(function(mediaFiles){
            var i, path, len;
            for (i = 0, len = mediaFiles.length; i < len; i += 1) {
              //获取文件的路径
              path = mediaFiles[i].fullPath;
```

```
                //在此处可以对文件进行任何操作
            }
        }, function(){
            alert('Capture Error');
        }, {limit:1});
    </script>
  </head>
  <body>
  </body>
</html>
```

3. 视频采集

captureVideo 方法允许通过移动设备的视频录制应用程序采集录制的视频数据。该方法允许用户在一个会话中同时采集多个视频数据。语法如下：

```
    navigator.device.capture.captureVideo(CaptureCB captureSuccess,
CaptureErrorCB captureError,[CaptureVideoOptions options]);
```

CaptureCB 参数为采集成功后的回调函数；CaptureErrorCB 参数为采集过程中中断时的回调函数；CaptureVideoOptions 可选参数主要传递相关属性配置。

CaptureAudioOptions 参数的配置属性允许传入以下三个属性。

（1）limit

在一次采集过程中允许录制视频片段数量的最大值。

该值必须大于或等于 1，默认值是 1。该属性支持 Android 和 BlackBerry 平台。但不支持 iOS 平台，每次采集都只允许采集一个视频文件。

（2）duration

允许录制视频片段的长度，单位是秒。

该参数目前不支持 Android、iOS、Black Berry 平台，因此无法通过 duration 属性设置视频片段的长度。

（3）mode

选择视频的大小和格式。当使用 captureVideo 方法采集视频时，这个模式必须设定为 capture.supportedAudioModes。mode 参数目前不支持 Android、iOS、Black Berry 平台。

Android 平台和 Black Berry 平台录制的视频格式默认为 3GPP 格式。而 iOS 平台录制的视频格式默认为 MOV 格式。

captureVideo 方法的使用方法与 captureAudio 方法基本相同，如代码 9-14 所示。

代码 9-14　captureVideo 示例代码

```
  <!DOCTYPE html>
  <html>
```

```
    <head>
      <title>Capture Example 3</title>
      <script type="text/javascript" charset="utf-8" src="phonegap.js">
</script>
      <script type="text/javascript" charset="utf-8">
         navigator.device.capture.captureVideo(function(mediaFiles){
            var i, path, len;
            for (i = 0, len = mediaFiles.length; i < len; i += 1) {
               //获取文件的路径
               path = mediaFiles[i].fullPath;
               //在此处可以对文件进行任何操作
            }
         }, function(){
            alert('Capture Error');
         }, {limit:1});
      </script>
    </head>
    <body>
    </body>
  </html>
```

4. 采集文件

Capture 采集多媒体数据后，在回调函数中会返回一个 MediaFile 对象。mediaFile 对象包含以下属性。

- name：采集文件的文件名。
- fullPath：包含文件名的路径。
- type：MIME 类型。
- lastModifiesDate：文件最后修改的日期时间。
- size：文件大小，单位为字节数。

通过 mediaFile.getFormatData 方法可以获取媒体文件的格式信息。语法如下：

```
mediaFile.getFormatData(
   MediaFileDataSuccessCB successCallback,
   [MediaFileDataErrorCB errorCallback]
);
```

MediaFileDataSuccessCB 参数是获取媒体文件成功时的回调函数，该回调函数会返回一个 MediaFileData 对象。MediaFileDataErrorCB 参数是获取媒体文件失败时的回调函数。

MediaFileData 对象描述了文件格式信息。它包含有 5 种属性，分别是 codecs、bitrate、height、width、duration。

可是，三种平台对这 5 种属性的支持程度都不一致，表 9-12 列出了

MediaFileData 对象属性支持情况一览表。

表 9-12 MediaFileData 对象属性支持情况一览表

| 属 性 | iOS | Android | Black Berry |
|---|---|---|---|
| codecs | 不支持，属性值总是 null | 不支持，属性值总是 null | 不支持，属性值总是 null |
| bitrate | iOS4 版本仅支持音频，图像和视频，属性值为 0 | 不支持，属性值总是 0 | 不支持，属性值总是 0 |
| height | 支持图像和视频文件 | 支持图像和视频文件 | 不支持，属性值总是 0 |
| width | 支持图像和视频文件 | 支持图像和视频文件 | 不支持，属性值总是 0 |
| duration | 支持音频和视频文件 | 支持音频和视频文件 | 不支持，属性值总是 0 |

### 9.4.3 使用 Contacts 对象获取通讯录资源

Contacts 对象的主要功能是提供对移动设备的通讯录数据库的访问。

该对象目前支持的平台包括：

- Android
- iOS
- BlackBerry WebWorks（OS 5.0 and higher）

#### 1. 创建 Contacts 对象

create 方法的作用是创建并返回一个新 Contact 对象。但是，创建后的新对象并不会被持久化到通讯录数据库中，如果将对象持久化到数据库，需要调用 Contact.save。

create 方法的语法如下：

```
var contact = navigator.contacts.create(properties);
```

create 方法创建新 Contact 对象的简单示例如代码 9-15 所示。

代码 9-15 创建 Contact 对象示例代码

```
<!DOCTYPE html>
<html>
  <head>
    <title>Contacts Example 1</title>
    <script type="text/javascript" charset="utf-8" src="phonegap.js">
</script>
    <script type="text/javascript" charset="utf-8">
        document.addEventListener("deviceready",function(){
            var myContact=navigator.contacts.create({"displayname":
"HTML5 Group"});
            console.log("The Contact is " + myContact.displayname);
```

```
        }, false);
    </script>
  </head>
  <body>
  </body>
</html>
```

2．查询功能

Contact 对象的 find 方法允许查询通讯录数据库，并返回一个或多个指定字段的 Contact 对象数组。

其语法如下：

```
    navigator.service.contacts.find(contactFields,contactSuccess,
contactError,contactFindOptions);
```

find 方法可传入的参数包括：

- contactFields 参数用于指定返回的 Contact 对象结果中的字段，如果该参数定义 0 长度的字段参数，则 contactSuccess 返回的 Contact 数组结果中只存在 id 属性字段。
- contactSuccess 参数是查询通讯录成功后的回调函数。find 方法返回的结果会传递到 contactSuccess 回调函数内部。
- contactError 参数是查询通讯录中断或发生错误时的回调函数。该参数可选。
- contactFindOptions 参数是配置过滤搜索结果的选项。该参数可选。

使用 find 方法查询数据库的简单示例如代码 9-16 所示。

代码 9-16　find 方法基本用法示例代码

```
<!DOCTYPE html>
<html>
  <head>
    <title>Contacts Example 1</title>
    <script type="text/javascript" charset="utf-8" src="phonegap.js">
</script>
    <script type="text/javascript" charset="utf-8">
        document.addEventListener("deviceready",function(){
            //从通讯录数据库中查找符合"陈"字匹配的 displayName 和 name 字段
            var options = new ContactFindOptions();
            options.filter="陈";
            var fields = ["displayName", "name"];
            navigator.contacts.find(fields,onSuccess,onError,options);
        }, false);
        //成功后回调函数
        function onSuccess(contacts) {
            for (var i=0; i<contacts.length; i++) {
```

```
                console.log("display Name="+contacts[i].displayName);
            }
        }
        //失败后回调函数
        function onError(contactError) {
            alert('onError!');
        }
    </script>
  </head>
  <body>
  </body>
</html>
```

### 3. Contact 对象属性介绍

Contact 对象包含非常多的属性，表 9-13 列出了这些属性列表清单。

表 9-13 Contact 对象属性一览表

| 属 性 名 | 类 型 | 描 述 |
|---|---|---|
| id | 字符串 | 全局唯一标识 |
| displayname | 字符串 | 联系人显示名称 |
| name | ContactName | 联系人姓名所有部分的对象 |
| nickname | 字符串 | 昵称 |
| phoneNumbers | ContactField | 联系人所有联系电话 |
| emails | ContactField | 联系人所有 E-mail 地址 |
| addresses | ContactAddresse | 联系人所有联系地址 |
| ims | ContactField | 联系人所有 IM 地址 |
| organizations | ContactOrganization | 联系人所属所有组织 |
| birthday | 日期类型 | 联系人生日 |
| note | 字符串 | 联系人备注 |
| photos | ContactField | 联系人所有照片 |
| categories | ContactField | 联系人所属的自定义分组类别 |
| urls | ContactField | 联系人的所有网址 |

有些遗憾的是，表 9-13 中的属性并不是所有平台都支持，即使是相同的平台之间，不同的版本也有不同程度的支持。接下来我们介绍一下这些平台之间的支持情况：

（1）Android 平台的特殊性

在 Android 1.X 版本中，下面所列的属性都不支持，它们的值都总是返回 null。但是，在 Android 2.X 版本中，只有 categories 属性是不支持的，其余属性都得到支持。

- name

- nickname
- birthday
- photos
- categories
- urls

（2）iOS 平台的特殊性

在 iOS 平台下，属性的支持情况也有不同，例如：

- displayName 属性。iOS 不支持。除非没有给联系人指定 ContactName，否则该字段的返回值总是 null。如果没有指定 ContactName，系统会依次返回 composite name，nickname 或空字符串。
- birthday 属性。该属性是一个对象，而且必须是一个 JavaScript 日期对象，其返回值同样是一个日期对象。
- photos 属性。该属性返回的照片会存储在应用程序的临时目录中，同时返回指向该照片的 URL 地址。当应用程序退出后，临时目录就会被删除。
- categories 不支持该属性，返回值总是 null。

（3）BlackBerry 平台的特殊性

在 Black Berry 平台下，也有部分属性是不支持的。例如：

- nickname 属性。Black Berry 平台不支持该属性，返回值总是 null。
- 部分支持 phoneNumber 属性，不同类型的电话号码会存储到 Black Berry 中的不同字段。
- 部分支持 emails 属性，前三个邮件地址会分别存储到 Black Berry 中的 email1、email2、email3 三个字段。
- 部分支持 addresses 属性，第一地址会被存储到 Black Berry 的 homeAddress 字段，而第二个地址将被存储到 workAddress 字段。
- 不支持 ims 属性，返回值总是 null。
- Organizations 属性。第一个组织的名称会存储到 Black Berry 的 company 字段，而第一个组织的职务被存储到 title 字段。
- 部分支持 photos 属性。目前只支持一个缩略图大小的图片。
- 部分支持 categories 属性。目前只支持“Business”和“Personal”两种类别。
- 部分支持 urls 属性。第一个 URL 地址会存储到 Black Berry 的 webpage 字段。

### 4. 联系地址对象

addresses 属性对应的类型是一个 ContactAddress 类型，该类型存储着一个联系人的地址信息。

一个 Contact 对象允许存储一个或多个 ContactAddress 对象。因此，Contact 对象的 addresses 属性类型是 ContactAddress[]数组。

一个 ContactAddress 对象包含有 8 种属性，分别如下。

- pref 属性。如果该值为 true，则 ContactAddress 对象包含用户的首选值。iOS、Android 和 BlackBerry 都不支持该属性，默认返回 false。
- type 属性。表示该地址对应的字符串类型。Android 1.X 版本不支持该属性；Black Berry 只能存储一个“home”类型和一个“work”类型的地址。
- formatted 属性。完整的地址格式。iOS 不支持该属性。
- streeAddress 属性。完整的街道地址。Android 1.X 版本不支持该属性。
- locality 属性。城市或地区。Android 1.X 版本不支持该属性。
- region 属性。州或省份。Android 1.X 版本不支持该属性。
- postalCode 属性。邮政编码。Android 1.X 版本不支持该属性。
- country 属性。国家名称。Android 1.X 版本不支持该属性。

### 5. 通用字段对象

ContactField 对象是存储 Contact 联系人信息的通用字段类型。在一般情况下，ContactField 对象主要是作为 Contact 对象的属性类型，比如 emails、addresses、phone、numbers 和 urls 等属性。

ContactField 对象包含 3 种属性。

- type：指明当前字段类型，如“home”。
- value：字段对应的值。
- pref：ContactField 包含用户的首选值。目前 iOS、Android、Black Berry 三个平台都不支持该属性。

### 6. 联系人名字属性对象

ContactName 对象是 Contact 联系人信息 name 属性的属性类型。它主要用于存储联系人的详细信息。

ContactName 对象包含 6 个属性，如表 9-14 所示。

表 9-14 ContactName 对象属性表

| 属 性 名 | 描 述 | 支 持 情 况 |
|---|---|---|
| formatted | 全名 | Android 返回的是 honorificPrefix + givenName + middleName + familyName + honorificSuffix 的串联字符串结果。BlackBerry 则返回 firstName 和 lastName 两个字段串联的结果 |
| familyName | 姓氏 | BlackBerry 存储到 lastName 字段 |
| givenName | 名字 | BlackBerry 存储到 firstName 字段 |
| middleName | 中间名 | BlackBerry 不支持该属性 |
| honorificPrefix | 敬语前缀，如 Mr. | BlackBerry 不支持该属性 |
| honorificSuffix | 敬语后缀，如 Esq | BlackBerry 不支持该属性 |

### 7．组织信息对象

ContactOrganization 对象是 Contact 对象的 organizations 属性的属性类型。其主要作用是存储联系人的组织机构信息。

Contact 对象的 organizations 属性允许存储一个或多个 ContactOrganization 对象。因此，Contact 对象的 Organizations 属性类型是 ContactOrganization[]数组。

ContactOrganization 对象包含 5 个属性，如表 9-15 所示。

表 9-15　ContactOrganization 对象属性表

| 属性名 | 描述 | 支持情况 |
| --- | --- | --- |
| pref | ContactOrganization 包含用户的首选值设置 | iOS、Android、BlackBerry 平台都不支持该属性 |
| type | 地址对应的类型的字符串 | Android 1.X、iOS、BlackBerry 平台不支持该属性 |
| name | 组织名称 | 在 iOS 平台下存储到 kABPersonOrganizationProperty 字段；BlackBerry 平台会将第一个组织名称存储到 company 字段 |
| department | 部门 | 在 iOS 平台下存储到 kABPersonDepartmentProperty 字段；BlackBerry 不支持该属性 |
| title | 职务 | Android 1.X 不支持该属性；BlackBerry 平台会将第一个职务存储到 jobTitle 字段；iOS 平台下存储到 kABPersonJobTitleProperty 字段 |

### 8．保存 Contact 对象

save 方法是将一个新 Contact 联系人对象存储到通讯录数据库。如果通讯录数据库中已经存在该 Contact 对象的 id 属性，则更新该记录。

save 方法的用法如代码 9-17 所示。

代码 9-17　Contact 对象的 save 方法示例代码

```
    <!DOCTYPE html>
    <html>
      <head>
        <title>Contacts Example</title>
        <script type="text/javascript" charset="utf-8" src="phonegap.js">
</script>
        <script type="text/javascript" charset="utf-8">
            function onSuccess(contacts) {
                alert("Save Success");
            }

            function onError(contactError) {
                alert("Error = " + contactError.code);
            }
```

```
        // 建立一个新的联系人对象
        var contact = navigator.service.contacts.create();
        contact.displayName = "Sankyu";
        contact.nickname = "Sankyu";

        // 存储到移动设备上
        contact.save(onSuccess,onError);
      </script>
    </head>
    <body>
    </body>
  </html>
```

9. 克隆 Contact 对象

clone 方法是返回一个新 Contact 对象。它是调用对象的深度拷贝，并将其新 Contact 对象的 id 属性值重设为 null。

clone 方法的用法如代码 9-18 所示。

**代码 9-18　clone 方法示例代码**

```
  <!DOCTYPE html>
  <html>
    <head>
      <title>Contacts Example</title>
      <script type="text/javascript" charset="utf-8" src="phonegap.js">
</script>
      <script type="text/javascript" charset="utf-8">
        function onSuccess(contacts) {
          alert("Save Success");
        }

        function onError(contactError) {
          alert("Error = " + contactError.code);
        }

        // 建立一个新的联系人对象
        var contact = navigator.service.contacts.create();
        contact.displayName = "Sankyu";
        contact.nickname = "Sankyu";
        contact.save(onSuccess,onError);

        var clone = contact.clone();
        clone.nickname = "nick";

        console.log("contact object nickname = " + contact.nickname);
```

```
        console.log("clone object nickname =" + clone.nickname);
        console.log("clone object id = " + clone.id);

    </script>
  </head>
  <body>
  </body>
</html>
```

### 10．删除联系人对象

remove 方法是从通讯录数据库中删除联系人。若删除失败，则会触发 ContactError 对象的错误处理回调函数。

remove 方法的示例如代码 9-19 所示。

代码 9-19　remove 方法的示例代码

```
<!DOCTYPE html>
<html>
  <head>
    <title>Contacts Example</title>
    <script type="text/javascript" charset="utf-8" src="phonegap.js">
</script>
    <script type="text/javascript" charset="utf-8">
        function onSuccess(contacts) {
            alert("Save Success");
        }

        function onError(contactError) {
            alert("Error = " + contactError.code);
        }
        //删除成功后的回调函数并返回被删除的联系人的快照
        function onRemoveSuccess(contacts){
            alert("remove success");
        }
        //删除失败后的回调函数并返回 ContactError 错误对象
        function onRemoveError(contactError){
            alert("Error = " + contactError.code);
        }

        // 建立一个新的联系人对象
        var contact = navigator.service.contacts.create();
        contact.displayName = "Sankyu";
        contact.nickname = "Sankyu";
        //保存联系人
        contact.save(onSuccess,onError);
```

```
        //删除联系人
        contact.remove(onRemoveSuccess,onRemoveError);

    </script>
  </head>
  <body>
  </body>
</html>
```

### 9.4.4 公告警示信息

Notification 对象是提供一类视觉、听觉、触觉方面的通知。比如手机的对话框提示、震动提示、蜂鸣声等。

**1. 可定制对话框**

alert 方法的功能是显示一个定制的警告或对话框。语法如下：

```
navigator.notification.alert(message,alertCallback,[title],
[buttonName]);
```

其中：

- message 参数为对话框的消息。
- alertCallback 参数是当警告对话框被忽略时调用的回调函数。
- title 参数是对话框标题，属于可选参数，默认值为“Alert”。
- buttonName 参数是按钮名称，属于可选参数，默认值为“OK”。

目前该方法所支持的平台包括：

- iOS
- Android
- BlackBerry

大部分 PhoneGap 的本地应用都使用这个方法实现对话框的定制功能。而浏览器的原生函数通常是不建议使用的。

**2. 可定制确认对话框**

confirm 方法的作用是显示一个可定制的确认对话框。该方法的定制功能比浏览器的原生 confirm 函数的定制功能强大。

confirm 方法语法如下：

```
navigator.notification.confirm(message,confirmCallback,
[title],[buttonLabels]);
```

其中：

- message 参数为显示对话框的信息。
- confirmCallback 参数是按下按钮后触发的回调函数。
- title 参数是对话框标题，属于可选参数，默认值为“Confirm”。
- buttonLabels 参数是逗号分隔的按钮标签字符串，属于可选参数，默认值为“OK、Cancel”。

#### 3. 蜂鸣声

PhoneGap 为我们提供了一个非常特殊的功能：beep 方法。它能使设备发出蜂鸣声。其语法如下：

```
navigator.notification.beep(times);
```

其中 times 参数是指定蜂鸣声的重复次数。目前支持的平台包括：

- iOS
- Android
- BlackBerry

在 Android 平台下，beep 方法会播放在“设置/音效及显示”面板中指定的默认“通知铃声”。

PhoneGap 在 iPhone 下的 beep 方法会被忽略蜂鸣次数的参数，并通过多媒体 API 播放音频文件来实现蜂鸣。同时，手机用户必须提供一个包含所需蜂鸣声的文件，此文件的播放时长必须少于 30 秒，而且文件命名是 beep.wav，路径位于 www/root。

#### 4. 震动功能

PhoneGap 封装了手机上的震动功能，并提供 vibrate 方法用于设置移动设备震动指定的时长。

其语法如下：

```
navigator.notification.vibrate(milliseconds);
```

其中 milliseconds 参数是设置以毫秒为单位的设备震动时长，1000 毫秒为 1 秒。不过 iPhone 忽略时长参数，震动的时长为预先设定值。

该方法目前支持的平台包括：

- iOS
- Android
- BlackBerry

### 9.4.5　Media 对象

Media 对象是提供录制和回放设备上的音频文件的功能。

目前 Media 对象支持的平台包括：

● Android

● iOS

目前，PhoneGap 的 Media 功能实现并没有遵守 W3C 媒体的相关规范，主要是为了提供方便。据官方的解释，未来的版本将会遵守最新的 W3C 规范，并且有可能不再支持当前的 API。因此本节主要简单介绍 Media 的 API 接口，对多媒体有兴趣研究的读者可以阅读 PhoneGap 官方网站。

创建一个 Media 对象方法如下：

```
var media = new Media(src,mediaSuccess,[mediaError],[mediaStatus]);
```

其中，参数 src 是一个音频文件的 URI 地址；mediaSuccess 参数是回调函数，该函数是当一个 Media 对象完成当前的播放、录制、停止操作时被触发；mediaError 参数为当出现错误时触发的回调函数；mediaStatus 参数为当状态发生变化时触发的回调函数。

Media 对象的方法如表 9-16 所示。

表 9-16 Media 对象的方法一览表

| 方 法 | 说 明 |
|---|---|
| getCurrentPosition(successCallback,[errorCallback]) | 返回一个音频文件的当前位置 |
| getDuration() | 返回一个音频文件的总时长 |
| play() | 开始或恢复播放音频文件 |
| release() | 释放底层操作系统的音频文件资源 |
| seekTo() | 在音频文件中移动到相应的位置 |
| startRecord() | 开始录制音频文件 |
| stopRecord() | 停止录制音频文件 |
| stop() | 停止播放音频文件 |

## 9.5 Events 事件

PhoneGap 框架为开发者提供一套事件用于监听各种手机的操作。

目前，PhoneGap 事件机制一共分为三类：公共事件、Android 专有事件及网络状态事件。

公共事件包括：

● PhoneGap 被完全加载后触发事件。

● 应用程序进入后台时触发事件。

- 应用程序恢复到前台时触发事件。

Android 专有事件包括：

- Android 平台手机返回按钮事件。
- Android 平台手机菜单按钮事件。
- Android 平台手机搜索按钮事件。

网络状态事件包括：

- 网络状态进入网络状态时触发事件。
- 网络状态进入无网络状态时触发事件。

## 9.5.1　公共事件

### 1．deviceready 事件

当 PhoneGap 程序被完全加载后触发该事件。也就是说，当移动设备触发该事件后，用户就可以使用 PhoneGap 的各种函数 API。

deviceready 事件目前支持平台包括：

- iOS
- Android
- BlackBerry

实际上，我们在介绍该事件之前，前面的章节已经不断使用该事件。deviceready 事件的用法如下：

```
document.addEventListener("deviceready", onDeviceReady, false);
```

在 BlackBerry 平台下有一种特殊的情况，RIM 的 BrowserField（网页浏览器视图）不支持自定义事件，所以不会触发 deviceready 事件。

我们可以使用一种解决方案，即程序一直查询 PhoneGap.available 方法直到 PhoneGap 完全加载完毕。如以下代码所示：

```
function onLoad() {
    // BlackBerry OS 4 浏览器不支持自定义事件
    // 因此通过手动方式等待，直到 PhoneGap 加载完毕
    var intervalID = window.setInterval(
        function() {
            if (PhoneGap.available) {
            window.clearInterval(intervalID);
            onDeviceReady();
        }
    },
    500
```

```
        );
    }

    function onDeviceReady() {
        // 现在可以安全地调用 PhoneGap API
    }
```

上述代码利用 window.setInterval 不断轮询判断 PhoneGap.available 方法是否可用。如果可用，就直接调用 onDeviceReady 方法并移除 intervalID。

### 2. 进入后台的事件

当 PhoneGap 应用程序被放到后台时触发 pause 事件。

该事件目前支持的平台包括：

- iOS
- Android
- BlackBerry

pause 事件的使用方法如代码 9-20 所示。

代码 9-20　pause 事件示例代码

```
    <!DOCTYPE html>
    <html>
    <head>
        <title>Device Example</title>
        <script type="text/javascript" charset="utf-8" src="phonegap.js">
</script>
        <script type="text/javascript" charset="utf-8">

            //等待加载 PhoneGap
            document.addEventListener("deviceready", onDeviceReady, false);

            //PhoneGap 加载完成
            function onDeviceReady() {
                //注册返回按钮事件监听器
                document.addEventListener("pause",function(){
                    //处理进入后台的时候的操作
                },false);
            }
        </script>
    </head>
    <body>
    </body>
    </html>
```

### 3．恢复到前台的事件

当 PhoneGap 应用程序被恢复到前台运行时触发 resume 事件。

该事件目前支持的平台包括：

- iOS
- Android
- BlackBerry

resume 事件的使用方法如代码 9-21 所示。

代码 9-21　resume 事件示例代码

```
<!DOCTYPE html>
<html>
<head>
    <title>Device Example</title>
    <script type="text/javascript" charset="utf-8" src="phonegap.js">
</script>
    <script type="text/javascript" charset="utf-8">

        //等待加载 PhoneGap
        document.addEventListener("deviceready", onDeviceReady, false);

        //PhoneGap 加载完成
        function onDeviceReady() {
            //注册返回按钮事件监听器
            document.addEventListener("resume",function(){
                //处理恢复到前台时的操作
            },false);
        }
    </script>
</head>
<body>
</body>
</html>
```

## 9.5.2　网络状态事件

### 1．online

当 PhoneGap 应用程序的网络连接状态切换到已连接网络时触发 online 事件。online 事件的使用方法如代码 9-22 所示。

代码 9-22　online 事件的使用方法示例代码

```
<!DOCTYPE html>
<html>
```

```
    <head>
        <title>online event Example</title>
        <script type="text/javascript" charset="utf-8" src="phonegap.js">
</script>
        <script type="text/javascript" charset="utf-8">

            //等待加载 PhoneGap
            document.addEventListener("deviceready", onDeviceReady, false);

            //PhoneGap 加载完成
            function onDeviceReady() {
                //注册返回按钮事件监听器
                document.addEventListener("online",function(){
                    //事件处理
                },false);
            }
        </script>
    </head>
    <body>
    </body>
    </html>
```

2．offline

当 PhoneGap 应用程序的网络连接进入无网络状态时触发 offline 事件。offline 事件的使用方法如代码 9-23 所示。

代码 9-23　offline 事件的示例代码

```
    <!DOCTYPE html>
    <html>
    <head>
        <title>offline event Example</title>
        <script type="text/javascript" charset="utf-8" src="phonegap.js">
</script>
        <script type="text/javascript" charset="utf-8">

            //等待加载 PhoneGap
            document.addEventListener("deviceready", onDeviceReady, false);

            //PhoneGap 加载完成
            function onDeviceReady() {
                //注册返回按钮事件监听器
                document.addEventListener("offline",function(){
                    //处理单击搜索按钮时的操作
                },false);
            }
```

```
    </script>
</head>
<body>
</body>
</html>
```

### 9.5.3 Android 专有事件

#### 1. “返回”按钮事件

当用户在基于 Android 的移动设备上单击“返回”按钮时触发 backbutton 事件。该事件目前只支持 Android 平台。

backbutton 事件的使用方法如代码 9-24 所示。

代码 9-24　backbutton 事件示例代码

```
<!DOCTYPE html>
<html>
<head>
    <title>backbutton Example</title>
    <script type="text/javascript" charset="utf-8" src="phonegap.js">
</script>
    <script type="text/javascript" charset="utf-8">

        //等待加载 PhoneGap
        document.addEventListener("deviceready", onDeviceReady, false);

        //PhoneGap 加载完成
        function onDeviceReady() {
            //注册“返回”按钮事件监听器
            document.addEventListener("backbutton",function(){
                //处理“返回”按钮的操作
                console.log("Android backbutton is called");
            },false);
        }
    </script>
</head>
<body>
</body>
</html>
```

#### 2. 菜单按钮事件

当用户在基于 Android 平台的移动设备上单击“菜单”按钮时触发 menubutton 事件。该事件目前只支持 Android 平台。

menubutton 事件的使用方法如代码 9-25 所示。

代码 9-25 menubutton 事件示例代码

```
<!DOCTYPE html>
<html>
<head>
    <title>menubutton event Example</title>
    <script type="text/javascript" charset="utf-8" src="phonegap.js">
</script>
    <script type="text/javascript" charset="utf-8">

        //等待加载 PhoneGap
        document.addEventListener("deviceready", onDeviceReady, false);

        //PhoneGap 加载完成
        function onDeviceReady() {
            //注册“返回”按钮事件监听器
            document.addEventListener("menubutton",function(){
                //处理单击菜单按钮的操作
                console.log("Android menubutton is called");
            },false);
        }
    </script>
</head>
<body>
</body>
</html>
```

### 3. 搜索按钮事件

当用户在基于 Andriod 平台的设备上单击“搜索”按钮时触发 searchbutton 事件。该事件目前只支持 Android 平台。

searchbutton 事件的使用方法如代码 9-26 所示。

代码 9-26 searchbutton 事件的示例代码

```
<!DOCTYPE html>
<html>
<head>
    <title>searchbutton event Example</title>
    <script type="text/javascript" charset="utf-8" src="phonegap.js">
</script>
    <script type="text/javascript" charset="utf-8">

        //等待加载 PhoneGap
        document.addEventListener("deviceready", onDeviceReady, false);
```

```
        //PhoneGap 加载完成
        function onDeviceReady() {
            //注册“返回”按钮事件监听器
            document.addEventListener("searchbutton",function(){
                //处理单击“搜索”按钮时的操作
            },false);
        }
    </script>
</head>
<body>
</body>
</html>
```

## 9.6 HTML5 特性

前面几章我们介绍了 PhoneGap 的基本用法，并逐一对其 API 接口进行介绍，你现在已经知道 PhoneGap 在移动设备上能实现怎样的应用程序。实际上，PhoneGap 也支持部分 HTML5 的特性。因此，我们也能利用 HTML5 特性实现有意义的功能。

### 9.6.1 GeoLocation 定位位置

GeoLocation 对象提供对移动设备 GPS 传感器的访问。在第 5 章已经介绍过 GeoLocation 地理定位的相关知识。由于 PhoneGap 的应用层是基于 JavaScript 语言的，因此，PhoneGap 也完美支持 GeoLocation 地理定位 API。具体的用法和原生 GeoLocation 相同，读者可参考第 7 章的内容。

### 9.6.2 Storage 特性

在 PhoneGap 中，Storage 对象允许提供对移动设备的存储和访问，该对象是基于 W3C Web SQL DataBase Specification 和 W3C Web Storage API Specification 两种标准的。

但是，有些设备已经提供了对该规范的实现，对于已实现规范的设备，则采用内置实现而不是使用 PhoneGap 框架实现，否则会利用 PhoneGap 框架实现。

PhoneGap 的 Storage 对象支持 LocalStorage 特性。PhoneGap 同时还支持采用

Web SQL DataBase 标准的本地数据库。通过这类标准，我们可以实现创建本地的数据库、查询或插入数据及执行 SQL 语句等功能。

## 9.7 本章小结

本章我们主要介绍了 PhoneGap 的基本 API 知识，让读者对 PhoneGap 有一个基本认识，同时通过介绍各种接口，让读者能够分辨出 PhoneGap 能实现什么样的功能。

本章主要分成 5 部分介绍 PhoneGap 知识。首先，我们为读者介绍 PhoneGap 基本概念以及如何搭建 PhoneGap 开发环境，让读者对 PhoneGap 有一个入门的认识。

接下来，我们通过介绍基于硬件特性和软件特性的各类接口，让用户了解 PhoneGap 框架在智能手机中能够实现的功能效果，同时还介绍了 PhoneGap 目前所支持的事件、平台以及 HTML5 特性。

# 第 10 章

Chapter 10

# HTML5 技术在移动出版领域的应用

有人说，乔布斯离开后，下一个给移动互联网世界带来重大变革的就是 HTML5。之前，苹果一直杜绝 Flash 出现在 iPhone 和 iPad 上，生成 Flash 技术影响设备的应用体验，后来苹果找到了可以替代 Flash 的革命性技术 HTML5。另外一家移动互联网市场的巨头谷歌公司也极力支持 HTML5 技术。之后，Adobe 公司也宣布将停止为移动浏览器开发 Flash Player，而将业务重心转向使用 HTML5。

HTML5 是近年来 Web 开发标准的飞跃。HTML5 不只是一种标记语言，它为下一代 Web 提供了全新的框架和平台，包括提供免插件的音视频、图像动画、本体存储，以及更多酷炫而且重要的功能和应用，并使这些应用标准化，从而使 Web 能够轻松实现类似桌面的应用体验。HTML5 在新元素支持，以及本地存储、离线功能、表单、CSS3、GeoLocation 地理定位等多方面支持令人刮目相待的新功能、新特性，这些新特性为移动出版带来了巨大的商机。同时，以 PhoneGap 为代表的基于 HTML5 标准的跨平台移动终端应用开发框架，使得开发者通过 HTML5 与 JavaScript 的结合即能开发出丰富的移动终端应用，不必再为基于不同的操作系统应用开发而大费周折。这些新特性将提高用户在移动设备上访问这些网站的频率，进而影响其业务流程和商业模式。

在本章，我们将通过数字阅读的应用实例，展示 HTML5 技术在移动出版领域的广阔应用前景。

## 10.1 项目背景

一般而言，数字阅读包含两层含义：一是阅读内容的数字化，二是阅读方式的数字化。数字技术的发展为数字出版服务商提供了广阔的施展空间，从电子书、网络文学到移动终端的手机报，数字阅读正在改变人们的阅读习惯。随着移动智能终端的普及，基于 App 应用的移动阅读为越来越多的读者所接受和青睐，移动阅读也成为出版商重点关注的方向。

本实例旨在通过对移动阅读应用 App 的典型功能进行分析和设计，展示 HTML5 技术在移动阅读领域应用的技术优势。

## 10.2 功能模块

典型的移动阅读方案是由部署在移动终端的阅读应用 App 和部署在服务器上的后端管理平台组成的。通常包含但不限于以下这些功能：

- 书籍管理，用于管理对外发布、可供读者阅读的所有书籍。
- 图书阅读，支持读者通过在线或者离线的方式阅读图书内容。
- 互动管理，支持读者查看、填写书评，通过 E-mail、微博进行内容分享。
- 用户管理，支持对用户注册及阅读权限的管理。
- 支付管理，结合出版运营商设计的商务模式，实现对阅读付费的管理。

## 10.3 书籍管理

启动移动阅读应用 App，读者第一次登录进入，首先呈现的界面是图书书架管理界面，在该界面中，可供阅读的图书以封面缩略图的方式呈献给读者，如图 10-1 所示。

图 10-1　图书书架管理界面

本实例中采用 HTML5 与 JavaScript 相结合，实现了 3×3 模式的书架效果，代码如下：

```
    <!doctype html>
    <html lang="en">
    <head>
    <title>基于 HTML5 的书架效果</title>
    <link rel="icon" type="image/png" href="pics/favicon.png" />
    <link type="text/css" rel="stylesheet" href="css/jquery.ui.css">
</link>
    <link type="text/css" rel="stylesheet" href="css/default.css">
</link>
    <script type="text/javascript" src="js/all.js"></script>
    <script type="text/javascript" src="lib/hash.js"></script>
    <script type="text/javascript" src="lib/turn.min.js"></script>
    <script type="text/javascript" src="lib/zoom.min.js"></script>
    <script type="text/javascript" src="lib/bookshelf.js"></script>
    </head>
    <body>
    <div class="splash">
        <div class="center">
        <div class="bookshelf">
            <div class="shelf">
```

```
                <div class="row-1">
                    <div class="loc">
                        <div> <div class="sample thumb1"
sample="steve-jobs"> </div></div>
                        <div> <div class="sample thumb2" sample="html5">
</div> </div>
                        <div> <div class="sample thumb3" sample="docs">
</div> </div>
                    </div>
                </div>
                <div class="row-2">
                    <div class="loc">
                        <div> <div class="sample thumb4" sample= "magazine1">
</div> </div>
                        <div> <div class="sample thumb5" sample= "magazine2">
</div> </div>
                        <div> <div class="sample thumb6" sample= "magazine3">
</div> </div>
                    </div>
                </div>
                <div class="row-1">
                    <div class="loc">
                        <div> <div class="sample thumb7" sample= "magazine7">
</div> </div>
                        <div> <div class="sample thumb8" sample= "magazine8">
</div> </div>
                        <div> <div class="sample thumb9" sample= "magazine9">
</div> </div>
                    </div>
                </div>
            </div>
        </div>
    </div>
    <footer>&copy;2012 All rights reserved</a>
    </footer>
    </body>
    </html>
```

除了书架模式以外，还可以切换到图书的列表模式，如图 10-2 所示，在这种模式下，图书的详细信息被展示出来，同时，每本书的阅读进度可以以进度条的方式进行图示化展示。

图 10-2 图书的列表模式

以列表模式展示的图书是通过 HTML5 的列表控件实现的，代码如下：

```
<!DOCTYPE html>
<html>
    <head>
    <meta charset="utf-8">
    <meta name="viewport" content="width=device-width, initial-scale=1">
    <title>jHTML5 列表模式书架效果</title>
    <link rel="stylesheet"  href="css/jquery.mobile-1.2.0.css" />
    <link rel="stylesheet" href="css/jqm-docs.css"/>

    <script src="js/jquery.js"></script>
    <script src="js/jqm-docs.js"></script>
    <script src="js/jquery.mobile-1.2.0.js"></script>
```

```
    </head>
    <body>
            <div class="content secondary">
            <ul data-role="listview" data-split-icon="gear"
data-split-theme="d">
                  <li><a href="index.html">
                        <img src="pics/book1.jpg" />
                        <h3>乔布斯传</h3>
                        <p>人物传记</p>
                        <span class="ui-li-count">46</span>
                        </a>
                  </li>
                  <li><a href="index.html">

                        <img src="pics/book2.jpg" />
                        <h3>沉思录</h3>
                        <p>沉思录</p>
                        <span class="ui-li-count">56</span>
                        </a>
                  </li>
                  <li><a href="index.html">
                        <img src="pics/book3.jpg" />
                        <h3>福布斯说资本主义真相</h3>
                        <p>福布斯说资本主义真相</p>
                        <span class="ui-li-count">0</span>
                        </a>
                  </li>
                  <li><a href="index.html">
                        <img src="pics/book4.jpg" />
                        <h3>易经</h3>
                        <p>易经</p>
                        <span class="ui-li-count">0</span>
                        </a>
                  </li>
                  <li><a href="index.html">
                        <img src="pics/book5.jpg" />
                        <h3>Winter</h3>
                        <p>Winter</p>
                        <span class="ui-li-count">4</span>
                        </a>
                  </li>
                  <li><a href="index.html">
                        <img src="pics/book6.jpg" />
                        <h3>你若安好，便是晴天</h3>
                        <p>你若安好，便是晴天</p>
                        <span class="ui-li-count">55</span>
```

```
            </a>
        </li>
        <li><a href="index.html">
            <img src="pics/book7.jpg" />
            <h3>jungle music</h3>
            <p>jungle music</p>
            <span class="ui-li-count">0</span>
            </a>
        </li>
        <li><a href="index.html">
            <img src="pics/book8.jpg" />
            <h3>光荣与梦想—奥巴马</h3>
            <p>光荣与梦想—奥巴马</p>
            <span class="ui-li-count">12</span>
            </a>
        </li>
        <li><a href="index.html">
            <img src="pics/book9.jpg" />
            <h3>REAL STATE</h3>
            <p>REAL STATE</p>
            <span class="ui-li-count">8</span>
            </a>
        </li>
    </ul>

</div>
</body>
</html>
```

在支持按照图书类别列示图书的同时，也支持基于图书元数据的关键词检索查找符合条件的图书，查询后的结果可以以设定的书架呈现风格呈现出来。

## 10.4　图书阅读

### 1．书籍页面

点击书架上的图书，系统进入图书阅读界面，首先呈现给读者的是图书的封面页，如图 10-3 所示。

在封面的上方，通过单击“书库”按钮，可以跳转到书架页面，浏览和选择其他要阅读的数据。单击“目录”按钮，则可以访问到图书的目录信息，如图 10-4 所示。

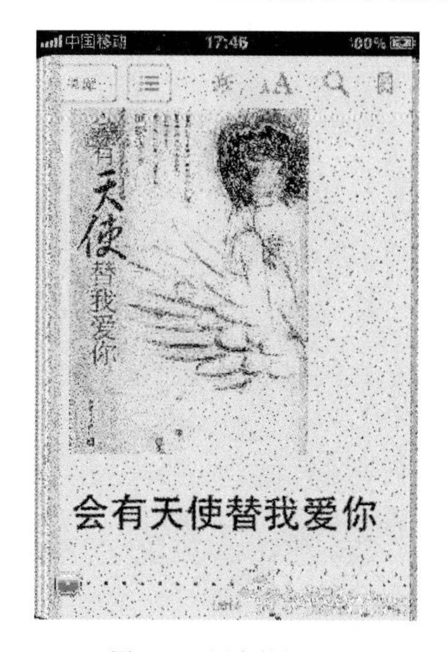


图 10-3 图书的封面页

图 10-4 图书的目录信息

书籍目录的实现也是采用了 HTML5 的 List 列表控件，代码如下：

```
<!DOCTYPE html>
<html>
    <head>
    <meta charset="utf-8">
    <meta name="viewport" content="width=device-width, initial-scale=1">
    <title>目录</title>
    <link rel="stylesheet"href="css/themes/default/jquery.mobile-1.2.0.
css"/>
    <link rel="stylesheet" href="css/themes/default/jqm-docs.css"/>
    <script src="js/jquery.js"></script>
    <script src="js/jqm-docs.js"></script>
    <script src="js/jquery.mobile-1.2.0.js"></script>
</head>
<body>
        <div data-role="header" data-theme="f">
        <h1>目录</h1>
        <a href="../../" data-icon="home" data-iconpos="notext"
data-direction="reverse">Home</a>
        <a href="../nav.html" data-icon="search" data-iconpos="notext"
data-rel="dialog" data-transition="fade">Search</a>
    </div><!-- /header -->
        <ul data-role="listview">
            <li>
                <h3>第一篇</h3>
```

```
                <p>第 1 页</p>
                <ul></ul>
            </li>
            <li>
                <h3>第二篇</h3>
                <p>第 10 页</p>
                <ul>
                </ul>
            </li>
            <li>
                <h3>第三篇</h3>
                <p>第 31 页</p>
                <ul>
                </ul>
            </li>
            <li>
                <h3>第四篇</h3>
                <p>第 41 页</p>
                <ul></ul>
            </li>
            <li>
                <h3>第五篇</h3>
                <p>第 51 页</p>
                <ul>
                </ul>
            </li>
            <li>
                <h3>第六篇</h3>
                <p>第 77 页</p>
                <ul>
                </ul>
            </li>
            <li>
                <h3>第七篇</h3>
                <p>第 100 页</p>
                <ul></ul>
            </li>
        </ul>
    </body>
    </html>
```

### 2. 目录页面

目录页面按预设级别列示出图书的目录信息，包括章节名称、起始页码等，点击想阅读的章节标题栏，应用程序自动打开对应的章节内容页面。

向左滑动目录页面，可以进入图书正文页面，开始阅读。

### 3. 正文页面

进入到正文页面后，就可以开始阅读图书内容了。如果图书此前已经被读过，那么进入正文页面时，自动定位到前一次读到的页码位置，如图 10-5 所示。

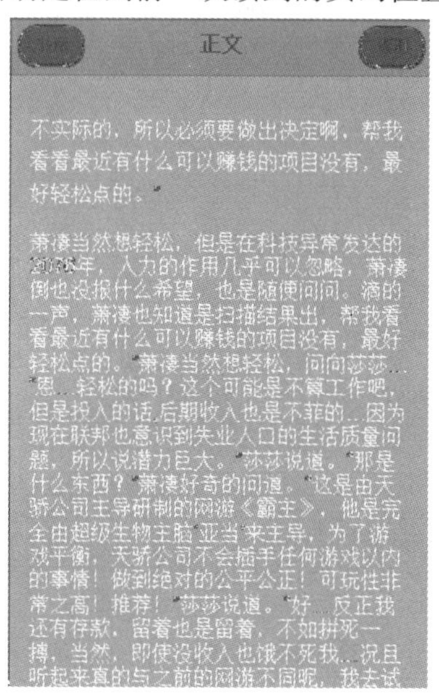


图 10-5　正文页面

实现正文阅读的代码如下：

```
<!DOCTYPE html>
<html>
    <head>
    <meta charset="utf-8">
    <meta name="viewport" content="width=device-width, initial-scale=1">
    <title>正文</title>
    <link rel="stylesheet"href="css/themes/default/jquery.mobile-1.2.0.
css" />
    <link rel="stylesheet" href="css/themes/default/jqm-docs.css"/>
    <script src="js/jquery.js"></script>
    <script src="js/jqm-docs.js"></script>
    <script src="js/jquery.mobile-1.2.0.js"></script>
</head>
<body>
<div data-role="page">
    <div data-role="header" data-theme="f">
        <a href="index.html"  data-theme="b">书库</a>
        <h1>正文</h1>
        <a href="index.html" data-role="button" data-inline="true"
```

```
data-theme="b">查询</a>
            </h1>
        </div><!-- /header -->
        <div data-role="content">
        <p style="line-height:1.5em">
        不实际的，所以必须要做出决定啊，帮我看看最近有什么可以赚钱的项目没有，最好轻松点的。"</p><p>    萧凄当然想轻松，但是在科技异常发达的 2076 年，人力的作用几乎可以忽略，萧凄倒也没抱什么希望，也是随便问问。滴的一声，萧凄也知道是扫描结果出来了，帮我看看最近有什么可以赚钱的项目没有，最好轻松点的。"萧凄当然想轻松，问向莎莎…"恩…轻松的吗？这个可能是不算工作吧，但是投入的话，后期收入也是不菲的…因为现在联邦也意识到失业人口的生活质量问题，所以说潜力巨大。"莎莎说道。"那是什么东西？"萧凄好奇地问道。"这是由天骄公司主导研制的网游《霸主》，他是完全由超级生物主脑'亚当'来主导的，为了游戏平衡，天骄公司不会插手任何游戏以内的事情！做到绝对的公平公正！可玩性非常之高！推荐！"莎莎说道。"好…反正我还有存款，留着也是留着，不如拼死一搏，当然，即使没收入也饿不死我……况且听起来真的与之前的网游不同呢，我去试试，莎莎，你帮我订购一台生物仓来。"萧凄说道。"好。"莎莎温柔地答道，随后便着手帮萧凄购置生物仓的事情了…莎莎效率惊人，以极快的速度处理好了生物仓的事情…
        </p>
        </div>
    </div>
    </body>
    </html>
```

与纸质图书相比，移动终端除了可以存储大数据量的图书，使得阅读更加便利以外，还可以支持音视频的播放，使得阅读有声有色，不再枯燥。点击图书里面的视频，即可播放，如图 10-6 所示。

图 10-6　播放视频

HTML5 带来的一个特性就是视频播放标签，这将是标准的网页视频播放方式，从而使得实现视频播放变得非常简单。

```
<embed src="video/Wildlife.wmv" autostart=true loop=false></embed>
```

当可供阅读的数字内容通过超链接的方式联系在一起的时候，以书为单元的阅读界限就被打破了。例如，当阅读到一个章节的内容的时候，与之相关联的内容可以是同一本书的，也可以是其他书籍的，在正在阅读的内容中，点击被设置了超链接的关键词，或者通过点击正在阅读部分的关联内容列表，就可以跳转到关联内容阅读界面，进行关联内容的阅读。通过这种信息网络的方式，即便是在碎片化的时间阅读，读者也能够快速高效地获取到相关性信息，就这样阅读被延伸了。

通过移动终端所支持的触控特性，以及 HTML5 与 JaveScript 的完美结合，模拟纸书的翻页模式和翻页效果，提供更加人性化的阅读体验，如图 10-7 所示。

图 10-7 模拟纸书的翻页模式和翻页效果

本实例中，采用 Turn.js 来实现对翻页效果的支持。Turn.js 是一个轻量级的（15KB）jQuery/HTML5 插件，用来创建类似书本和杂志的翻页效果，支持触摸屏设备。Turn.js 支持硬件加速让翻页效果更加平滑。有关 Turn.js 的进一步信息，可通过访问网站 http://www.turnjs.com/来获得和了解。

本实例中，翻页效果的实现代码如下：

```
<!doctype html>
<html lang="en">
```

```
<head>
<title>基于 HTML5 的图书翻页效果</title>
<link rel="icon" type="image/png" href="pics/favicon.png" />
<link type="text/css" rel="stylesheet" href="css/jquery.ui.css"></link>
<link type="text/css" rel="stylesheet" href="css/default.css"></link>
<script type="text/javascript" src="js/all.js"></script>
<script type="text/javascript" src="lib/hash.js"></script>
<script type="text/javascript" src="lib/turn.min.js"></script>
<script type="text/javascript" src="lib/zoom.min.js"></script>
<script type="text/javascript" src="lib/bookshelf.js"></script>
</head>
<body>

<div class="splash">
    <div class="center">
    <div class="bookshelf">
        <div class="shelf">
            <div class="row-1">
                <div class="loc">
                    <div> <div class="sample thumb1"
sample="steve-jobs"></div> </div>
                    <div> <div class="sample thumb2" sample="html5">
</div> </div>
                    <div> <div class="sample thumb3" sample="docs">
</div> </div>
                </div>
            </div>
            <div class="row-2">
                <div class="loc">
                    <div> <div class="sample thumb4" sample="magazine1">
</div> </div>
                    <div> <div class="sample thumb5" sample="magazine2">
</div> </div>
                    <div> <div class="sample thumb6" sample="magazine3">
</div> </div>
                </div>
            </div>
            <div class="row-1">
                <div class="loc">
                    <div> <div class="sample thumb7" sample="magazine7">
</div> </div>
                    <div> <div class="sample thumb8" sample="magazine8">
</div> </div>
                    <div> <div class="sample thumb9" sample="magazine9">
</div> </div>
                </div>
```

```
                </div>
            </div>
            <div class="suggestion">&uarr; Click a book or magazine to see
turn.js in action</div>
        </div>
        <div class="samples">
            <div id="book-wrapper">
                <div id="book-zoom"></div>
            </div>
            <div id="slider-bar" class="turnjs-slider">
                <div id="slider"></div>
            </div>
        </div>
    </div>
    <div class="gradient"></div>
    </div>

    <div class="bookshelf-row">
        <div class="sample thumb1" sample="steve-jobs"></div>
        <div class="sample thumb4" sample="magazine1"></div>
        <div class="sample thumb5" sample="magazine2"></div>
        <div class="sample thumb6" sample="magazine3"></div>
    </div>
    <div class="navigation">
    </div>
    <div class="content">
        <section id="section-getting-started">
    <div class="simple-sample">
    </div>
    </section>
    <section id="section-api">
    </section>
    </div>
    <footer>
        &copy;2012 All rights reserved - A production of <a href= "http://
twitter.com/blasten" target="_blank">@blasten</a>
    </footer>
    <script type="text/javascript">
    yepnope({
        test : Modernizr.csstransforms,
        nope : ['lib/turn.html4.min.js', 'css/jquery.ui.html4.css']
    });
    $('#sample-viewer a').click(function() {
        $(this).hide();
        yepnope({
            test : Modernizr.csstransforms,
```

```
            load:['samples/basic/js/basic.js',
'samples/basic/css/basic.css'],
            nope: 'samples/basic/css/basic.html4.css?'+
Math.round(Math.random()*100)
        });
    });
    var _gaq = _gaq || [];
    _gaq.push(['_setAccount', 'UA-28960832-1']);
    _gaq.push(['_trackPageview']);
    (function() {
      var ga = document.createElement('script'); ga.type = 'text/javascript';
ga.async = true;
        ga.src = ('https:' == document.location.protocol ? 'https://ssl' :
'http://www') + '.google-analytics.com/ga.js';
        var s = document.getElementsByTagName('script')[0];
s.parentNode.insertBefore(ga, s);
    })();
    </script>
    </body>
    </html>
```

## 10.5 互动管理

1. 书评

当我们通过电子商务网站进行购物的时候，除了关注商品介绍、价格等因素以外，也会关注其他购买者对于商品的评论结果，这些结果可以以评分结果的形式展现，也可能是文字性的主观评论。这些评论对于我们是否购买商品有着或多或少的影响。

同样，对于数字阅读而言，读者是否选择一本书来读，已经读过这本书的读者的评论意见往往也是重要的参考意见；读过一本书之后，读者或多或少都会有所感悟和想法。因此，在移动阅读中，书评管理是一项重要的功能，读者可以查看针对一本书，甚至某一个章节的评论，同时也可以发表自己的评论。

2. 微博分享

在传统的纸书阅读方式下，好内容是被口口相传的，数字阅读则变成了一键分享，读者选中想要分享的图书内容，通过预设的微博账号，就可以方便地发布到自己的微博上。

3. 短信分享

短信是另一种分享阅读内容的方式，同样可以采用一键发送的方式来完成。

#### 4. 电子邮件分享

电子邮件和微博、短信分享在操作设计上没有明显的区别，这样的设计极大地方便了读者对于信息的传播，使得阅读和分享自然结合起来。

## 10.6 用户管理

在传统的纸书出版模式下，图书最终销售给了哪些读者很难得知，当然针对这些读者定制营销的难度可想而知。在数字阅读模式下，这种状况将被改变。用户管理是实施这种改变的重要支撑功能。

#### 1. 用户注册

在移动阅读终端 App 上，提供了读者身份注册的功能，用户填写必要的信息并通过审核之后，就可以成为会员，如图 10-8 所示。读者免费或者支付一定费用之后，就可以获得图书的阅读权限；同时，也会给予用户包括评论、分享在内的各种权限。用户注册是实现数字阅读运营模式的第一步。

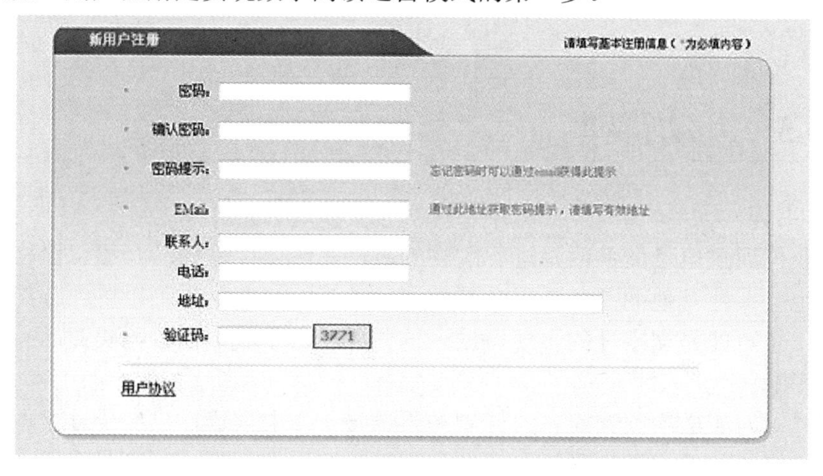


图 10-8 用户注册

#### 2. 权限管理

用户权限管理在系统的后台实现，由运营商控制和设定。读者依据权限在移动阅读终端使用被授权的功能。典型的权限控制体现在付费图书的阅读权限控制、是否具有评论、是否允许分享转发权限的控制上。

根据用户的图书购买情况、在平台上的活跃度以及其他指标，可以实现对用户的分级管理，高级别的用户可以享受到更多的折扣优惠等。

### 3. 行为分析

用户通过阅读终端进行读书、评论、浏览、分享的操作和数据可以被系统采集记录下来，根据采集到的用户行为信息，由后台系统完成用户行为分析，例如对不同书籍之间的相关性进行统计分析，从而可以为更为精准的定向营销提供数据参考。

### 4. 定向营销

基于数字化手段，面向终端读者的专题调查变得更加便利，结合基于行为分析获得的结果，出版商可以实施一系列的定向营销活动，包括通过移动阅读终端推送不同的书目给潜在的读者群；每个用户登录之后，在书架上看到的不再是千篇一律，而是个性化的图书品类。

### 5. 专题调查

基于在平台上注册的庞大的用户群，出版运营商可以便利地开展专题性的问卷调查，以直接获得用户的第一手反馈信息，这对于出版商选题策划、优化营销方案都会起到很好的参考作用。

用户行为分析和定向营销的实现依托于系统后台的支撑，移动阅读终端则起到数据采集和结果展示的窗口作用。

## 10.7　支付管理

本实例中，用户的支付采用虚拟货币的方式进行，同时支付体系与应用推广结合在一起，具体包括如下功能。

### 1. 虚拟货币

用户登录系统后，可以实施线上交易，购买可以付费阅读的图书。只不过，用户所支付的货币是虚拟的。在线销售的电子图书采用虚拟货币进行定价，用户在查看图书信息的时候，可以获得定价。如果用户拥有足够的虚拟货币，就可以通过单击图书购买按钮，获得图书的阅读权限。用户可以通过多种方式获得虚拟货币。

### 2. 货币购买

用户可以通过线上、线下支付的方式，支付款项获得对应的虚拟货币财富，获得后即可参与系统的在线交易。运营商也可以设计各种购买的优惠套餐方案，如图 10-9 所示。

图 10-9　货币购买

本实例中，支付方式显示的实现代码如下：

```
<!DOCTYPE html>
<html>
    <head>
    <meta charset="utf-8">
    <meta name="viewport" content="width=device-width, initial-scale=1">
    <title>充值</title>
    <link rel="stylesheet"href="css/themes/default/jquery.mobile-1.2.0.
css" />
    <link rel="stylesheet" href="css/themes/default/jqm-docs.css"/>
    <script src="js/jquery.js"></script>
    <script src="js/jqm-docs.js"></script>
    <script src="js/jquery.mobile-1.2.0.js"></script>
</head>
<body>
<div data-role="page">
    <div data-role="header" data-theme="f">
    <a href="index.html"  data-theme="b">取消</a>
    <h1>充值</h1>
    <a href="index.html" data-role="button" data-inline="true"
data-theme="b"> 下一步</a>
    </h1>
</div><!-- /header -->
    <p align="center">
    <a href="#" target=_blank><img src="images/1.jpg" ></a>
    </p>
    <p align="center">
    <a href="#" target=_blank><img src="images/2.jpg"></a>
    </p>
```

```
    <p align="center">
    <a href="#" target=_blank><img src="images/3.jpg" ></a>
    </p>
    <p align="center">
    <a href="#" target=_blank><img src="images/4.jpg"></a>
    </p>
    <p align="center">
    <a href="#" target=_blank><img src="images/5.jpg" ></a>
    </p>
</body>
</html>
```

**3．价值奖励**

除了通过支付的方式获得虚拟货币之外，还可以通过各种价值奖励途径获得虚拟货币授权，包括：

（1）完善注册信息并获得认证。对于初始注册登录的用户，是否填写详细的信息并非系统必需的要求，通过简捷便利的注册要求，可以吸引更多的用户上线。但如果用户进一步完善自己的注册信息并被确认，那么就可以获得一定数量的虚拟货币奖励。

（2）推荐朋友加入。系统支持用户通过邮件、短信、微博等多种方式向更多的人推荐本系统平台，当推荐并成功邀约到一定数量的新用户加入后，推荐者可以获得相应的虚拟货币奖励。

（3）参与出版商发起的专题问卷调研并参与抽奖获奖者，同样可以获得财富奖励。

（4）发表书评，亦可获得一定的虚拟货币奖励。例如，每为一本书做一次星级评价，则奖励 2 个虚拟货币，每天奖励的货币数不超过 10 个。

**4．场内交易**

用户购买的电子图书，可以在系统内通过有时限的临时转租的方式，获得一定额度的虚拟货币收益。每次转租交易，租借者需要支付给出版商一定的虚拟货币费用。

当然，出版运营商还可以设计出很多种营销方案，例如特定书籍或者特定时间内的折扣活动等。

## 10.8　本章小结

本实例描述的是实现典型的移动终端阅读方案的主要功能。完整的移动阅读方案还涉及安装在移动智能设备上的阅读应用 App 和后端部署在服务器上的业务平台。为了保证描述的完整性，本实例使用一定的篇幅描述了包括用户管理、支付管理在内的系统后台功能，以说明一个完整的移动阅读方案既离不开前端简洁、易懂、人性化的终端界面，也离不开后端强大的业务逻辑的支撑。

对于安装部署在移动终端上的应用 App，本实例描述的书籍管理、图书阅读以及互动管理，从技术实现的角度，通过应用 HTML5+CSS3+JavaScript 技术的组合，可以完美地实现各种预期的功能和效果。通过 HTML5 技术的应用，同时也使得移动终端跨平台的开发成本和难度进一步降低，从而使得开发商可以更加专注于出版运营商的业务逻辑的搭建和实现。

无论是阅读内容的组织方式，还是业务运营、交易支付，本实例的目的在于给出一个参考，说明 HTML5 技术在移动出版领域的应用价值。数字出版商可以根据自身内容，以及各个方面的优势构建出适合发挥自身特点的移动阅读方案。比如，对于以母婴健康为主题的图书，也可采取每日推送一篇主题文档的方式给准父母或者父母，以达到父母获得与孕产以及婴幼儿成长阶段相匹配的知识，提升移动阅读的内在价值。

# 参考文献

**参考书籍**

[1] Bruce Lawson, Remy Sharp 著．刘红伟等译．HTML5 用户指南．北京：机械工业出版社，2011

[2] Peter Lubbers, Brian Albers,Frank Salim 著．李杰，柳靖，刘淼译．HTML5 高级程序设计．北京：人民邮电出版社，2011

[3] 陆凌牛著．HTML5 与 CSS3 权威指南．北京：机械工业出版社，2011

**在线资源**

■ PhoneGap 中国

http://www.phonegap.cn/

■ PhoneGap 官方网站

http://www.phonegap.com/

■ Sencha 官方网站

http://www.sencha.com/

■ jQuery Mobile 官方网站

http://jquerymobile.com/

■ 51CTO 移动开发

http://mobile.51cto.com/

■ 以 HTML5 开发 Mobile Web App

http://www.cnblogs.com/charley_yang/archive/2011/02/28/1967559.html

■ 漫步云端

http://www.cnblogs.com/charley_yang/

■ 使用 HTML5 创建移动 Web 应用程序，第 1 部分：联合使用 HTML5、地理定位 API 和 Web 服务来创建移动混搭程序

http://www.ibm.com/developerworks/cn/xml/x-html5mobile1/

■ 使用 HTML5 创建移动 Web 应用程序，第 2 部分：使用 HTML5 开启移动 Web 应用程序的本地存储

http://www.ibm.com/developerworks/cn/xml/x-html5mobile2/

■ 使用 HTML5 创建移动 Web 应用程序，第 3 部分：使用 HTML5 支持移动 Web 应用程序离线工作

http://www.ibm.com/developerworks/cn/xml/x-html5mobile3/

- 使用 HTML5 创建移动 Web 应用程序，第 4 部分：使用 Web Workers 来加速您的移动 Web 应用程序

  http://www.ibm.com/developerworks/cn/xml/x-html5mobile4/

- 使用 HTML5 创建移动 Web 应用程序，第 5 部分：使用 HTML 5 开发新的可视化 UI 特性

  http://www.ibm.com/developerworks/cn/xml/x-html5mobile5/